137 億年前

宇宙大爆

2 億

靈性始於
宇宙之前

星系誕生

10個星系

5億年後
形成最早的恆

宇宙誕生

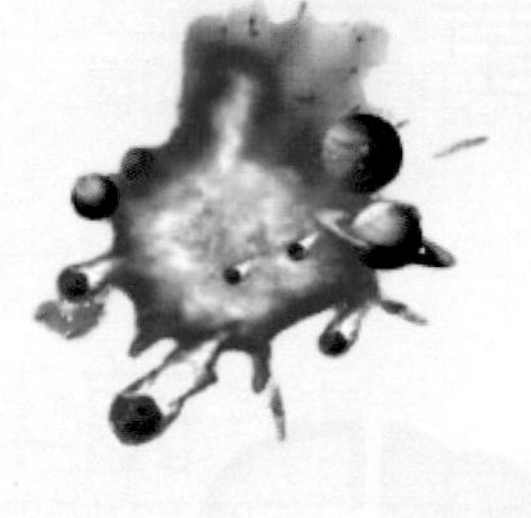

20 億年前

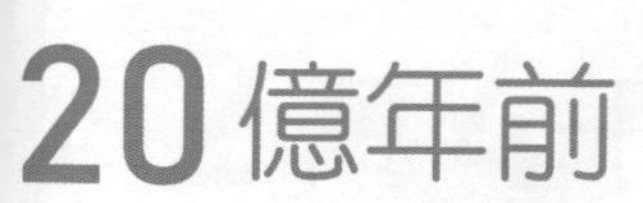

15 億年

鈾衰變反應

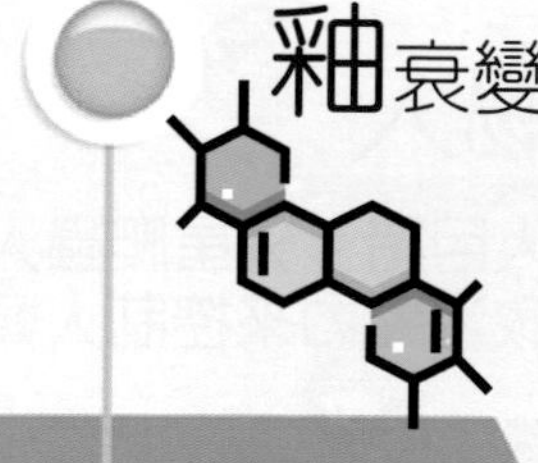

阿裡亞尼文明

19
15

非洲奧克洛

生活在南極地下，
這就是1947年理查．
拜爾德日記所記錄的

18 億年前

億年

能夠孕育生命

嬰兒星系（GN-z11）

80 億

100 億年前

星

120 億年前

以諾人（Enoch）

遷往天琴星系

基因變

喪失

被

最後

前

50年，蘇聯收到

億光年外信號

古地圖石板**14mm**

俄

泰。

海底精美

史前文物

白雲石古地圖

第一層　質瓷

第二層　輝石玻璃

第三層　**2mm**鈣

10 億年前　5 億年前

星際傳訊 STA11001

外星人圖鑑

★星際聯盟時代必學外星人族辨識力

吉米斯◎著

James

世界許多國家的高中大學已經設有「外星UFO研究課程」，
例如歐洲頂尖名校英國愛丁堡大學開設「搜尋外星人」課程。美國華盛頓大學設有培養研究外星人博士班。柏克萊加州大學設「宇宙交際語言」選修課，康奈爾大學、普林斯頓大學和加州州立大學計畫這種選修課。土耳其阿肯丹斯大學開設「飛碟與外星政治學」課程。地球早是星際成員，您準備好了嗎！

出版序

本書始於2016年，蒐集資料自當年起，透過接觸者和目擊者提供的資料，以及網站內容進行了深入的分析和分類。然而，由於外表相似性的限制，有些情況難以進行明確的歸類，因此特別為此議題設立了一個獨立的章節。另外要特別說明的是，許多接觸者和目擊者，他們無法提供照片或圖畫，也不擅長繪畫，甚至無法透過草圖粗略表達，只能口述。這些外星人的形象是由繪畫者根據接觸者或目擊者的描述所描繪而成。例如，有些事件發生在中國，當事人只能形容外星人看起來類似蒙古人，繪畫者也只能參考蒙古人的特徵進行描繪。然而，這種情況下實際目擊與圖像呈現之間可能存在一些差異，因此這些繪畫僅供參考。還有，許多人共同目睹同一事件，他們對事件的描述內容相似，因此這些共通性可以幫助我們的繪畫更接近事實。

以日本山梨縣甲府市於1975年發生的著名UFO和外星人遭遇事件為例，被稱為「甲府事件」。在此事件中，兩名小學生在回家的路上目擊到天空中有兩個閃爍橘色光芒的不明飛行物，其中一個飛行物甚至朝他們飛來，持著類似照相機的物品不斷拍攝。據日本媒體withnews報導，此事件引起了山梨縣的轟動，因為目擊者不僅包括兩名小男孩，還有剛好經過的婦女、環境管理中心員工，以及附近寺廟的住持等。兩名小學生描述，飛行物直徑約2.5公尺，高1.5公尺，是一個圓盤狀物體，底部有三個旋轉的機構，外殼上有多個四角形窗戶，以及一串難以理解的黑色文字。

正當他們試圖逃離時，飛行物突然出現了一個「無五官、纖瘦身形」的「人」，身高約130公分，有四根手指和兩根腳趾，深褐色皮膚並帶皺紋，口中有三顆銀色的牙齒，肩上還背著一種類似槍的武器。其中一名孩子被這位外星人拍了一下肩膀，嚇得坐在地上裝死，另一名則逃離現場去叫家人。當家人趕到時，葡萄園裡沒有人的蹤影，只有一個在燃燒的物體。一名孩子的母親證實天空中有一個銀色的物體在旋轉，而父親則說他看到了漸漸消失的光芒。以上屬於多人目擊事件，他們描述的內容有其共同性，因此繪者在表達的呈現上，會比較接近事實。

克實而論本來作者並沒有打算出版成書，因為這是屬於他個人業餘蒐藏的資料。作者大約在 1985 年期間，發明人協會一位長輩從美國帶回來探討重力場專書，特地給他一本，希望他能好好研究。這本書幾乎是一本圖解書，不但有重力場及反重力場的原理說明，還畫了許多飛碟構造，這是他這一生當中第一次接觸到的 UFO 資料。當他在研究重力場的過程中，陸續取得來自美國的 UFO 研究相關資料，也讓他大開眼界。

《重力場》這本書是他開始研究外星文明的第一步，後來透過友人間接買到許多有關 UFO 民間研究資料，才逐漸成為業餘的研究興趣。但是周遭的人大多認為，研究這個是不科學的，沒有受到肯定與支持，因此也他就只能個人默默摸索學習。台灣的 UFO 研究風潮大致可以追溯到 20 世紀末和 21 世紀初。然而，這種風潮並不像一些其他國家那麼明顯和廣泛。雖然台灣有一些媒體報導不明飛行物（UFO）。這時候許多人開始分享他們的目擊報告和照片，並有一些人聲稱自己曾目擊到不明飛行物。然而，當時的主流社會對於這些報告的反應並不太熱烈，並未形成真正的研究風潮。

在 38 年前向一般人談起外星人，大多數人會說：「你是不是吃飽沒事幹，整天愛幻想！」如今媒體蓬勃發達的 AI 時代，說到外星人的超常現象，如果你還不知道，那表示你在狀況外，真的落伍了，要趕快進入狀況做好準備，因為外星人在不久的未來，即將正式公開與人類對話！這是透過曾經與外星人接觸的地球人所傳達的訊息，這些訊息不僅透過這些人傳達，甚至在是 2036、2045、2062、2075、kfk、Noah、James Oliver、William Taylor……等等未來人，以及地球上的金星人的奧妮克（Omnec

Onec）、火星男孩波力斯卡（Boriska Kipriyanovich）、愛莎莎尼星球的巴夏（Bashar）……等等，都經過宇宙傳輸，透漏不少相關訊息。

事隔 28 年後，也就是 2016 年的前後，有許多媒體開始報導有關 UFO 訊息，2019 年就有許多網紅自媒體以 UFO 內容博得不少眼球，但作者看這些自媒體播放的內容，並沒有他個人的資料豐富。例如他身邊就有讀書會的班長，陳 X 鳳老師，她家住在北投的山上，有一次她在後院的廚房正要舀水，剛好看到遠方有碟狀的發光體，就在這個時候一道光射了過來，她疑似被定格了，整個人動彈不得，經過十幾分鐘後才恢復正常！還有在石門山上的修行者，以及新店山區的一位師兄，都有與與外星人獨自接觸的經驗。作者他個人雖然沒有直接與外星人接觸的經驗，但在夢中曾經遇到外星人。

像這樣的第三類接觸，近年來在世界各地頻頻發生。事實上外星人早在地球居住活動，已經滲入人類的生活圈裡頭，就在你我的左右，如果有一天你遇到了外星人，你是否能夠判斷對方是何種外星人？來自哪個星系？到底是善還是惡呢？因此，作者人認為當務之急，應該趕快讓台灣讀者認識外星人，將來認識外星人這門學問勢必成為顯學，因為地球的科技已經影響到銀河系的其他族群，尤其原子彈、核彈爆發所造成的輻射汙染，已令鄰近的外星族群不安，所以許多 UFO 常出沒在核電廠、戰爭現場、軍事基地和設施附近。很擔心人類的不智，引來大規模核戰，造成自我文明的毀滅，以及影響到鄰近的外星族群。

本書出版的目的不外乎在於讓更多的讀者了解「天外有天，人外有人」。我們希望讀者能清楚地理解，地球已知的外星族群已在我們的周圍許久。當某一天您遇到外來訪客時，不驚慌而能夠保持鎮定，並從容應對，甚至可以判斷他們來自哪個星系，並觀察他們的特徵。或許，您甚至能夠像現年 86 歲的瑞士農夫比利 · 邁爾（Billy Meier）一樣，與外星人成為好友，前往外星球旅行。外星文明研究者 Tecki 相信比利被來自昴宿星的外星人接走，而比利曾透露他在昴宿星見到了恐龍、獨角獸等已絕種的生物，並拍攝到了 UFO 的照片。只要我們以平常心看待，釋出善意接納外星文明的事實，將有助於人類早日覺醒，我們並不孤單，讓自我意識提升到地球意識，以識大體的無我精神，讓地球成為星際文明的一員。人類不只是追求地球的和平，更需要將心量擴大到全宇宙，迎向全宇宙的大和平。

推薦序一

宇宙裡的外星人

釋隆門　法師

慈隆國際宗教學院創辦人

本人很榮幸能為吉米斯教授的新書作序。有關作者在書中談到銀河系的外星人，這在 2600 年前的佛經，早已有紀錄，且清楚的說明銀河系四大區域外星人的生活情形：居住在東勝神洲、西牛賀洲、南瞻部洲、北俱盧洲等四洲。例如《長阿含經》、《起世經》、《大樓炭經》、《世紀經》、《起世因本經》、《立世論》、《俱舍論》、《造天地經》……等等，已經說道遠古地球人來自光音天，而宇宙中有轉輪聖王，出生為人，壽命八萬四千歲，這時候人類壽命很長。而轉輪聖王分別有金輪王、銀輪王、銅輪王、鐵輪王四等 (有如 UFO 幽浮的四個等級或會發金光的宇宙飛行器)，「轉輪聖王」表示有德有福，如金輪的威力很大，他能「望風順化」，所到之處能夠調伏且平順，因此能統領四大洲。這是人類到目前為止所記載的外星文明最詳細的資料。

不僅如此，在佛教大乘經典《佛說阿彌陀經》中，記載著從地球往西方十萬億佛國土，有世界名曰「極樂」，其土有佛，號阿彌陀，今現在說法。另外東方藥師佛土，雖然沒有註明多遠，但是經中記載「藥師琉璃光如來」全身透徹、身藍色如琉璃，清淨無染，出柔光照遍大千世界，故以「琉璃光」為功德名號；其淨琉璃世界亦處處是琉璃淨光。

科學家相信地球之外存在生命的觀點因此而得到了明確的支持。僅就銀河系而言，就有約 2,000 億至 4,000 億顆恆星存在，而銀河系僅是宇宙中超過 1,000 億星系的其中一員。據估計，至少有十分之一的與太陽相似的恆星擁有行星系統。而佛經中的十萬億佛國土，早已超越銀河系，是屬於再學習修行的他方世界。

佛教《妙法蓮華經》中的〈妙音菩薩品〉，敘述了妙音菩薩的宇宙旅行，以及他與淨華宿王智如來和釋迦牟尼佛的對話。這是一個展現了佛教對於宇宙多元世界的觀點和想像的經文，也是一個充滿了神奇和奧妙的故事。妙音菩薩是一位具有高度智慧和神通的外星菩薩，他住在一個名為淨光莊嚴的星球，那裡的一切都是清淨和美好的，那裡的國王名叫淨華宿王智如來。妙音菩薩曾經遊歷過無數的星球，供養過無量的佛陀，所以他有豐富的宇宙知識和經驗。

有一天，妙音菩薩看到了遠方的一道光明，那是來自於娑婆世界地球的釋迦牟尼佛的白毫相光，照遍了東方一百八十萬億兆恆河沙數的佛國世界。妙音菩薩對淨華宿王智如來表示，他想要前往地球，禮拜釋迦牟尼佛，並拜見文殊師利菩薩等大菩薩。淨華宿王智如來告訴妙音菩薩，地球是一個不平等和不淨的世界，那裡的人類身材矮小，思想單純，與他們相比，妙音菩薩的身高是四萬二千由旬，淨華宿王智如來的身高是六百八十萬由旬。他勸告妙音菩薩，如果要去地球，就要調整自己的身體頻率，不要輕視那裡的一切，不要對那裡的人產生下劣想法。妙音菩薩聽了淨華宿王智如來的話，表示他必會遵守，不會有任何的驕慢和輕蔑。於是，他就用神通力，將自己的身體縮小，從淨光莊嚴星球出發，前往娑婆世界地球，去見釋迦牟尼佛和其他菩薩。他的宇宙旅行，就是這個經文的開始，因此學習佛法可知道更多現代人所不知道宇宙境界。

另外，佛教中的《華嚴經》也談到宇宙空間的重重無盡，「華藏世界」即是華嚴境界中不可思議的「法界之顯露」，體性廣大，無所不包而大小無礙。可以隨意展現「須彌納芥子，芥子納須彌」的境界。而華嚴十玄門的「一即是多、多即是一」，「由同體異體互徧而不相妨故」，可以說現代科學還不及萬分之一。但以華嚴的描述，超越從三度空間、四度空間、五度空間、六度空間，七、八、九、十度空間，一直到無限度的空間。十一維度是普遍當今科學界的共識，科學家在數學推演知道有這麼回事，可是還沒有辦法證實，也沒有辦法契入。因此科學家除了推算宇宙空間之外，應該從學習佛法中證實佛經中的無量境界。

根據佛經，所有外星文明的存在，皆受我們內心層次的支配。眾生心被劃分為十法界，包括諸佛法界、菩提薩埵法界、辟支佛法界、阿羅漢法界、天道法界、人間法界、阿修羅法界、旁生法界、餓鬼和地獄法界。這十法界又可分為更細緻的層次，構成宇宙中的三千大千世界。其中的六道代表不同頻率的時空法界，如天道、人間、阿修羅、旁生、餓鬼和地獄法界；而諸佛法界、菩提薩埵、辟支佛、阿羅漢則屬於聖人法界。

在充滿生滅的星球世界中，所有眾生都經歷生老病死，這是我們在尋找外星文明的同時，必須意識到的現實。作者多年收集的外星人圖像，有助於在AI時代辨識宇宙的外來訪客，認識宇宙中不同時空的生命形式。我們並非唯一存在，應學習尊重、平等與和平。在宇宙變幻莫測的同時，我們必須明白自己的五蘊皆空，所有煩惱皆可超越。諸法空相，不生不滅、不垢不淨、不增不減。因為無所得，所以心無罣礙，無罣礙故，無有恐怖，遠離錯誤的夢想，達到涅槃的境界。

今欣聞吉米斯教授新書即將問世，爰為作序，期待此書之發表能讓大眾有更深入的宇宙觀，並且更加提升心靈層次。

推薦序二

宇宙沒有神秘，只有地球人的無知

呂應鐘教授
台灣幽浮研究教父

光看這本書的目錄，就令我佩服作者 30 多年來的努力，全世界應該還找不出第二人。光是 52 頁「外星種族型態列表」，就看得出作者蒐集資料的豐富以及分類的仔細，也讓我生起可以與佛經裡面描述的諸天與各佛國生命做個比較的念頭，不料就在 59 頁即談到佛經起世經與華嚴經，真是英雄所見相同。

回想起自己從民國 64 年翻譯出版不明飛行物書籍之後，每年都到不同縣市去演講，在那個七、八〇年代，台灣民智未開，媒體報導不發達，一時之間相信有外星人的人不多，所以很多人都會問「真的有外星人嗎？」這是很正常的現象。然而到了現在已經過去 50 年了，各種傳播媒體及網路視頻充斥，外星人的報導與照片也非常多。但這兩年還是有人問我：「真的有外星人嗎？」顯示出狹隘與無知，我不想正面回答，只說：「這是幼稚園的問題。」

宇宙沒有神秘，只有地球人的無知！大部人不知道光是生物課本裡的分類，由夏威夷大學卡米洛·莫拉（Camilo Mora）博士主導的研究，推估地球的總物種數平均為 870 萬種（740 萬 -1000 萬種）。光是極小極小的一個地球就有這麼多種生物，浩瀚無邊的宇宙充滿數千億以上的行星，就不知有多少萬億種生物存在，所以絕對不可用當今地球的常識來衡量宇宙。

欣賞全書外星人的圖像，讓我佩服作者的用心，卻沒想到看到 459 頁 Bardan 人的樣子，油然生出親切的感覺，何以如此？或許過去某一世曾是伙伴吧？

最令我激賞的是最後的「外星文明歷史年表」，從113億年前說起，「始於宇宙之靈性前」，之後「宇宙誕生」然後「星系誕生」，這是一個顛覆當今天文學的認知，雖然無法用現代科學方法證明，但我個人深信，因為老子也說過「有狀衰成，先天地生」（見本社出版的《老子的N維傳訊》）。

在120億年前寫到「以諾人遷往天琴星系」，讓我心跳一下，這裡的「以諾人」和聖經裡的先知「以諾」，是不是有關係？不過年代相隔太遙遠了，兩者應該沒有關係。不過可以談一談以諾，依聖經所記，以諾是亞當的第七代孫子，聖經中記載亞當自己活了930歲，他的後代子孫都是活了8,9百歲，然後寫著「就死了」，以諾是唯一「與神同行三百年」的人物，而且「以諾與神同行，神將他取去，他就不在世了」，也就是說沒有記載以諾死在地球上，是神把他帶走。如果上帝耶和華是外星人，那麼就可以知道以諾被帶往外星球。

在基督教與猶太教學者認為《聖經次經》裡的《以諾書》裡面，就詳細記載了以諾與上帝同行三百年中所見的異象與　示。例如：「我看見自己上升到雲霧中，星星和陽光快速的閃過。我乘風上升，他們把我帶入天堂」，這不正是飛碟帶著他往太空飛行的描述嗎？又如：「越過深淵，我看見天堂並沒有聯接任何的基礎，也沒有堅固土地，這上面沒有水、也沒有鳥，只是一個廢棄而令人害怕的地方」，以諾看到的這個天堂沒有聯接任何基礎，是廢棄令人害怕的地方，和大家想像中的天堂全然不同，怎麼會是這樣？因為，以諾被飛碟帶去的「天堂」是漂浮在宇宙中的舊太空站，所有沒有聯接任何的基礎。

這一本《外星人圖鑑》令人耳目大開，如果再閱讀我寫的《外星人研究權威的第一手資料》，更是腦洞大開，一定讓讀者整個人恢宏起來。祝福有緣人！

推薦序三

台灣第一本《外星人圖鑑》彩色版

周介偉
光中心創辦人

這是一本絕無僅有的探索之作，完整呈現了外星存在的來源、圖庫資料和詳盡內容，為是一本引人入勝、令人驚嘆的探索之旅，將您帶入廣袤宇宙的神秘世界。這本圖鑑的精妙之處在於，它不僅深入剖析外星生命的多樣性和複雜性，更將這些令人驚歎的存在呈現得如此詳盡，目前其他相關的外星書籍難以望其項背。

在這個令人着迷的圖鑑中，我們將共同揭開人類起源的神秘面紗，並探索那些遠古世界以及深遠宇宙中的外星存在。自宇宙大爆炸之前，我們的靈性早已存在也深植於宇宙中。透過這本書，我們將親眼見證宇宙中各種形態的外星生命，進一步認識那些無法想像的存在，並了解他們對我們人類歷史的深遠影響。我們將探索他們的文化、科技和智慧，並深入了解他們如何與我們共同演進，形塑著我們所認知的宇宙。

這本圖鑑揭示了我們與外星文明之間早已建立的聯繫，以及那些超凡存在如何長期支持、保護和幫助著我們。每一頁都散發著對外星文明的深入研究，充滿了對宇宙中無盡奧秘的探索渴望。無論是對外星種族的描繪、科技的描述，還是對他們與我們歷史的交互影響，這本圖鑑都以其獨特的方式帶領讀者深入探索外星存在的驚人世界。

憑藉其內容的完整性和詳盡性，《外星人圖鑑》成為了一本獨一無二的收藏品，讓您能夠深入了解外星生命的驚人多樣性，以及他們對人類文明演進的深遠影響。這不僅是一本書籍，更像是一部獨特的史詩，為我們揭開了宇宙中未知的一角。

這不僅是一本關於外星存在的收藏品，更是一次穿越時空、超越想像界限的探險之旅。讓我們一起揭開這神秘面紗，探索外星文明的奧秘，並重新詮釋人類與宇宙間早已建立的聯繫。

無論您是對宇宙探索充滿好奇，還是渴望了解更多外星生命的奧秘，這本《外星人圖鑑》都將帶領您走進一個充滿驚喜和神秘的新世界，讓您窺探外星存在的獨特美妙。

推薦序四

宇宙往何處去？

周健（歷史學者）

題辭：“How is it that hardly any major religion has looked at science and concluded. ‘This is better than we thought ！ The Universe is much bigger than our prophets said. Grander. More subtle. More elegant’?”

~Carl Sagan（1934-1996）~

東周戰國時代楚國三閭大夫屈原（342-278 B.C.E.），針對浩瀚無垠的時空滿腹狐疑，「因天尊不可問」，故曰〈天問〉，實為「問天」。提出一百七十多個問題，三百七十多句，共一千五百餘字，多為四字一句，猶如成語，如:「遂古之初，誰傳道之？上下未形，何由考之？……天何所沓，十二焉分？日月安屬，列星安陳？」，乃中國文學之中，詩詞的源頭。

在〈漁父〉中的金句令人驚艷，「舉世皆濁我獨清，眾人皆醉我獨醒。聖人不凝滯於物，而能與世推移。」中國大陸的行星探測工程，以火星為首要目標，將探測器命名為「天問一號」，2020 年 7 月 23 日發射，2021 年 5 月 15 日成功著陸火星，屈原的知名度已擴展至地外行星。

幽浮與外星人話題，歷久不衰，跟神鬼靈異現象同伙，一直吸引大眾的眼球，但只有少數人有直接經驗，故「信者恆信，疑者存疑」。在八十億芸芸眾生之中，真正的目擊者有限，而誤判的比例甚高，豈可見到什麼就相信什麼？

人是尋找意義的動物，在歷盡滄桑之後，才會思考背後的意義焉在？

宇宙諸星球的運轉有無方向？各種生命的價值觀為何？考古學家從初民的岩畫和墓葬遺址之中，挖掘和建構彼等的人生觀和人死觀，因尚未發明文字，故多屬揣測。

針對地外文明諸般情事，目前仍在摸索階段，自稱能貫穿陰陽兩界的通靈高手，是否能渾身解數，重建遠古生命的實相。史實的敘述有客觀的標準，而史觀的塑造則是主觀的詮釋，必有特定的立場（宗教，種族，政治，階級，性別，……）。從台灣看世界，也要從世界看台灣，交叉比對，以挖掘真相。

外星生物的外型千奇百怪，依據地球環境的制約，高等生物應為直立狀，而非爬行狀，故今日所目睹者皆屬「類人類」。而裸身與穿衣者均有，仔細打量彼等鮮有穿太空裝者，據此推論外太空某些星球的自然條件「類地球」。

泛靈論（animism）認為萬物皆有靈，某些宗教和擁有天眼通的通靈人，皆堅稱所有的星球（包括恆星）均有不同形態的生命存在。吾人常以自我為中心衡量萬物，擬人化觀念投射於非人類身上，蘊含浪漫情懷，但恐怕不切實際。

假如人類能創造生命，則造物主必將靠邊站。基督新教的文宣之中，喜將天堂描繪成人與動物和平共處的樂園，實則違反自然律，輪迴（不論有幾道）現象已指明人與動物各奔前程，不可能常伴左右。泰國有出家人飼養老虎，竟餵其素食，也是違反自然律。

外星生物似乎很少出現非直立狀者，恐怕動物園 = 天方夜譚。此外，難以判斷性別和年齡，而且未見到兒童，是否兒童無法適應長途的航行？

本書資料豐富，猶如百科全書，插圖精美，圖表珍貴，令人眼睛一亮。依據林奈（Carl Linnaeus, 1707-1778）的理論，分類為研究之始。疇昔將一百餘種外星人，分為八大類，今日採更精確的分類，乃「以貌取人」，不知彼等是否有「異見」？

人種的分類，過去是依據血緣關係，今日則以語言為主，如「中華民族」、「古希臘人」，實為集合名詞，並非指單一的民族。待外星人類型增加，恐怕需重新分類。目前所見，俊男美女不多，相貌抱歉者居多數，甚至驚嚇指數破表，會讓人噩夢連連。或許「美」的標準並非放諸四海而皆準，因「情人眼裡出西施」，王八看綠豆，越看越順眼。

科技始終來自於人性，卻也一直在改造人性。營養師強調不論葷食或素食，根本原則是均衡，勿過於不及，此乃中華文化的結晶－中道（中庸之道，Golden Mean）思想。吸收知識亦不可偏食，而人文素養應為核心，否則，會成為高學歷、高無知的蛋頭學者，個性古怪，不近人情，卻自視甚高，跟普羅大眾格格不入。

天文學（astronomy）源自占星術（horoscope）與占星學（astrology），除充滿美感之外，亦隱含神秘色彩。眾所周知，宇宙中的暗物質和暗能量占 95％ 以上，此外，吾人對海洋的了解，大概只有 5％ ，人類有何資格自封為萬物之靈？

地球被外星生物當作殖民地、實驗場或中繼站，不時介入重大事件，試圖掌控歷史發展的軌跡，已非新鮮事兒。美國的軍神麥克阿瑟元帥，曾預示第三次世界大戰可能是星際大戰，因其在戰場上曾目擊幽浮。各國政府（尤其是軍方和情治單位）和科研機構，掌握極機密的幽浮檔案，惟恐引起群眾的恐慌，只能逐步解密，但某些敏感的字眼均被塗黑，或許顧慮眾生無法承受。譬如「耶穌是外星人或外星人投胎者」，如果成真，信徒是否會崩潰？真理與謊言並存，閣下是否能精確分辨？

台灣島上的先住民，已區分為 16 族，彼等的神話與傳說均言及洪水與巨人。洪水是全球初民的夢魘，而巨人卻無所不在，從《聖經．舊約全書》、希臘神話，到《天方夜譚》均有蹤影，民間傳說，巨石建築係巨人的傑作，並非出自人類之手。

半人半獸的生物無奇不有，本書出現：蜥蜴人、昆蟲人、蛙人、貓人、鳥人、蛾人，身高達 2-4 公尺，堪稱巨人族。中國神話中的伏羲和女媧，是人頭蛇身的蛇人。而在伊甸園（Garden of Eden）內，慫恿夏娃品嚐禁果的元凶，也是蛇人。米開朗基羅（1475-1564）在梵諦岡西斯汀禮拜堂（Sistine Chapel）天花板的壁畫〈創世紀〉（Genesis）中，畫成有女人頭部及胸部的蛇人。世人聚焦畫作的藝術內涵，卻對蛇人視而不見。

「文明的搖籃」（Cradle of Civilization）－西亞兩河流域的神、人、動物，多長著翅膀，甚至有兩對者，為陸、空兩棲。而天下第一奇書－《山海經》中，有 277 種奇特的生物，也是世界第一。許多「異形」（Alien）環伺左右，可能是基因改造或人獸雜交的產物，成為科幻文學無窮盡的創作靈感。

古埃及文化是人類宗教信仰的母胎，對猶太教－基督宗教的教義影響甚深，而修道院亦起源於埃及。多神信仰中的諸神，大部分是獸首人身造型，亦有人首獸身（如：人面獅身像）者。今日觀之，是曾經存在過的生物，或只是純粹的幻想？

天使區分為九個等級，從雙翼至八翼不等，而天使長曾引導穆罕默德從耶路撒冷進入天界，伊斯蘭教稱為「夜行登霄」。伊斯蘭教對天使的描繪，比基督宗教詳實，但不知天使是不是外星人？或是靈界的生物？

妖怪（妖獸）是不是外星生物？像最夯的人魚、河童、魔神仔的鄉野傳奇，史不絕書，豈可只認為是幻覺，而全盤予以否定？宇宙的壯闊，已超出人類的想像，遙遠的空間距離幾乎無法讓咱們跨出太陽系。每一秒鐘都在上演生老病死的悲喜劇，人之一生既短暫又漫長，但小小的腦袋何以能乘載這麼龐大的資訊？

邂逅外星生物，還以為時光倒流，視彼等係來自歐洲的上古至中古時代，因服飾的風格非現代化的樣式。一如各大宗教所言，靈界的官員好像均穿著古裝，何以沒有現代化？

文化衝擊（culture shock）見諸異文化的碰撞與融合，而與地外文明的交流，可能會遭遇鋪天蓋地、具毀滅性的壓力。從數千年歷史經驗得知，原始文明會破壞高等文明，但最後獲勝者仍是高等文明。從日本著名的電影導演黑澤明的代表作〈七武士〉影片中，歸納出最後的勝利者是安土重遷的農民，而非幫助他們驅逐盜匪的七武士。

語言學家訂出任何一種語言的使用者若不足一百萬人，則有滅絕的危險，此一紅線無法跨越，故台灣16族先住民語言的消失，乃必然而非偶然，何來悲情或不悲情。

見鬼者多，見神者少，而遇見外星生物，可能比中樂透的或然率還低。生物的遺骸在大地上下蛻化成化石的機率，大約只有幾億分之一，「人死留名，虎死留皮」，談何容易。而發現外星人的化石，必是蒼海之一粟，難上加難。

霍金早已提出警告，太空探測須考量有敵意的外星生物，勿洩漏地球的位置，以免遭遇不測，並非杞人憂天。生命萬象，錯綜複雜，絕對客觀的準則難尋。維持人類社會的核心價值，若被地外文明更高境界的價值取代，恐怕會天下大亂。

眾所周知，宗教信仰最大的功能，在降低對死亡的恐懼。強調在拋棄色身之後，尚有另一種形式的生命存在，若不小心被活人碰見，即以為是遇到鬼。

宗教教條主義（dogmatism）無法解決諸事紛冗的現實問題，面對弱勢家庭、孤兒、遊民，高呼「阿彌陀佛」、「耶穌愛你」、「真主偉大」，是否就能得救？「一言堂」在不同的時空穿梭出現，從專制至獨裁政體，自不待言，在高舉「國教」的國家，有無不信的自由？

歐洲中世紀，基督教教會扮演「精神警察」角色，檢查人民的思想是否「純正」？若敢跟教會對抗，則會被宗教法庭判處為「異端」，而用火刑伺候，即使是思想家和科學家，亦難逃魔掌。

古羅馬時代對待死刑犯，必先鞭打，血肉模糊，死去活來，再釘上十字架。耶穌理應遍體鱗傷，但教堂裡的耶穌像（不論平面或立體）皆皮膚光滑，只有頭部被當作王冠的荊棘刺得流血，是否過於美化？電影〈受難記〉，曾被觀眾批評過於殘忍，而實際上乃是根據史實拍攝。

外星文明並非地球文明的copy，而地球文明恐怕是外星文明的copy，不時現身，以調整運行的軌跡。而情治和科研單位，最容易跟彼等打交道，掌握駭人聽聞的最高機密。

幽浮內部有奇特的視頻，可檢視歷史上某一時刻的影像，似乎地球表面上的一舉一動均已被錄影。歷代所累積的懸案、疑案和冤案，是否能重啟調查，以水落石出，蓋棺論定，卻也深刻體會「無所逃於天地之間」的恐懼。

會發光的外星生物，必定會被當作受膜拜的神明，此即靈光（aura），從形狀、顏色和密度，可推測境界的高低。外星生物、神與鬼的界限，似乎不易劃分。某些宗教宣傳幽浮與外星生物係來自地獄，但宣稱曾去過地獄者，並未見到幽浮與外星生物。

《海奧華預言》透露耶穌的遺體保存在某一星球，而該星球的人均為雌雄同體（hermaphrodite），即有女人的上半身和男人的下半身。古希臘神話，亦言起初的人類也是雌雄同體，後分裂成男人和女人，從此男孩和女孩的戰爭永不止息。法國巴黎羅浮宮也展示雌雄同體的大理石雕像，觀眾莫不議論紛紛，卻鮮有提到有男人上半身和女人下半身的陰陽人。如人魚好像多為女性，雖然長相甚為抱歉，實不該浪漫化為「美」人魚。

民間傳說，秦始皇挑選宮女，是命這些鶯鶯燕燕走過一面鏡子，另一邊由御醫觀察其身體的健康狀況，猶如現代的 X 光機，最奇特者，是可照出內心是賢慧或邪惡。故法庭上懸掛「秦鏡高懸」匾額，後改為「明鏡高懸」。今日的 AI 仍無法掌握非物質的特徵，因此，秦鏡的發明，實屬匪夷所思。此外，在刀、劍刃上鍍鉻的技術，是在一戰以後，德國國防工業首創，目的在防鏽，但兩千餘年之前的秦國，已開發出此種技術。是故，歷史進化論與退化論並存，能不謙卑滿懷。

《晉書・志・第十八章》紀載「傳音入密」的特異功能，言及烏程（今浙江省湖州市）有人罹病，待痊癒之後，卻擁有可遠距離傳音的超能力，本身卻不知何以會如此。今日則名為音頻定向技術，可進行遠距離傳音。《聖經》紀載，許多名人都能跟「天上」對話，現在觀之，會被視為是知覺失調症患者。

人類活動的範圍日益擴大，將會遭遇何種牛鬼蛇神，完全無法預料。研發武器的科學家，是否應將部分新武器轉而對付懷有敵意的外星生物？居安當思危，切勿自我感覺良好，假如不幸爆發星際大戰，將是保衛人類文明的殊死戰，咱們能否永續生存，仍屬未定之數。

推薦序五

在台灣從來沒看過，終於出版了！

劉原超

桃園美國學校校長及大學教授

《外星人圖鑑》是一本充滿驚喜和震撼的獨特之作，內容豐富、分類完整，收錄了許多前所未見的珍貴資訊，絕對會為您帶來無比的新奇與興奮。身為從事教學工作，我深深感受到這本書所帶來的先進視野，這樣的作品在台灣從未見過，出版這樣的書實在是一個富有勇氣的使命。

這本圖鑑是一本關於外星生命的資料寶藏，不僅外星生命的類型完整，所有的內容都充分展示了外星存在的多樣性和複雜性，讓我們能夠徹底揭開宇宙中未知領域的神秘面紗。作為教學者，我深信這本書將會開啟讀者的思維，激發他們對於宇宙與外星文明的探索與想像力。

這是一本無法用言語形容的書籍，因為它超越了常規的敘述和描述，帶領我們進入一個前所未見的世界。其中所收錄的珍貴資料和專業觀點，對於當今社會和宇宙研究都具有重大的價值。它不僅是一部提升高維度眼界的資料庫，更是一本具有教育意義和啟發性的作品。

在這個充滿資訊爆炸的時代，這樣一本嶄新、前衛的圖鑑，實在是 AI 時代探索外星文明不可或缺的指南，能夠為讀者帶來全新的視野和啟發。我深信這本《外星人圖鑑》將成為閱讀者的最愛，為大家打開一扇通往宇宙奧秘的大門。

誠摯推薦這本引人入勝的作品，它將為您帶來一場絕對難忘的宇宙之旅！

自序

在二十歲出頭的時候，腦袋瓜總是有許多新的想法，當初就有幾個構想向智慧財產局提出申請專利，而為瞭解更多相關發明與專利的知識，於1982年相繼加入台灣省發明人協會，以及中華民國標準協會。因此，也才有機緣開始向發明界長輩們請益，及有更多面向的交流，讓個人在新產品開發方面受益良多，於是在1983年正式籌組惟新機械有限公司，專業生產製藥機械，行銷海內外，此間個人相當榮幸，於1988年受聘擔任中國青創會新產品開發委員會委員，並於1990年當選台灣省發明人協會第七屆理事。

還記得大約在1985年期間，發明人協會一位長輩從美國帶回來探討重力場專書，特地送我一本，他希望我能好好研究。這本書幾乎是一本圖解書，不但有重力場及反重力場的原理說明，還畫了許多飛碟構造，這是我這一生當中第一次接觸到的UFO資料。當我在研究重力場的過程中，陸續取得來自美國的UFO研究相關資料，也讓我大開眼界。

在38年前向一般人談起外星人，大多數人會說：「你是不是吃飽沒事幹，整天愛幻想！」如今媒體蓬勃發達的AI時代，說到外星人的超常現象，如果你還不知道，那表示你在狀況外，真的落伍了，要趕快進入狀況做好準備，因為外星人在不久的未來，即將正式公開與人類對話！這是透過曾經與外星人接觸的地球人所傳達的訊息，這些訊息不僅透過這些人傳達，甚至在是2036、2045、2062、2075、kfk、Noah、James Oliver、William Taylor……等等未來人，以及地球上的金星人的奧妮克（Omnec Onec）、火星男孩波力斯卡（Boriska Kipriyanovich）、愛莎莎尼星球的巴夏（Bashar）……等等，都經過宇宙傳輸，透漏不少相關訊息。

已經到了該覺醒的時刻！身為地球的子民們，我們的已知只佔20%，其他 80% 是被先進國家政府所隱瞞，如果以 1897 年 4 月 17 日於美國德克薩斯州奧羅拉鎮，所發生一架雪茄型的 UFO 墜毀事件算起，至今已隱瞞了 124 年之久。實際上在地球上看過幽浮的人已經超過一億多人，刻意隱瞞這些事件早已不攻自破。維基解密披露一份外交密件，顯示聯合國曾於 40 年前召開 UFO 聽證會。會上科學家報告 UFO 存在的證據，並希望聯合國建立調查組織深入研究 UFO。該保密電文記錄 1978 年 11 月 28 日聯合國召開聽證會，討論美洲西印度群島島國格林納達（Grenada）時任總理埃里克・蓋里（Eric Gairy）提交的 UFO 調查方案。有許多國家的高層官員，都曾正式在媒體表明；例如加拿大前國防部長保羅・赫勒（Paul Hellyer）自己就表態 UFO 是真實的，而印度國防部長馬諾哈爾 ・帕里卡爾（Manohar Parrikar）說：「我們雷達發現一個發光物體飛入印度領空。噴氣式戰鬥機很快將其截獲並擊落下來。」

×× 讀書會的班長陳×鳳老師，她家住在北投的山上，有一次她在後院的廚房正要舀水，剛好看到遠方有碟狀的發光體，就在這個時候一道光射了過來，她疑似被定格了，整個人動彈不得，經過十幾分鐘後才恢復正常。像這樣的第三類接觸，近年來在世界各地頻頻發生。事實上外星人早在地球居住活動，已經滲入人類的生活圈裡頭，就在你我的左右，如果有一天你遇到了外星人，你是否能夠判斷對方是何種外星人？來自哪個星系？到底是善還是惡呢？！

本書出版的主要目的不外乎讓更多人認識外星人的種類，加強自己的判斷與應變能力，如果遇到善類的外星人，我們可以跟他建立友誼，就像瑞士的愛德華・艾伯特・麥爾（Eduard Albert Meier，1937 年 2 月 3 日生），他曾與來自昂宿星團 Plejaren 外星人多次接觸，比利・麥爾經過多次的心靈溝通，得知他們是善良的外星人，他們帶來許多能夠幫助提升地球的訊息。若是今天你不幸遇上了不善的外星人，你是否能夠清楚知道他們是誰！

為何要找上你？動機是什麼呢？地球上發生許多外星人綁架事件，例如一對美國夫婦，巴尼希爾（Barney Hill）及貝蒂．希爾（Betty Hill）夫婦公開表示自己在 1961 年 9 月 19 日至 20 日之間在新罕布夏州遭到外星生物綁架，這起事件也是第一次廣為人知的外星人綁架事件。像這樣的事件，透漏外星人綁架地球人的目的，是為了進行人體的 DNA 實驗，以延續該外星人種繁衍的可能性。

本書為了讓讀者更清楚認識外星人種類別，首先進行種族大分類，共有八大類別：1. 類人族、2. 非人哺乳族、3. 超次元灰人族、4. 爬蟲人族、5. 昆蟲族、6. 多種族或混血民族、7. 機電或複製人族、8. 其他。每個種族下又分為許多不同種類，而每個種類的外星人，都有他的身分相關記錄，例如族類名稱，和他族的關係、來自何處、平均壽命、和人類的相關接觸、可溝通狀況、在地球上的行為等等（協助提升、促進和平、提供宇宙法則、宇宙資訊……，或是擷取資源、控制、威脅、奴役……等等善惡行為。）、對人類的態度（親和友善或是充滿敵意）種種等敘述參考資料。希望地球的子民們都能夠提高警覺，透過這本工具書加強自己的判斷力，拒絕受侵犯。確保個人、家人、友人們的安全。

導讀

為了向讀者清晰呈現目前人類所了解的外星文明歷史，特別繪製了一份「外星文明歷史年表」。該年表彙整了來自多個來源的資料，包括來自外星接觸者的訊息，以及一些無意間的發現。

1972 年，法國的一家工廠偶然間發現了非洲地區一系列約二十億年前的天然核反應堆。這個工廠使用從非洲加蓬共和國進口的奧克洛鈾礦石，然而令人驚訝的是，這些進口的鈾礦石顯示出被過去某個文明使用過的痕跡。一般情況下，鈾礦石的含鈾量約為 0.72%，然而這些奧克洛鈾礦石的含鈾量卻低於 0.3%。法國政府公開了這一發現，引起了全球的震驚。

科學家們對這些鈾礦石進行了深入研究，並於 1975 年在國際原子能委員會的會議上公佈了他們的研究成果。科學家們的研究顯示，這些鈾礦石來自一個令人難以置信的史前遺跡，即一個古老的核反應堆。該核反應堆由六個區域組成，總重約 500 噸的鈾礦石，其輸出功率被估計為 100 千瓦。這個反應堆保存得相當完整，結構合理，據估計曾運轉長達五十萬年之久。這一發現顯示，在二十億年前，地球上可能存在著某種類型的文明，或者甚至有其他外星文明遷徙到地球上。

因此建議讀者先從「外星文明歷史年表」開始瞭解外星文明的簡史。接下來閱讀「外星人種類分類原理」之外星人分類總說，以及外星種族型態列表。從外星人種類分類原理快速瞭解外星種族的各種型態，以利於對外星人的分辨與認識。再來從閱讀「宇宙總覽」清楚瞭解現今科學家對宇宙的解釋，以及在宇宙誕生的物質、生命與心靈的關係。而宇宙分層概說的「星系團、星系群、銀河系」這是從人類所能觀測到的地方說起，內容含「外星人起源分層示意圖及起源於銀河系的外星種族、星座介紹。」

如果您對星座的位置及星座的特性已瞭解，可以跳過星座介紹，直接閱讀太陽系的外星種族，內容包含金星的外星種族、木星的外星種族、火星的外星種族。接著閱讀非太陽系的外星種族，內容包含獵戶座、大犬座、天琴座、金牛座、仙后座、網罟座、牧夫座、半人馬座、蛇夫座、天鷹座、鯨魚座、波江座、長蛇座、天鵝座、水瓶座、天蠍座、室女座、御夫座、后髮座、小犬座、山案座、六分儀座……等等。還有「暫時無法歸類外星人」，以及「被拍攝到的外星人」。

目次

第一章　外星人種類分類原理

外星人分類總說

本分類是從發現了 17000 多個接觸案例的資料庫中，按期外表型態分辨，這是 2016 年的資料，必須再隨著更多資訊的提供而更新。本書只能提供現有的資料來做分類，給讀者們參考。

定義：

「外表型學」是一門新興的交叉學科。它的出現是為了滿足人們對各種不明飛行物居住者和外星人進行分類的需要。

與普遍的看法相反，目前，外星生物學並不研究人們（聲稱）遇到的不同種類的外星人。事實上，外生物學是「一個跨學科的領域，結合了天文學、生物學和地質學的各個方面，主要集中于研究生命的起源、分佈和進化。」

因此，應該為描述這些不同物種的學科創造一個新詞。目前，我們對這些物種進行分類的主要標準是他們的外貌，正如目擊者所說的那樣。因此，外星現象學可以被描述為根據其物理外觀的可觀察特徵對外星人進行的類型學或分類。

派翠克．惠格和鄧尼斯．史黛絲可能是第一個根據外星人的表型，即可觀察到的特徵，進行系統分類的人。（派翠克．惠格和鄧尼斯．史黛絲，《外星人野外指南：基於實際記錄和目擊的外星生命形式的完整概述》，1996 年。然而，另見：特倫斯．狄金森和阿道夫．沙勒，《外星人：地球人野外指南》，1994 年）。

局限性：

1. 首先，應當指出，這一分類只是暫時的。由於它主要是基於地球上現有的生物種類，從長遠來看，它可能是不夠的。此外，現有的生物學範疇沒有嚴格適用，因為我們是按「外表」來劃分的。在這方面，我們選擇了一種務實的方法，基於這些「外表」和我們所知道的相似之處。

舉個例子，在美國 7% 的綁架案中都會遇到「爬行動物」。人們稱他們為「爬行動物」，因為某些特徵讓他們想起了爬行動物。但必須清楚的是，這些生物並不像我們在地球上所認識的爬行動物：他們是兩足動物，直立行走，據說有生殖器，並與人類發生性行為；他們也被認為具有超凡的智力。他們的身體結構（軀幹和四肢）更像是人類的身體結構，而不是爬行動物。（例如，正是由於這個原因，Lyssa Royal 和 Keith Prister 拒絕使用「爬行動物「一詞。）

儘管如此，由於與爬行動物的相似性，人們開始將這些生物稱為「爬行動物」。正是由於文獻和互聯網上已有這種術語，我們才選擇了上述實用方法。這並不能改變這樣一個事實，即從長遠來看，這裡使用的分類很可能被證明是不充分的，並且在生物學上是不正確的。

2. 必須考慮的第二個限制是，提供可用資料集的資料來源的可靠性存在很大差異。關於外表的資訊可能是目擊者第一手觀察的結果，也可能是作為第二手資訊提供的。（舉例來說，當管道從其來源接收到關於其他物種的資訊時，如果該來源不屬於所提及的物種）。給這一切增加了另一層複雜性，那就是體驗者可能植入了與現實不同的記憶或螢幕記憶。換句話說，他們的觀察結果可能會受到影響。

3. 第三個限制是語言 / 語義性質。我們掌握的詞彙和語言往往也不夠用。例如，術語「橄欖色皮膚「被用來描述看起來像地中海的生物，以及皮膚顏色為橄欖綠，眼睛呈黃色或橙色的貓一樣的生物。雖然前者看起來是完美的人類，與地球人類無法區分，但很明顯，一個綠色皮膚、黃色或橙色貓眼的生物會脫穎而出。然而，這兩個詞都被稱為「橄欖皮」，所以一方面，我們有一些例子，用同一個詞來描述實際上屬於不同類別的生物。另一方面，正如這個例子所顯示的，我們有一些案例，其中不同的術語被用來描述看起來相似或可能相同的生物（「地中海」和「橄欖皮」）。因此，這些也是必須考慮的觀察結果，這可能會導致不正確的分類，因為不清楚實際的含義。

分類：

主要類別和子類別概述：

A. 人形

- 1. 標準人族
- 2. 更短的
- 3. 更高的
- 4. 不同的特徵

B. 哺乳動物（非人類）

- 1. 薩斯誇奇 / 奧戈
- 2. 鯨目動物
- 3. 托科洛什
- 4. 蒂頓式（Zanfretta 案例）

C. 灰色

- 1. 高鼻子灰鳥

· 2. 高灰色

· 3. 標準灰色

· 4. 短灰色

· 5. 迷你灰色

D. 爬行動物（Reptoid/Dinoid）

· 1. 高翅龍

· 2. 飛龍

· 3. 無翅龍舌蘭

· 4. 鬣蜥

· 5. 蜥蜴人

· 6. 巨蛇

· 7. 其他

E. 兩棲動物

· 1. 卡波尼

· 2. 瓦爾任阿

· 3. Nommo/ 蘇美爾 / 玻利維亞

· 4. 蛙人

· 5. 亞爾加

類昆蟲

· 1. 螳螂

· 2. 脫烷

· 3. 其他

F. 雜交和克隆

- 1. 克隆
- 2. 非地球類人 / 人類
- 3. 灰色 / 人類
- 4. 人類 / 兩棲動物
- 5. 人類 / 爬行動物
- 6. 爬行動物灰 / 類昆蟲生物
- 7. 混合 Els
- 8. 鯨類 / 類人

G. 機器人

H. 其他，包括非物理和團體

- 1. 非身體個體
- 2. 非物理組
- 3. 圓球
- 4. 木棍
- 5. 影子生物

為了方便起見，至少在目前，灰色被列為一個單獨的群體。

讓我們稍微詳細地看看所有這些非類。

A. 人形

第一類，類人，由外表看起來像人類的外星人組成。可以辨別出四個子類。

1. 標準人族

標準人族適用於那些看起來和地球人一模一樣的外星人。他們可以在我們中間不被認出來。根據與這些生物相遇的頻率，可以進一步細分：

北歐人

北歐人也被稱為金髮女郎、斯堪的納維亞人或瑞典人，他們有白種人的特徵，通常有金色頭髮和藍色眼睛，儘管也遇到過其他發色和眼睛顏色。他們可以是 5 到 7 英尺高的任何地方。

北歐人在世界各地都遇到過，在第三種和第四種近距離接觸中。世界各地的土著文化也有斯堪的納維亞外星遊客的故事。

地中海

在 CE3 和 CE4 的經歷中也經常會遇到外星人，他們看起來是「地中海「或「拉丁「的。他們典型的膚色是棕褐色，頭髮是黑色的。

其他

除了斯堪的納維亞和地中海外觀的外星人，幾乎所有類型的其他人類外觀的外星人都遇到過。但在前兩類中，他們的數量遠遠超過了其他國家。

2. 更短的

第二類看起來像陸地的外星人比大多數陸地人類的體型要短。

桑蒂尼

Santini 是一個義大利語名字，意思是小聖徒（little saints），意思是外星生物長得和我們一樣，但身材較矮，即身高在 0.9 到 1.2 米（3-4 英尺）

之間。他們的軀幹、頭部和四肢的長度比例與標準人類相當。

桑蒂尼在世界各地都有，不過在歐洲和拉丁美洲更為常見。

矮人

第二類較矮的外星生物是由矮人組成的，也就是說，他們身材矮小，胳膊和腿都非常短。

矮人在全世界都有，儘管他們在歐洲更為普遍，在英國更為普遍。有一種外星矮人曾多次遇到過，那就是「毛矮人「，他通常不穿任何衣服，但似乎全身都是毛。

短非灰色

有故事說，較矮的人形機器人頭部稍大，眼睛稍大，據說是「凸出的」，長約 0.9 到 1.2 米（3 到 4 英尺）。他們膚色白皙，皮膚蒼白，有時被稱為「灰白」。他們有一個相當大的、禿頂的、非球形的頭，一個非常小的鼻子，一張沒有嘴唇的小嘴，一張額頭很高的臉，與眼睛同高，但下巴變薄。人們說他們有一種孩子般的品質，但是他們在被綁架的時候遇到過！他們的頭和身體的形狀與灰色的小魚不同。

科倫迪亞

鮑勃・雷諾（Bob Renaud）將科倫迪亞人描述為 4 到 5 英尺高的類人生物：

它的身軀預計很短，（…）而且結構堅固，因為它的重力是地球的 3.2 倍。眼睛與頭部的比例和我們的差不多，在臉上的位置也差不多。他們呈深藍色，幾乎是靛藍色，瞳孔較小，因為科倫達表面的科倫達光比地球上的太陽光亮 1/6 左右。沒有明顯的眉毛（事實上也沒有頭髮）。眼睛上方的頭骨結構比人族的突出得多，也許是為了遮擋頭頂的陽光。

耳朵相對於頭部比我們的小，沒有裂片，頂部有明顯的尖峰。他們幾乎被壓在頭上。鼻子很小，鼻孔有裂縫。它的嘴像一條縫，嘴唇不如我們的明顯，與下巴的比例略窄。它向上捲曲著，這在科倫多看來是一種微笑。

頭部是圓形的，顱腔（相對而言）比人族的大，臉頰凹陷，從下顎開始，到耳朵前面。脖子又粗又結實，這也是重力作用的結果。軀幹緊湊，肌肉發達。胳膊和腿的長度和身高的比例和我們的差不多，但是更重，發育得很好。

這雙手和我們的成比例，但手指稍長，拇指和手的其餘部分之間有明顯的蹼。和身體其他部位一樣，它看起來相當強壯。皮膚很光滑。這是我們稱之為「白色「的顏色，但與「曬黑「的外觀沒有什麼不同，人們會看到任何加利福尼亞海灘。

3. 更高的

第三個子類群的外星人外表看起來是陸地的，比一般人高。

高個子白人

高個子的白人看起來幾乎是人類，儘管他們身材瘦弱，皮膚粉筆白色，大藍色眼睛，以及幾乎透明的白金金髮。他們的眼睛可能是人類眼睛的兩倍，而且他們在頭部兩側的伸展明顯比普通的人眼要遠。他們通常測量在6 到 9 英尺 /1.8 到 2.7 米之間。

美國和歐洲都遇到了高個子白人。查理斯・霍爾、鮑勃・迪恩和《資料來源》提到了他們，查理斯・霍爾遇到了他們。鮑勃・迪恩在北約的一份報告中讀到了這些資訊，稱為「評估」

巨人

兩種主要的巨人曾多次遇到，另一些則偶爾遇到。第一種看起來和我們完全一樣，但他們更高。他們通常在 6 到 9 英尺高，一般是體育運動的建築，而在外表上是高加索。這些被稱為抒情巨人，文學中稱為安奴納基。第二種類型是瘦的，四肢更長，頭骨大，眼睛大。而且，當他們走路時，它是以搖擺的步態。

4. 不同的特徵

第四子範疇由許多看起來像人類的生物組成，就像我們一樣，但有一個或多個特徵，可以清楚地區分他們和「正常」人類的特徵。

橄欖皮

這些人是東方人，皮膚呈橄欖色，眼睛呈斜視。一些目擊者提到貓似的眼睛。他們在世界各地都遇到過，而且經常出現在沒有標記的黑暗直升機面前。（一些作者推測他們可能是地球上的土著人）。

注意：有些作者用橄欖色皮膚這個詞來形容外表正常、皮膚黝黑的外星人。然而，這些屬於 A1 類。

藍皮膚

藍色皮膚的人並不少見。一方面，有目擊提到蒼白的皮膚有一絲藍色，另一方面提到深藍色的皮膚顏色。

注意，也有描述藍皮膚爬行動物的遭遇，屬於 D 類。

金色皮膚

亞歷克斯・科利爾提到了金皮人形生物，他聲稱他們是天琴座的。我不知道有目擊者提到這些。

水晶人

一些目擊者說，這些人體格瘦弱，長著金色的長髮，斜著藍色、綠色或黃色的眼睛，膚色金黃。

貓人

貓人在世界各地的神話中都佔有顯著的地位。祖魯神話提到貓人和獅子人起源于雷古盧斯系統。管道材料，例如 Lyssa Royal 關於天琴座貓人的資訊，也指具有貓科動物特徵的人。證人的證詞很少。然而，有幾個人在參觀詹姆斯·吉利蘭的牧場時提到遇到了「貓人」。

再說一次，這些人並不是真正的貓科動物，而是有一些主要是面部特徵更像貓科動物的人：他們的嘴、鼻子和耳朵與「正常」人不同。

鳥類

就像貓人一樣，鳥人在地球神話中佔有突出的地位。在這裡，證人的證詞也很少。再說一次，這些人並不是真正的鳥人，而是具有使他們看起來更像鳥的特徵的人形生物。一般來說，他們的身體結構非常纖細，幾乎脆弱，有些人稱之為「異形「，他們的臉更棱角分明，眼睛更像鳥。他們的頭髮，有時也說，更讓人想起羽毛比頭髮。

皺紋臉

有相當多的目擊者報告稱，外星人身材矮小，皮膚佈滿皺紋，曬黑了。這些人，無論是男性還是女性，都曾遇到過被綁架者，據稱還遇到過為美國軍方工作的舉報人。

威爾遜描述了兩種不同類型的這些生物：「他們身材矮小，皮膚呈棕色皺紋，但他們的臉、眼睛和體格卻截然不同。例如，一組人的眼睛形狀與我們相似，但他們的眼睛形狀與我們相似。」但是他們更大。他們的虹膜是藍色的，瞳孔是白色的，形狀像一個水平的菱形狹縫。另一群皮膚呈棕褐色、佈滿皺紋的生物的眼睛形狀與我們相似，但我們的虹膜是彩色的，他們的虹膜是黑色的。我們的瞳孔是黑色的，而他們的瞳孔是鮮豔的藍色。

B. 哺乳動物（非人類）

「非人形哺乳動物「這個標籤是用來指外表看起來不像人類，但確實具有使他們像哺乳動物的特徵的生物。其中大多數也是雙踏板。迄今已確定了四個子類。

1. 薩斯誇奇 / 奧戈 / 雪人

這是三個可能只是一個物種的名字。我們似乎在處理同一種生物，但在 3 個不同的地點和不同顏色的毛皮取決於位置：白色皮毛在喜馬拉雅山，紅棕色至黑色皮毛在北美，黑色皮毛在非洲。在某些情況下，他們曾在外星飛船上被看到。土著文化說他們是外星人。受《星球大戰》的啟發，有些人把這些生物稱為「丘巴卡斯人」或「伍基人」

2 鯨目動物

有一些關於在不明飛行物上看到海豚的描述，還有一種人 - 海豚混血兒：人形，但頭部更讓人想起海豚。

3. 托科洛什

托科洛什 Tokoloshe 是一種生物，至今仍是非洲神話的一部分。描述各不相同，雖然一個「真正的「tokoloshe 看起來像一個毛茸茸的泰迪熊與脊上的頭。克雷多．穆特瓦說這些是外星生物的起源。

「它的外表看起來像一隻非常難看的泰迪熊，因為它的頭就像泰迪熊的頭，但是它的頭上有一個又厚又尖的骨脊。托克洛什人的頭上有個洞。他們也非常強大。牛的脊樑從前額以上一直到後腦勺，用這脊樑可以用牛的頭撞倒牛。

4 贊弗雷塔（Zanfretta 案例）

贊弗雷塔是一名義大利保安，他在 1978 年至 1980 年間與聲稱來自蒂托尼亞的人有過一系列的接觸。這些生物被描述為「巨大的；不低於 10 英尺 [3 米] 高「，有著多毛的、綠灰色的皮膚，皮膚起伏（「好像非常胖或穿著寬鬆的外衣「），面部兩側有點，指尖圓，黃色的三角形眼睛，額頭上有紅色的靜脈。有些人把這些生物比作爬行動物，但事實上，他們的皮膚是多毛的，因此將他們歸類為非人形哺乳動物更為合適。

C. 灰色

灰色有五大類，其中一些有許多變化。這似乎特別適用於「標準「灰色的人，他們的膚色不同，他們的手臂是否有肘部，他們是否有手或爪子，手上的附屬物可以是手指，有吸力帽的觸手。。。

1. 高鼻子灰鳥

高鼻子灰鳥有 6 到 9 英尺高，和其他灰鳥不同的是，他們有一個獨特的鼻子。關於高個子灰人的資訊有兩個主要來源：已故的比爾．庫珀和紀錄片製作人鮑勃．艾曼格。比爾．庫珀說他們來自參宿四。在文獻中，他們常被稱為獵戶座高灰色。據稱，他們在美國也遇到過一些軍方舉報人。

邁克爾．薩拉推測這些可能是混血兒：人類 / 灰色。

鮑勃．埃梅內格在霍洛曼登陸的背景下也提到了大鼻子的高個子生物。保羅．沙特爾會告訴他的。現有文獻似乎認為這些是灰色的。然而，據我所知，目前還不清楚這些是否真的是灰色的。

網路傳說還提到獵戶座高灰色協調綁架。根據我的經驗，這是不正確的：雖然高個子的灰色在綁架故事中佔據顯著位置，但迄今為止我遇到的所有案例都沒有提到他們有大鼻子。

2. 高灰色

他們有 6-7 英尺高，基本上是「標準灰色「的更高版本。他們有大的頭和環繞的眼睛，一張狹長的嘴。有可能我們實際上是在處理兩種不同的類型，因為，不同於「標準灰色「，有些高灰色據說有生殖器官。他們似乎也有類似（小）鼻子的東西。

威爾遜：他們的步態是獨特的，因為他們稍微彎腰，當他們的腿和軀幹移動緩慢，搖擺的方式。膚色是淺灰色和淺棕色。他們似乎不穿衣服，全世界的被綁架者都遇到過高個了的灰人。

3. 標準灰色

這是最常見的類型。他們大約有 4 到 4.5 英尺高，有著巨大的球狀頭和環繞的眼睛，一張狹長的嘴，沒有耳垂的小耳朵，看不見鼻子。他們的腿較短，關節也不同於人類。他們的胳膊經常伸到膝蓋。

這些灰色有許多不同的顏色，通常是蒼白的外觀：灰色，白色，（淡）藍色，（淡）綠色，（淡）橙色和棕色。值得注意的是，似乎沒有一個標準的外表型，因為他們被觀察到有許多不同的特徵：一些有手指的手，一些有爪子，一些有蹼，等等。

值得一提的是，目擊者經常提到具有半機械人特徵的灰人，即技術增強的灰人。因此，有些人把他們稱為「生物機器人」。

4. 短灰色

有時人們會遇到第四種灰色。這些灰色的較短，大約三英尺半高。他們通常看起來比較矮，但肌肉發達得多，是標準灰色的「健美者「版本。據說他們具有極強的攻擊性，通常被認為是所有灰色物種中最危險的。（在網路上，他們通常被稱為「貝拉特裡克斯灰」）。

5. 迷你灰色

最近幾年，我遇到過一些報導，提到灰色符合標準灰色（類型 3）的描述，但只有兩英尺大小，而不是通常的四到四英尺半。

D. 爬行動物（Reptoid/Dinoid）

世界各地的綁架和遭遇文學都提到了外表上是爬行動物的生物。在美國 7% 的綁架案中，有爬行動物特徵的人參與其中。他們通常被稱為爬行動物，reptoid，恐龍，或蜥蜴。

實際上，下面提到的所有「爬行動物「實際上都是兩足動物：他們直立行走。所以很有可能這些生物不是真正的爬行動物，而是具有讓人想起爬行動物的特徵。主要的兩個例外是 a）西亞卡，b）巨蛇，他們都符合「普通「爬行動物的描述。

1. 高翅龍

在這份名單中提到的所有物種中，只有西亞卡蛇和「巨蛇「是地球上沒有遇到過的兩種。Ciakar 的唯一資訊來源是 Alex Collier，他被告知了他們的情況。所以這些資訊充其量是基於傳聞。

有一種爬行動物的皇家血統叫做西亞卡。他們的身高從 14 英尺到 22 英尺不等，體重可達 1800 磅。他們確實有翅膀的附屬物，他們是可怕的存在。他們非常有洞察力，非常聰明，也可能非常邪惡。

2. 飛龍

關於有翅膀飛行的爬行動物的報導主要起源于美洲和亞洲。這些爬行動物是兩足動物，肌肉發達，體格健壯。他們有 7 到 8 英尺高。他們的頭通常被稱為恐龍狀（霸王龍）。一個被反復提及的特徵是，他們有一雙紅紅的眼睛，眼睛裡充滿了催眠的目光。就像小灰人的情況一樣，這些生物據說能夠飛行或漂浮。他們背上有翅膀，但迄今為止還沒有任何關於這些翅膀移動或被使用的報導，甚至在他們飛行時也沒有。文學作品常把這些生物稱為蛀蟲。

3. 無翅龍舌蘭

沒有翅膀的龍舌蘭在外觀上與有翅膀的龍舌蘭相似，但 a）沒有翅膀，b）眼睛的顏色不同。無翼龍蜥蜴是爬行動物中的一種，經常出現在被綁架者被帶到的船上。因此，他們經常被看到在灰色的公司。

關於這些無翼龍的報導來自世界各地。他們是最常見的爬行動物之一。

然而，當談到這些爬行動物是否有生殖器的問題時，這些報導是矛盾的。一些報導提到沒有生殖器，而另一些則提到他們有生殖器並與被綁架者發生性行為。

4. 鬣蜥

文獻中還提到了被描述為「類鬣蜥」的爬行動物。在外觀上，他們與無翅龍相似，但肌肉較少，頭部稍有不同，即更像蠹蜥而不是暴龍。這些爬行動物也比典型的無翅龍短，大約 5 英尺高。在大多數報導中，據說他們戴著帽子。

就我個人而言，在南非，我遇到過一些頭戴頭巾的爬行動物，他們的頭部類似於蠹蜥，大約有 7 英尺高，肌肉發達。（換句話說，他們看起來像沒有翅膀的德拉科，但頭部不同）。

5. 蜥蜴人 / 蛇人

第五類爬行動物包括蜥蜴人 / 蛇人。他們大約有六到八英尺高，直立，兩足動物，通常有蜥蜴般的鱗片，顏色從綠色到褐色，有爪狀的四指蹼狀的手。據說他們的臉是人類和蛇或蜥蜴的雜交。據說有些有一個從頭頂到鼻子的中央隆起。一些在灰人的陪伴下出現的爬行動物符合這些描述。

E. 兩棲動物

1. 卡波尼

1993 年，菲利貝托・卡波尼在義大利的普雷塔雷・德爾特朗托多次看到這些照片。他能為他們拍很多照片，就像右邊展示的那張。這些生物很矮，大約 80 釐米高，濕 / 油的棕色網狀皮膚閃閃發光，黑眼睛。其他的說法把這些生物稱為薑餅人。

2. 瓦爾任阿

類似的遭遇（卡波尼案）發生在 1996 年的巴西瓦吉尼亞。據說這裡的生物有「油光（濕的？）棕色皮膚，「大圓頭，小脖子，大紅眼，一點頭髮都沒有「，「非常小的手有三個長手指「，「巨大的靜脈沿著脖子流下來，像一個巨大的牛心。「然而，與卡波尼案例的一個重要區別是，據說這些生物的頭骨上有脊。目擊者稱這些生物在找水。

3. 諾莫 / 蘇美爾 / 玻利維亞

馬裡的多貢部落提到，他們曾接觸過一種據稱來自天狼星的兩棲類外星人種族。他們稱這些生物為 Nommo，並把他們描述為半人半魚。這與巴比倫水神歐內斯很相似，據說他是半人半魚。在玻利維亞的蒂亞瓦納科和土耳其安納托利亞的涅瓦利切裡也發現了類似奧安人的雕像。

4. 蛙人

有報導稱，他們與「青蛙人「相遇，他們有一個人形的身體結構，是兩足動物，但有一個像青蛙一樣的頭。他們相當短，4 到 5 英尺（1.2 到 1.5 米）。

5. 伊爾幹人

溫德爾・史蒂文斯（Wendelle Stevens）和斯特凡・德納爾德（Stefan Denarde，化名）提到了一種具有人形特徵的兩棲動物，來自 Iarga 星球。據說 Iarga 的居民有一個人形身體結構，是兩足動物。主要區別是頭部結構明顯不同。他們肌肉發達，手臂較長，有爪的手指，中間有蹼。

「伊爾幹人大約有五英尺高。他們最初是兩棲動物。他們的手指和腳趾之間有網。與我們相比，最突出的是他們較長的手臂、橡膠般的肌肉結構和盔甲般的頭骨。」

類昆蟲

與爬行動物和兩棲動物一樣，類昆蟲是一個混合的類別，其中一些表型也表現出一些類人的特徵，而另一些則更類似於通常認為的昆蟲。

1. 螳螂

最常見的昆蟲是讓人想起螳螂的生物。他們在綁架經歷中經常遇到。大多數人描述他們大約 6 英尺 /1.8 米高。大多數報告都將他們列為兩足動物，不過也有其他人將他們描述為更像昆蟲。兩足動物可能是雜種，這種可能性不容忽視。

2. 脫烷

有報導說，這種生物是兩足動物，軀幹和四肢都是人形的，但頭部卻過大。少數被綁架者也遇到過這種情況。「depanoid」這個名字是被綁架者之一，這些生物被描述為「能量吸盤」，他們讓受害者經歷那些受害者在情感上高度反應的經歷，然後他們「餵養「這些情感。

3. 其他

在誘拐過程中，遇到了其他不屬於上述兩個亞類的類似昆蟲的生物。

F. 雜交和克隆

其中許多可能是人為創造的，儘管很明顯有些物種可以雜交。看上去像我們（A1）和地球人的外星人就是這樣。克隆：也是人工創造的。

1. 克隆

金髮克隆人：

相同的金髮生物，經常在綁架中出現。另外：在某些情況下，MIB 被描述為完全相同的克隆。

程式化生命形式：

灰色由人類創造（克隆），並在人類的控制下。

2. 非地球類人 / 人類

南河三族：

來自南河三族的金髮碧眼會與地球人雜交。還有：伊莉莎白・克雷爾、安東尼奧・維拉斯・博阿斯。

3. 灰色 / 人類

灰色（C2 和 C3）/ 人：

大衛・雅各斯根據他們的「灰色」或「人類」的外貌，區分了 4 種不同的類型：「我隨意地將這些雜交種分為早期、中期、晚期和人類階段的雜交種。早期的人看起來很陌生，雖然他們有一些頭髮，但他們很瘦，他們有一雙黑色的大眼睛，眼睛裡有一點點白色的角膜。他們有一頭稀疏的頭髮，一張奇怪的臉，下巴尖。他們的身體也很瘦。他們很少出現在不明飛行物的範圍之外，在不明飛行物的範圍內，他們完成任務要求他們幫助綁架計畫。」

中期混血兒看起來更像人。他們有一雙黑色的大眼睛，眼睛更白。他們的頭髮很薄，但更多。他們的身體不是很瘦。他們也有助於綁架程式。

後期的混血兒和被綁架者作為私人朋友聯繫在一起，幫助被綁架者學會為「未來」工作。他們在公共場合露面，經常被當作人類。作為綁架計畫的一部分，他們住在不明飛行物上，並闖入正常的人類生活。他們在我們中間沒有生活。

人類階段的混血兒主要在正常的人類環境中處理被綁架者。從表面上看，他們與人類沒有區別。他們有著與人類不同的生物和神經過程，這些過程賦予他們特殊的能力，比如能夠控制人類。

橘子：

根據布蘭頓的資料，這是一種人形和爬行動物灰色的雜交。

埃薩薩尼：

獵戶座灰人和人類

4. 人類 / 兩棲動物

5. 人類 / 爬行動物

6. 爬行動物灰（C4）/ 類昆蟲生物

貝拉特裡克斯雇傭兵

7. 混合 ELs

明塔卡：物理類人和非物理類人

8. 鯨類 / 類人

有人類身體結構的人，但有海豚頭。

可能的兩棲類替代分類。

G. 機器人

機器人和「半機械人」風格：控制論增強。

〔注：控制論 = 形容詞，但副詞是控制論〕。

扁木怪獸：

克雷多．穆特瓦

H. 其他，包括非物理和團體

幾個子類別：

其中一些被貼上了「非物質」的標籤。然而，應該注意的是，非物質不應該被太字面化。不是物理的，因為我們經歷了物理的三維物質現實。（參見有時使用的「精微」體的術語。一些作者將這些非物質生命稱為「乙太」

或「星體」，而其他人則使用其他維度、超維度或更高維度的術語。

最常見的是：

1. 非身體個體

   有幾種類型，包括白光或光球，顯示意識的能量場

2. 非物理組

   群體意識 / 社會記憶複合體

   顯示意識的能量場

3. 圓球

   哨兵

4. 木棍

5. 影子生物

統計

《外星百科全書》列出人類在地球上遇到的不同外星物種和文明。迄今為止，已經遇到了120多種不同的物種和文明。這些證人的描述被用來對不同的表型進行分類。下表列出了有多少不同的文明與特定類型的表型相匹配。

類人	67
哺乳動物	4
灰色	23
爬行動物	19
兩棲動物	7
昆蟲類	4
混合動力	3
機器人	1
其他	7
未知	19

因此，閱讀這張表格的方法如下：在我們在地球上遇到的120多種不同文明中，67種（或43%）是類人的，4種（3%）是非類人哺乳動物，23種（15%）是灰色的，19種（12%）是爬行動物，等等。

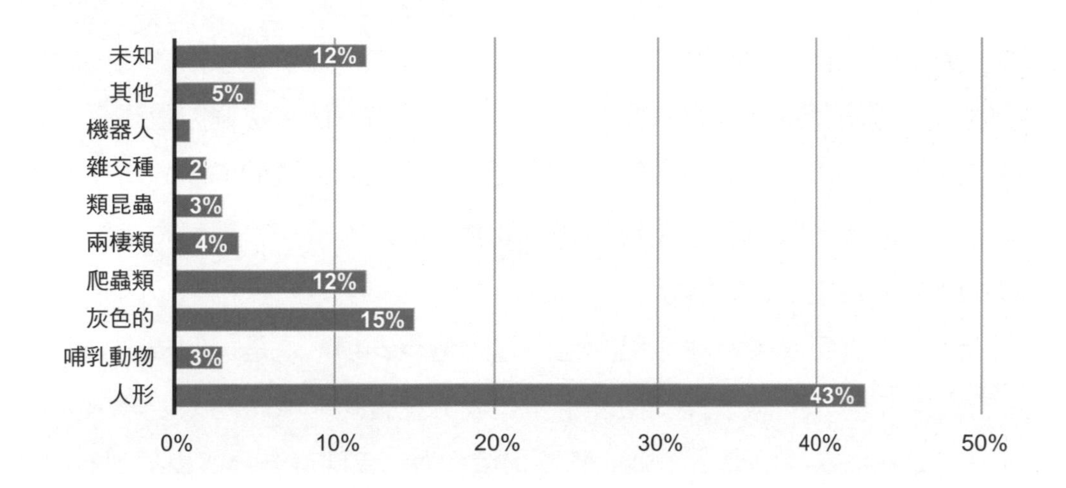

表格和圖表並不代表與屬於某一類別的生物相遇的頻率！例如，在所遇到的不同物種 / 文明中，灰人占 15%，但在美國的綁架案件中，灰人占 73%。

根據諾丁漢大學科學家的一項新分析，我們沒有很多外星人陪伴。

Jun 16，2020 年 6 月 15 日，兩名研究人員在《天體物理學雜誌》上發表了一篇論文，認為擁有約 2500 億顆恆星的銀河係可能存在多達 36 個外星社會。這個數字很小，比《星際迷航》中出現的種族數量還要少。作者用第二個更慷慨的分析來補充他們的瑣碎統計，他們說，好吧，計數可能多達一千。

不管怎樣，他們的結論是——就像懷俄明州的米其林星級餐廳一樣——外星文明少之又少。這意味著我們最近的宇宙好友至少距離我們幾千光年。

如果是這樣，找到他們就會很困難，而且談話也不可能。

那麼這些英國研究人員是如何得出如此令人沮喪的估計的呢？畢竟，之前關於這個主題的研究已經足以填滿一小部分硬盤了。其中一些結論認為銀河系擁有數百萬個社會。其他人則聲稱，不，地球是特殊且孤獨的。

諾丁漢的作者們通過使用他們自己的德雷克方程變體得出了他們的低估值——這是每個人最喜歡的衡量外星人人數的方法。這個方程幾乎可以在任何天文學教科書的最後幾章中找到，它是七個參數的串聯，當他們相乘時，就得出了銀河系中技術熟練的社會的數量。這些參數包括類地行星的豐度、孕育生命的比例等。

然而，真正起決定性作用的是方程的最後一項。這是一個技術文明保持魔力的年數。一個掌握了物理學和技術的社會還能繼續向太空發射無線電波或光波多久？畢竟，如果他們停止這樣做，我們可能永遠找不到他們。

在估計技術物種的壽命時，諾丁漢研究人員做出了一個重大假設。他們指出，大約一個世紀以來，我們一直在向以太發送信號。這很公平。但隨後他們援引了天體生物學哥白尼原理（其他人謙虛地稱之為平庸原理），並堅持認為宇宙正在進行一場大規模的「西蒙說」遊戲。無論我們在地球上做了什麼，宇宙的其他部分也在做，或者已經做了。

因此，由於無線電已經存在了大約一個世紀，諾丁漢二人組假設所有技術文化也將使用這種技術一個世紀。但不再是了。

你可能對此沒有任何問題。畢竟我們還沒有發現外星人。因此，如果我們不知道某些事情——例如他們發明雷達、收音機或電視後可能會在空中停留多長時間——我們很容易將自己的經驗應用到每個人身上。

但這就像說，因為我們擁有飛機一個世紀了，所以每個人都將擁有飛機一個世紀，然後不再擁有。這是一個令人震驚的假設。無線電可以以非常低的能源成本傳達大量信息。它可能是任何社會都會使用超過 100 年的技術。

考慮到無線電的有用性，你可以很容易地宣稱社會的技術壽命是 10,000 年，而不是 100 年。如果你主張更大的數字，那麼有人居住的世界的總數就會增加 100 倍。

換句話說，作者的這種武斷假設在很大程度上導致了他們對外星社會數量的驚人低估計。

但等等，還有更多。

諾丁漢論文中的第二個前提同樣令人震驚：即太陽系宜居帶中的每一顆地球大小的行星都會孕育出生命，並在大約4至50億年後產生智慧生命。（宜居帶是指距恆星的距離，在該距離處，繞軌道運行的行星對於水基生物來說既不太冷也不太熱。）

當然，如果你說出顯而易見的事實，大多數科學家都會點頭：類地世界可以自發地產生生物體。許多人（但不是全部）也同意有些人最終會進化出智慧物種。但肯定不是地球上所有的表親都如此幸運。這就像說每個學鋼琴的孩子都必然會獲得範．克萊本獎一樣。

附近甚至還有一個方便的反例。我們太陽系的宜居帶當然包括地球，但也包括火星和——取決於你的個人喜好——金星。火星和金星都沒有被觀察到有生命，更不用說技術上有能力的生命了。

諾丁漢的這篇論文引起了很多關注，因為它說有人居住的世界數量微不足道。但不要灰心。您可以做出自己的假設，並得出您想要的對智慧宇宙物種數量的任何估計。就我自己而言，我認為絕對最低限度是 70 人，這個人數能夠在《星際迷航》中獲得配音角色。

塞思．肖斯塔克（Seth Shostak）是 SETI 研究所的高級天文學家。

外星種族型態列表

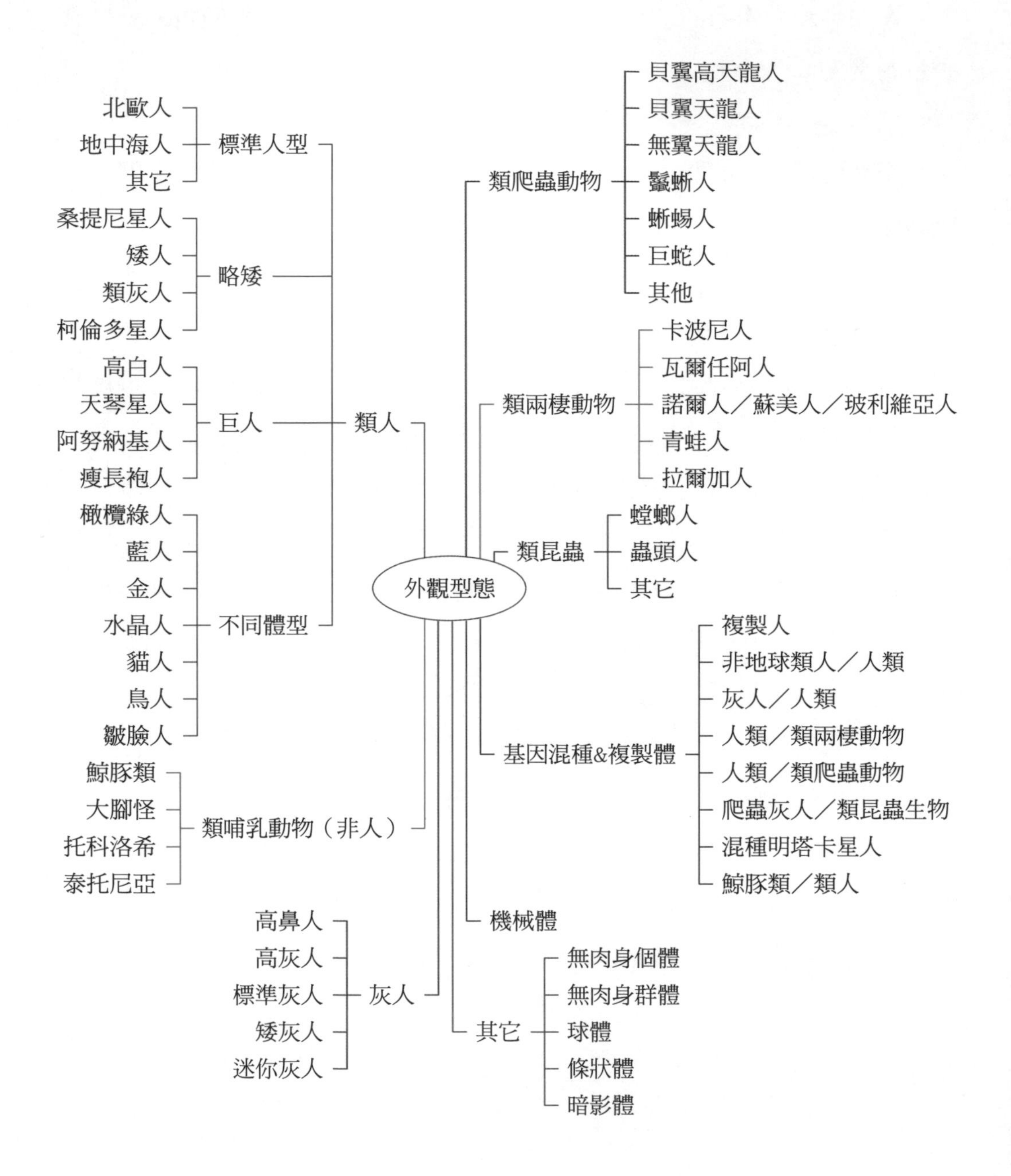
外觀型態
類人
標準人型
北歐人
地中海人
其它
略矮
桑提尼星人
矮人
類灰人
柯倫多星人
巨人
高白人
天琴星人
阿努納基人
瘦長袍人
不同體型
橄欖綠人
藍人
金人
水晶人
貓人
鳥人
皺臉人
類哺乳動物（非人）
鯨豚類
大腳怪
托科洛希
泰托尼亞
灰人
高鼻人
高灰人
標準灰人
矮灰人
迷你灰人
類爬蟲動物
貝翼高天龍人
貝翼天龍人
無翼天龍人
鬣蜥人
蜥蜴人
巨蛇人
其他
類兩棲動物
卡波尼人
瓦爾任阿人
諾爾人／蘇美人／玻利維亞人
青蛙人
拉爾加人
類昆蟲
螳螂人
蟲頭人
其它
基因混種&複製體
複製人
非地球類人／人類
灰人／人類
人類／類兩棲動物
人類／類爬蟲動物
爬蟲灰人／類昆蟲生物
混種明塔卡星人
鯨豚類／類人
機械體
其它
無肉身個體
無肉身群體
球體
條狀體
暗影體

第二章　宇宙分層概說

宇宙大綱

在開始介紹外星人之前，我們必須先認識我們的宇宙。我們先來看一張大家熟悉的圖。

這張圖代表了地球所位於的太陽系。太陽系是一個受太陽重力約束在一起的行星系統，包括太陽以及直接或間接圍繞太陽運動的天體。這些天體包含了上述一些知名的星球，如金星、火星、木星等等。

必須先認識一下我們所居住的宇宙。首先就是我們所居住的地球位於太陽系內。太陽系顧名思義就是包含了太陽。除了太陽之外，太陽系也包含了地球以及其他著名的行星，像是金星、火星…。至於其他知名的牛郎星、織女星我們稱之為星星的恆星，都是位於太陽系之外。這些恆星都包含在星座裡頭。包含了太陽系、以及太陽系其他鄰近地區的恆星則被稱為銀河系。與銀河系同位階的有仙女座星系和三角座星系。本星系群則是包含了銀河系、仙女座星系和三角座星系。更大的位階有室女座超星系團。目前出現的外星人大部分都位於太陽系以及太陽系鄰近的恆星地區。本章節也會以這些地區為介紹重點。

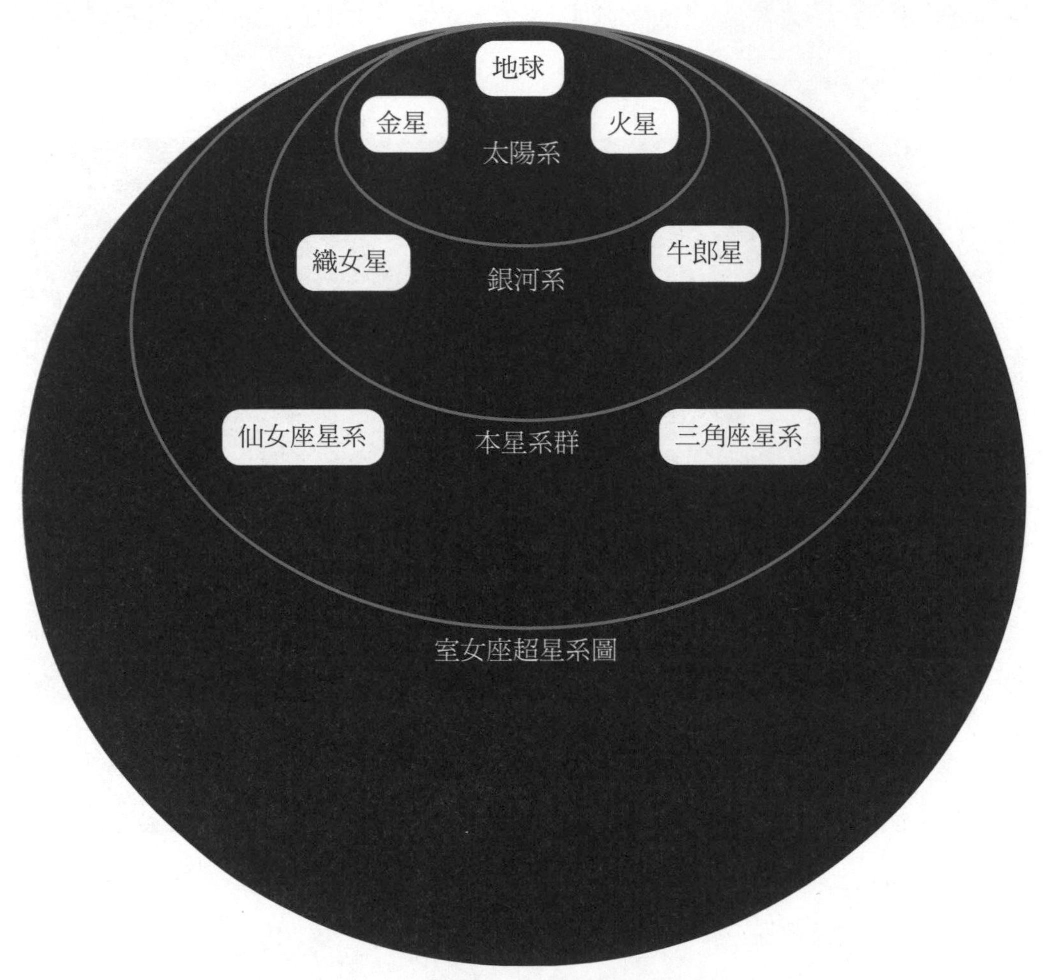

宇宙概略分層示意圖

1. 宇宙總覽

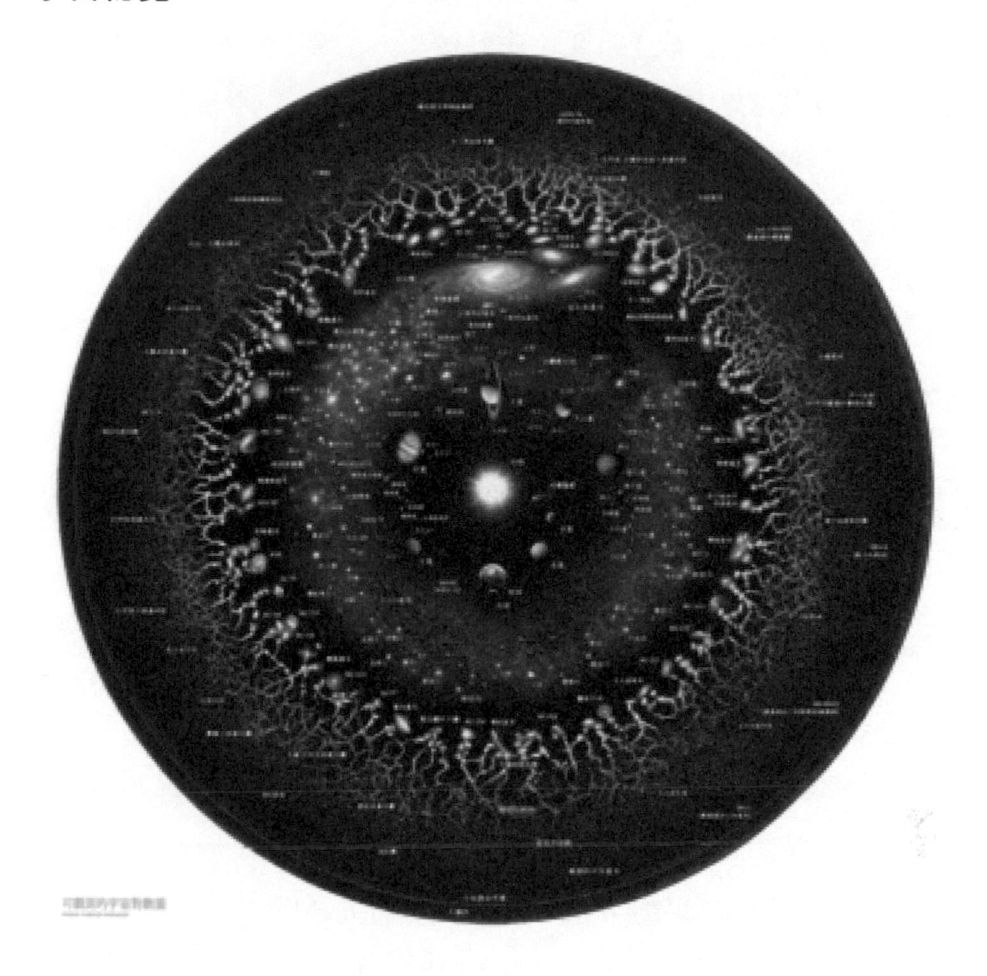

著名的天體物理學家史蒂芬・霍金（Stephen Hawking）在科學界做出了卓越的貢獻，特別是他所提出的「彭羅斯－霍金奇點定理」和「霍金輻射」等重要學術理論，這些理論揭示了宇宙未來的無限可能性。他也指出宇宙的起源並不是某個特定的事件，它以多種難以想像的方式開始存在，甚至可能存在多個宇宙，我們所處的世界只是其中一個可能性。這與佛經中的因緣法則相呼應，即「現象界沒有開始也沒有結束」，宇宙之奧秘難以測量。

在宇宙中，黑洞奇異點內的時空特性讓我們難以理解。這些不同時空的部分組合在一起，形成了多重宇宙的概念。在量子力學中，存在著多個平行世界，每個世界中的量子力學測量結果各自不同，因此不同的歷史事件可能在不同的平行世界中發生。

雖然大爆炸理論是天文學和物理學界廣泛接受的宇宙起源和演化模型，但也有學者提出了相反的觀點，主張宇宙是靜止的，這就是宇宙非膨脹論和非收縮論。這種觀點質疑了傳統的宇宙演化觀念，提供了一種新的思考方式來理解宇宙的本質。

以下是關於宇宙靜止論的一些論述：

1. 觀測與測量：

宇宙的膨脹理論是基於遙遠天體的紅移觀測結果，這被認為是宇宙膨脹的證據之一。然而，一些反對者認為這種解釋可能受到其他因素的影響，如星際介質的吸收和散射。他們提出，目前的紅移觀測不能完全排除其他解釋，因此不足以證明宇宙膨脹。

2. 等密度原理：

宇宙靜止論的支持者提出，如果我們假設宇宙中的物質分佈是均勻且等密度的，那麼無需假設宇宙在某一時刻爆發大爆炸。他們認為，這種等密度的分佈可以解釋目前觀測到的宇宙現象，而無需引入膨脹的概念。

3. 光速恒定性：

宇宙靜止論的一些支持者認為，光速是恒定的，不受宇宙膨脹的影響。他們指出，根據相對論，光速是一個不變的常數，因此膨脹的宇宙模型可能會引發一些與光速恒定性相矛盾的問題。

4. 宇宙背景輻射：

大爆炸理論的一個支持證據是宇宙背景輻射，被認為是宇宙早期的熱輻射遺跡。然而，一些靜止論者提出，這種輻射可能來自其他物理現象，例如超大品質黑洞的輻射，而不必局限於宇宙膨脹的模型。

5. 新的物理理論：

一些宇宙靜止論者認為，我們當前的物理理論可能需要修正或替代，以更好地解釋宇宙的性質。他們提出了一些新的物理學模型，以支援宇宙靜止的觀點，並試圖用這些模型解釋目前觀測到的宇宙現象。

但大多數天文學和物理學界的專家仍然支持宇宙膨脹的理論，因為這一理論能夠較好地解釋許多觀測結果，並與廣泛接受的物理定律相符。宇宙靜止論在學術界的支持相對較少，主要是因為它需要解決大量觀測和理論上的問題，以及對現有物理學框架的重大修改。然而，持續的科學研究和討論仍在進行中，以便更好地理解宇宙的本質。

巧合的是，距今大約 1800 年前，傳說中馬鳴菩薩創作的《起信論》中提出了「一心二門」的觀點。其中，「一心」亦被稱作真如，它象徵著宇宙的核心，兼容了物質和精神的所有現象和本質。而「心真如門」則揭示了心的本質，絕對無異，永恆不變，不生不滅，無分別之境，本不動搖。相對地，「心生滅門」表現了心的多樣現象、生滅變化，具有相對性和差異性，同時也代表了整個宇宙萬象的多樣性。真如是深沉靜止的，然而並不妨礙一切現象的無盡生滅。所有現象隨著因緣而出現，但「真如本體」卻保持恆定寂靜，永遠不動。

意念和意識可以改變物質的狀態。物理學中的「觀察者效應」源自雙縫實驗，這意味著觀察者的存在會改變物質的狀態。簡單來說，被觀察的現象或事物會因為觀察而受到一定程度的影響。在 1807 年的一次著名光學實驗中，湯瑪斯．楊首次描述了雙縫實驗：他在一張紙前面放置一個帶有小孔的蠟燭，這樣形成了一個點光源（從一個點發出的光）。接著在紙的背後再放一張紙，這次在紙上開了兩個平行的縫隙。從小孔射出的光穿過這兩道縫隙後，投射到螢幕上，形成一系列明暗相間的條紋，這就是眾所周知的雙縫干涉條紋。

1998 年，魏茨曼科學研究所發表了一篇重要論文，提出觀察會改變電子穿過小孔時的行為。當電子沒有被觀察時，他們既表現為粒子又表現為波動。但在觀察存在時，他們只會表現為粒子。科學家們對這一現象進行了深入研究，其中包括一份 2011 年的文章，證實了通過小孔移動的光子在被測量位置時受到干擾。

幾百年來，物理學家一直在探索物質的本質，但隨著深入研究，他們變得越來越困惑。他們發現物質的內部實際上沒有什麼東西，而是能量。儘管我們的身體看起來是由實體物質構成的，但根據量子物理學，每個原子的內部有 99.9999% 是空的，其中次原子以極快的速度在這些空間中振動，實際上是一束束振動的能量。這些能量的振動不是隨意的，他們攜帶著資訊。整個資訊場會將這些資訊傳遞到宇宙量子場中，創造出我們所看到的實際物質世界。正如偉大的科學家愛丁頓所說：「我們過去一直認為物質是實體的，但現在它不再是實體；現在，相對於實體，物質更像是意念。」

物質是由意念呈現出來的。琳恩·麥克塔格特於 2008 年出版了《念力的秘密：喚起內在力量，改變生活和世界》（The Intention Experiment: Using Your Thoughts to Change Your Life and the World）一書，其中內容基於普林斯頓大學、麻省理工學院、斯坦福大學等世界知名大學的尖端量子力學實驗。書中的理論表明：整個宇宙由一個巨大的量子能量場相互連接而成。

在現實中，美國亞利桑那大學生物場心理學家加里·斯瓦茨通過實驗觀察到：意識是一種不受身體限制的光子流，有能力改變周圍的物質。這種以心意控制物質的能力超越了時間和空間的限制。美國斯坦福研究所物理學家哈樂德·普索夫也發現，人類的意識擁有力量，可以實現自我療愈。

細胞和 DNA 也具備能量和意識，整個宇宙都有一個次級結構，通過這個結構萬物相互溝通。

物質世界中的現象都是由波動產生的。物質的基礎是意念，也就是念頭。沒有念頭，就沒有物質。只要有物質存在，你物質世界中的現象都是由波動產生的。物質的基礎是意念，也就是念頭。沒有念頭，就沒有物質。只要有物質存在，你就知道意識沒有中斷。物質現象中有許多堅硬的固體，他們的頻率較低，例如我們的肉體。而頻率較高的則變成了空氣、電流、光波等。無論變化多麼迅速，都是在頻率之中發生的。這些觀念在佛經中早在 2600 多年前就有所提及，佛經中所描述的宇宙觀與現代科學相契合。

佛經中《起世經》的宇宙觀，是目前人類最早敘述宇宙狀態的文獻，其中描述了宇宙的不同層次和形態。它將宇宙分為大區域和微小粒子，分別稱為「佛剎」和「微塵」，總稱為「三千大千世界」。根據《世記經》的　述，這些世界彷彿像太陽和月亮在四個天下中運行，照耀著光明。在千個世界中，有千個太陽和月亮，千個須彌山王，以及四千個天下。其中還有千個四天王、千個忉利天、千個焰摩天、千個兜率天、千個化自在天、千個他化自在天、千個梵天，這被稱為小千世界。一個小千世界中還存在著更小的千千世界，而這種分層進一步形成中千世界和三千大千世界。這些世界的出現和消失環繞著一個名為「一佛剎」的地方。

經文中還提到，小千世界的形狀類似於「周羅」，不僅是圓盤狀，還帶有螺旋結構，正好與銀河系的形狀相符；千日千月則指的是擁有生命的恆星系統，進一步細分為「千閻浮提」（類似於地球所在位置的南贍部洲）、西牛貨洲、東勝神洲、北俱盧洲，以及「八萬小洲」。這與現代科學家對銀河系中可能存在的進階生命恆星系統數量的估計相當接近。

《大方廣佛華嚴經・華藏世界品》中對不同星系形狀進行了描述，例如橢圓形、胎藏形、蓮華形、普方形、江河形等。該經文還對不同星系的各種屬性進行了詳細說明，包括地形、臉部特徵、身高、衣服尺寸、壽命、健康狀況、經濟活動、情愛關係、食物種類和飲食習慣、育兒方式等。這些佛經所載的內容，讓我們能夠獲得有關外星文明的深入了解。如果想要進一步了解，讀者可以參考呂應鐘（呂尚）教授的著作《佛陀的多元宇宙：佛經的宇宙真理與生命真相》。

此外，《海澳華》這本書的作者米歇爾，根據其在海澳華星球的探索經歷，描述了該星球的狀況，與佛經中所講述的「鬱單越」人相類似。這證明了佛經中對三千大千世界的描述是真實而非虛幻的。地球所知的外星文明早已存在於每個人的內心，這些不同層次的外星族群實際上是心靈層次的顯現。如果我們無法接受這個真相，則意味著我們的心智仍然受到蒙蔽，或者被限制在小小的地球上。但是，一旦我們打開視野，以開放的心態迎接，仰望浩瀚的天空，我們所看到的，正是心靈與宇宙脈動共振的美妙場景。

2. 星系團

星系團 Galaxy clusters

星系團是由星系組成的自引力束縛體系，尺度通常在數百萬秒差距或數百萬光年間。星系團包含了數百到數千個星系，如果只有包含少量星系的群體則稱為星系群。

我們人類目前所在的銀河系位於本星系群內，星系成員大約為 50 個左右。我們附近的鄰居名為室女座星系團，其中包含了超過 2500 個星系。

3. 星系群

星系團與星系群 Galaxy clusters

星系團與星系群兩個都是由星系組成的自引力束縛體系，尺度落在數百萬秒的差距，至數百萬光年的間距都有。自引力束縛簡單來說就是有一股力量將這些東西束縛在一起。如下圖所示。

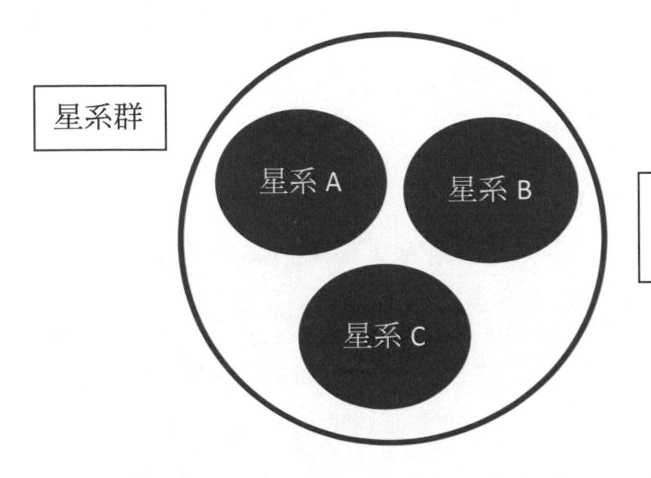

一股力量將星系 A、B、C 束縛在一起

星系群指的是只包含少數量的星系，如上圖所示。相反地，星系團指的是包含數百到數千個星系，數量非常之大。

事實上，星系團的定義至今仍然不是很精確，許多星系集團仍在發展中，目前只能以數量多寡大概區分。

以我們現居的宇宙來說，星系團包含的星系通常不是只有寥寥無幾。正常來說一個星系團會包含數百到數千個星系。

我們人類目前所在的銀河系位於本星系群內，星系成員大約為 50 個左右。我們附近的鄰居名為室女座星系團，其中包含了超過 2500 個星系。其他著名的星系團有玉夫座星系團、后髮座星系團、武仙座星系團、矩尺座星系團。

根據研究發現，星系團的形態與星系形狀的比例相關，如果一個星系團中橢圓星系所占大多數，那麼這個星系團的形狀傾向於規則和對稱，如果橢圓星系所占的比例很小，星系團一般顯示出不規則的形狀。

星雲星團

一、星雲星團的編目方式

在伽利略開始使用望遠鏡觀測天象以前，人類看到星空中有很多模糊不清的天體，但是人類一直看不清楚這些天體的真面目。隨著近代望遠鏡的發展創新，人類才漸漸看清楚這些被泛稱為星雲星團的天體其實具有各式各樣截然不同的成因和特性。在十七世紀天文學家普遍使用望遠鏡觀測天象之後，這樣的東西越來越多。這些東西給天文學家們帶來了許多困擾，像十七世紀的法國天文學家梅西爾就深受其苦。梅西爾觀測的主要目標是要尋找彗星，可是他常常會被一些很像彗星的東西所欺騙，常常要仔細觀察好幾天之後才發現這些疑似彗星的天體其實並沒有在移動。因為這些天體浪費了他許多時間，所以他乾脆把這些小搗蛋們編了號碼記錄下來，這就是梅西爾星雲星團目錄的緣起。後來梅西爾並沒有以他投入畢生心力的彗星觀測而成名，反倒是無心插柳的以他的星雲星團目錄而名留青史。梅西爾星雲星團目錄的簡寫是一個 **M**，編號從 M1 到 M110，扣除重複的以及無法確認的，實際上能確定的是 107 個。

在梅西爾之後有許許多多這種模糊的天體被發現，於是二十世紀的天文學家就又製作了一份「**新編星雲星團目錄**」（NGCNewGeneralCatalog），裡面收編了約八千個星雲星團。

近數十年人類科技迅速發展，新的觀測技術使得發現新天體的速度快得驚人。像「哈柏太空望遠鏡」的一張新照片可能會發現上百個新的星系，天文學家根本來不及整理研究，只好使用暫時性的編目方式，這種編目方式我們稱作「**暫編星雲星團目錄**」，英文代號為 IC（IndexCatalog）。有時這樣的編目方式還是不敷使用，於是有一些新發現而來不及編目的，天文學家乾脆用他們的赤經赤緯座標來標示而不再將他們編號。

二、星雲星團的分類

梅西爾當年把所有的模糊天體通通叫做 galaxy，裏面包含了星雲和星團兩類。後來的天文學家又將之細分為星雲（nebulae）和星團（cluster）兩類，而原來的 **galaxy** 現在大多專指銀河系（或譯為星系）。在後來的研究中星雲星團各自又分成不同成因和性質的幾類，在本文中依照他們形成的原因及特性整理如下：

星雲┬系外銀河

（M31http://www.phys.ncku.edu.tw/~astrolab/mirrors/apod/ap051222.html）

├瀰漫星雲┬發射星雲

（M42http://www.phys.ncku.edu.tw/~astrolab/mirrors/apod/ap060119.html）

│ ├反射星雲（M45）

│ └黑暗星雲

（http://www.phys.ncku.edu.tw/~astrolab/mirrors/apod/ap060420.html）

└行星狀星雲（M27）

星團┬球狀星團

（ω 星團 http://www.phys.ncku.edu.tw/~astrolab/mirrors/apod/ap060526.html）

└疏散星團

（M45http://www.phys.ncku.edu.tw/~astrolab/mirrors/apod/ap060109.html）

三、各種星雲星團的成因與特性

不同種類的星雲星團在宇宙的演化過程中代表了不同的階段，底下就按照銀河演化的順序，對各種星雲星團的成因及特性作一個說明。

在宇宙初生的時候，整個宇宙是一大團均勻而熾熱的高溫氣體。隨著宇宙的膨脹，宇宙的溫度會慢慢的降低。使得許多只能在高溫下存在的不穩定粒子，衰變成我們現在看得到的中子質子和電子等穩定粒子，最後由這些粒子組合成宇宙最原始的化學元素。根據宇宙學家的計算，當宇宙中的元素穩定下來的時候，其中的 75-80%是氫氣（最輕的元素），其他的 25-20%是氦氣（次輕的元素），而比氫跟氦還重的其他元素如鋰、鈹一直到鈾等 90 種元素加起來總共還不到 1%。這時候這些氣體還處於一種高溫而均勻的狀態中，漸漸的這些宇初物質會出現小小的不均勻，科學家稱之為微擾或漣漪（fluctuation）。當宇宙溫度太高的時候，這些小小的地方霸主會被高速橫行的光子和粒子所彌平，所以只有在溫度較低的時候他們才有機會發展擴大。當這些小小的微擾出現並成長之後，他們會吸引更多的物質向著他們集中過來，於是就形成一個一個原始的銀河系。

銀河系剛開始形成的時候並不是像我們現在看到的這種樣子，他們比較像一團鬆散的霧氣團一樣。在這一團比較密集的霧氣中還是有疏密之差，比較密的部分會進一步形成更小但是卻更密的小集團。在雲氣分際還很模糊的時候，如果有一個特別龐大的小團體出現的話，那他很容易就會吸引周圍的其他小團體的成員而形成一個中心，我們的銀河剛開始的時候可能曾經出現過數以萬計的這種小集團（球狀星團）。這些在原始銀河中出現的小集團會開始會互相競爭併吞，最後最強大的那一個就統一銀河系成為銀河系的中心，其他的手下敗將則被吞沒消失在新形成的銀河之中，而偏處遠方還沒被中央收編的地方星閥則在他們的根據地形成一個個球狀星團（ω 星團）。這些競逐過銀河霸主的球狀星團在銀河還沒成形之前就已經開始形成，所以他們的年齡都非常老，基本上就是跟銀河一起形成的，所以從一個銀河系中球狀星團的年齡就可以推斷所屬銀河的年齡。

恆星的演化主要取決於他的質量，大質量的恆星發展快死得更快，因為質量大，所以有核融合反應激烈、溫度高、亮度比較亮、顏色比較偏紫藍色等特性。在各種恆星的特性中，顏色代表溫度也同時代表質量大小和恆星壽命，溫度按照紅、橙、黃、綠、藍、靛、紫的順序由低而高（http://

www.phys.ncku.edu.tw/~astrolab/e_book/secret_star_light/captions/hr_diagram.html）。高溫的紫色星星質量大但是壽命短，有些特別大的恆星可能還活不到 1000 萬年，而我們的太陽這種黃色的恆星可以活大約 100 億年，所以從一個星團中哪些顏色的恆星已經消失就可以知道這個星團大概已經活了多久，於是我們就可以拿來推測所屬銀河的年齡。

當銀河系大勢底定之後，統一天下的集團會將銀河系所有的資源集中到中央去，於是銀河系不再是鬆散一團，而是大家一起向中央靠攏。由於物質收縮過程中一些小擾動可能會在某個方向產生旋轉，在旋轉方向的離心力使得物質縮向中心的速度比較慢，而非旋轉方向（上、下）則沒有離心力，各個方向的收縮速度不一樣，所以原始銀河的雲氣團就變得橢圓甚至後來變得扁平而形成銀河盤面。

在銀河盤面上，繞著中心旋轉的物質因為內外速度不一而且彼此會有摩擦牽引等作用，所以漸漸就會變成一條一條的漩渦臂而不是完全均勻的圓盤（http://antwrp.gsfc.nasa.gov/apod/ap050825.html,http://antwrp.gsfc.nasa.gov/apod/ap050104.html），這就是為什麼我們看到的大部分銀河會像 M31、M33 一樣有圓盤跟旋臂這些東西。根據天文學家的估計，宇宙中像這樣的銀河至少有上千億個以上，而我們的銀河系只是其中不怎麼起眼的一個。

除了有圓盤跟旋臂的這種銀河之外，還有一些好像沒孵化的雞蛋一樣的銀河系。這些銀河系通常因為太靠近大銀河系，所以吸收不到足夠的的物質來形成正常的銀河系（http://antwrp.gsfc.nasa.gov/apod/ap980826.html）。像我們的銀河系旁邊就有兩個稱為「大麥哲倫星雲」（http://www.phys.ncku.edu.tw/~astrolab/mirrors/apod/ap060510.html）和「小麥哲倫星雲」（http://www.phys.ncku.edu.tw/~astrolab/mirrors/apod/ap050617.html）的衛星銀河，這兩個不成形的銀河系因為位置偏南，所以台灣沒辦法看到。

前面提到在銀河初生時有很多個集團在競爭銀河中心的地位，勝利者會將銀河中的大部分物質集中到他的周圍。而身處邊陲的地方星閥雖然資源都被中央奪走了，可是他們還是有足夠的實力維持自己在地方上的地位，所以他們就自己形成一個個獨立的恆星集團，這樣的恆星集團我們稱之為「**球狀星團**」。球狀星團因為參加過銀河系開國的混戰，所以他保留了銀河系最原始的元素成分，也就是接近百分之八十的氫和百分之二十幾的氦以及非常少量的其他元素。球狀星團的特色是年齡非常大（跟銀河系年齡差不多，這才叫壽與天齊嘛）、重元素比例很少、總質量非常大（恆星數可多達上百萬）、恆星非常集中以及分佈非常散亂不限於銀河盤面上（大多出現在銀暈上）。

在中原底定之後銀河中的大部份物質都會「西瓜偎大邊」，大家都會向中央靠攏形成銀河盤面。但是並不是所有向中央靠攏的物質都會很快形成恆星，就像不是每個到台北去的人都有官做一樣，這些還沒有變成恆星的星際物質瀰漫在太空中就形成所謂的「**瀰漫星雲**」。這些瀰漫星雲隨著各自的環境和機運不同而分成自行發光的發射星雲（http://antwrp.gsfc.nasa.gov/apod/ap010214.html）、映射星光的反射星雲（M45…）和不發光也不沒有光可以反射的黑暗星雲（http://antwrp.gsfc.nasa.gov/apod/ap050321.html）三種。

在銀河盤面上由於物質集中所以互相吸引聚集的機會也多，在這樣的環境下很多地方的星際物質就會自己結成一團一團的。當星際物質凝聚、密度上升的時候這些雲氣的溫度也會跟著上升，這樣的星際物質慢慢的會上升到數千度以上，這時候他們就會自己發出微弱的紅外線。在地球上的觀測者所看到的這些星雲大多呈現美麗的紅色，中文裡有些人稱之為發射星雲，但稱呼並不是很統一。這樣的星雲以後會越來越濃密，溫度也會越來越高。當中心部位的溫度達到七百萬度以上的時候就會發生核融合反應，這時候一個新的恆星就誕生了，所以發射星雲可以說是新恆星的溫床。天文學家已經在宇宙中找到很多這種正在孕育新恆星的發射星雲，像獵戶座的火鳥星雲 M42 就是一個很好的例子，大家只要用一般的天文望遠鏡就可以看到他的中央附近有四顆剛形成的新恆星。

在銀河中尚未形成恆星的星際物質溫度大多不高，如果要想在群眾面前曝光讓大家看到的話，除了像發射星雲一樣自己努力生產報國之外，還有一種辦法就是跟人家借光，尤其是剛形成的新恆星。在剛形成的新恆星周圍通常都還會有一些來不及靠攏的外圍稀疏物質，當中心的恆星開始發光的時候，這些異議份子就曝光了，這就是我們所看到的反射星雲。這些映射周圍恆星星光的星雲大多呈現藍白色，這是因為他們中間的那些新恆星通常自己就是又大又熱而發出藍白光的。那為什麼他們專挑一些又大又熱的年輕恆星周圍出現呢？這就說來話長了。

通常的恆星越大就會越明亮，所發出的星光也會越偏青白色。而要形成巨大的恆星需要大量而濃密的星際物質。當中心形成巨大的恆星時，這些恆星所發出的星光就會照亮還沒有形成恆星的星際物質，於是我們就藉著這些星光看到他周圍的星際物質。如果原來的星際物質團又小又稀疏的時候，那他們就必須等到大部分的物質都聚集到中心時才能形成一些不太大的恆星。由於小恆星的溫度都比較低，所以星光就沒有那麼藍，而且周圍的星際物質通常也所剩不多，所以就沒有什麼東西可以照射了。

當大恆星的星光照射到星際物質上的時候，這些星際物質會被加熱並且蒸發，所以他們很容易就被這些恆星的高溫所驅散。當恆星形成一段時間之後，周圍的星際物質會慢慢的被驅離恆星周圍，經過一段時間之後他們就散掉了，所以這種映射星光的星雲通常只會在年輕（來不及被驅散）而且巨大（周圍才會有大量的星際物質）的恆星周圍出現。像金牛座的 M45 昴宿星團周圍就可以看到一些稀疏而發著青白光的雲氣。

除了自己發光跟借人家的光之外，低溫的星際物質要想讓大家看的到還有一種辦法 - 遮別人的光，這樣子形成的星雲叫做黑暗星雲。如果星際物質自己溫度不高又沒辦法跟明亮的恆星靠攏，那他們可以擋到其他明亮的物體前面，當大家看不到後面的發射星雲或恆星的時候，就會發現原來有一隻黑手在一手遮天。其實這樣的黑暗星雲非常多，我們最熟悉的例子是在獵戶座腰帶附近的馬頭星雲，這就是一塊馬頭狀的黑暗星雲遮住後面的發射星雲所造成的。而在銀河中最大的黑暗星雲應該是圍繞在銀河盤面最外圍的那一圈星際物質，通常我們都是在觀測其他銀河系時，才會發現他們的最外圍還有一群生活在黑暗中的藏鏡人。

前面提到過在銀河系初生時就跟著一起形成的球狀星團，銀河中除了這種又多又密的星團之外還有另一種性質完全不一樣的「**疏散星團**」（http://antwrp.gsfc.nasa.gov/apod/ap011229.html,http://antwrp.gsfc.nasa.gov/apod/ap990106.html），這是在銀河盤面形成後才開始出現的星團。由於銀河盤面形成後星際物質比以前集中，所以只要小小的一塊區域就有足夠的物質形成新的恆星，因此這時候形成的恆星集團都不會很大，要是有上千顆恆星就算蠻大的了。

由於銀河盤面上的恆星又多又密，因此彼此之間的生老病死都會互相影響。當大型恆星死亡的時候都會發生新星或是超新星爆炸，這時候他們會把外層的物質炸到太空中去，這些炸出去的物質裡面很多是老恆星經過核融合反應所產生的重元素。當這些震爆夾帶著大量的重元素掃過尚未產生恆星的星際物質時，他們就會推擠這些星際物質形成密度較高的區域，而密度升高正是孕育恆星的最重要條件，所以在震波經過之處常常就會導致新恆星的產生。一方面由於超新星爆炸所能影響的範圍有限，另一方面中心新產生的大型恆星很快就發出強烈光芒驅散了尚未形成恆星的那些星際物質，所以這種星團的規模都不會太大。

由於疏散星團大多是在銀河盤面成形之後才開始產生的，所以他們的年齡就跟銀河盤面上的星一樣年輕而不規則，但是同一個星團（不管是球狀或是疏散星團）裡面的恆星形成的時間大致上不會差太多。這是因為在一個大雲氣團中，大的恆星會演化比較快，如果是很大的恆星可能只有不到 1000 萬年的壽命，當他們死亡時會發生「超新星爆炸」，這樣的爆炸會把周圍還沒凝結的雲氣全部炸掉。如果雲氣中的其他小集團沒有在這段時間內凝聚到相當規模的話，那就會在這個爆炸中被吹得灰飛湮滅永世不得超生。爆炸之後孕育新恆星的養分都被吹散了，自然不會再有新的恆星誕生，所以同一個星團中的恆星誕生的時間不會差太多，也可以說他們是一起誕生的。

像金牛座的 M45 昴宿（或稱七仙女）星團周圍還有一些沒被蒸發掉的雲氣，可見它是一個很年輕的星團。由於銀河盤面形成後物質大多集中在盤面上，因為密度高容易產生新恆星，所以形成的疏散星團非常多，在梅西爾星雲星團目錄裡面疏散星團就佔了很大的比例。

人有生老病死，星星也會有生死，星星的死亡是天文學上最精彩也最受矚目的事件。當一顆恆星死亡的時候有三種不同可能的結局，這主要是決定於這顆恆星的大小。像我們的太陽這樣的恆星算是比較小的，它死亡的時候不會有太激烈的掙扎，它會先膨脹變成一顆紅巨星，然後核心部分變成白矮星，外殼則炸出去變成行星狀星雲。可是如果是那些質量很大的恆星，那他們死亡的時候可真的是驚天動地，他們會先發生劇烈的新星或超新星爆炸（http://www.phys.ncku.edu.tw/~astrolab/mirrors/apod/image/0512/crabmosaic_hst_f.jpg），然後核心部份變成中子星（http://www.phys.ncku.edu.tw/~astrolab/mirrors/apod/ap050312.html）或是黑洞（http://www.phys.ncku.edu.tw/~astrolab/mirrors/apod/ap060528.html），外殼則炸出去變成行星狀星雲（http://www.phys.ncku.edu.tw/~astrolab/mirrors/apod/image/0506/

m27_metcalf_big.jpg）。

近年來由於哈柏望遠鏡的強大威力，天文學家可以更清楚的看到天體的細節，尤其是對行星狀星雲的研究進展更是迅速。這個部份我們有機會將會另外專文介紹。

美麗的星雲星團把神秘的星空點綴得多采多姿。在欣賞這些上天恩賜的美景的同時，如果我們也能知道他們是如何形成的話，那我們將會更加贊服造物者的創意和巧思。

參考資料：

本銀河吞噬矮星系之後留下的痕跡（http://antwrp.gsfc.nasa.gov/apod/ap031117.html）

本銀河的構造及太陽的位置：http://www.anzwers.org/free/universe/galaxy.html

仙女座星系 Andromeda Galaxy

星系基本資料：

赤經：00h 42m 44.3s

赤緯：+41°16′9″

距離：2.54 ± 0.06 萬光年

視星等：+4.36

星系類型：螺旋星系

出現的外星物種：類人、灰人

星系故事介紹：

其中一個有趣的故事是天文學家為了此星系進行了史上世紀天文大辯論。辯論舉行在 1920 年 4 月 26 日，由哈羅 · 沙普利（Harlow Shapley）與希伯 · 柯蒂斯（Heber Curtis）雙方進行辯論。

此星系在當時被稱為仙女座星雲。其中一個最主要的辯論點是該星雲是位於銀河系內，還是銀河系外。沙普利主張該星雲是銀河系的一部份，而柯蒂斯主張該星雲與銀河系一樣是一個獨立的星系，因此位於銀河系外。雙方都各自提出了一些論點，但在當時都沒有證據顯示哪一方是正確的。直到 1924 年，愛德溫 · 哈伯（Edwin Hubble）測量了該星雲內其中一顆恆星的距離，顯示出了它不是銀河系內的一員。也因此證實了該星雲不畏於銀河系內。當初仙女座星系會被稱為仙女座星雲可能也是因為大家還不瞭解它處在的位置。

史匹哲太空望遠鏡的紅外線的仙女座星系

史匹哲太空望遠鏡 24 微米紅外線下的仙女座星系

起源地為仙女座星系的外星種族：

A. 阿克薩達星人 Axthada

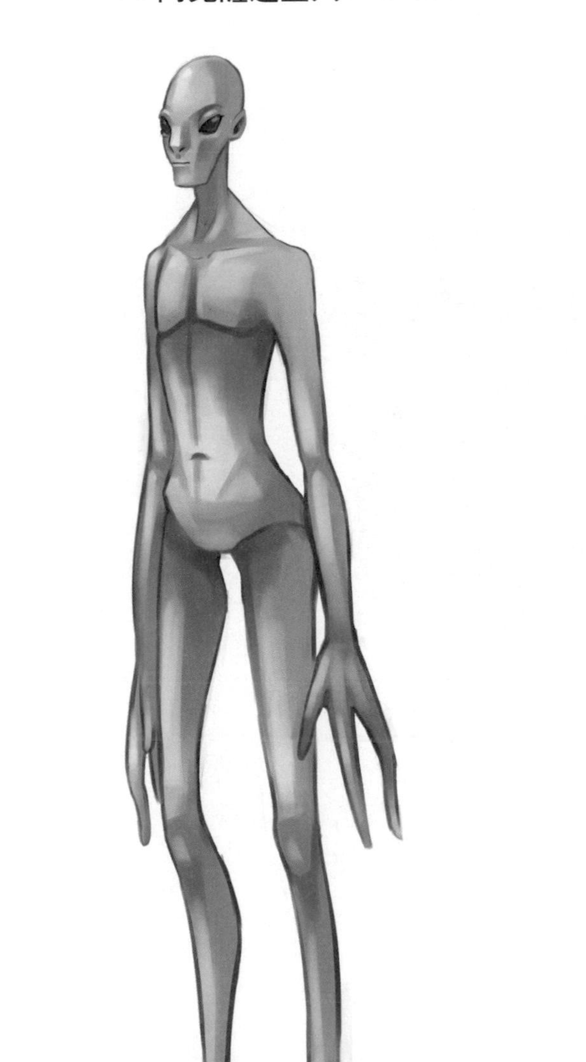

B. 阿拉巴姆星人 Alabram

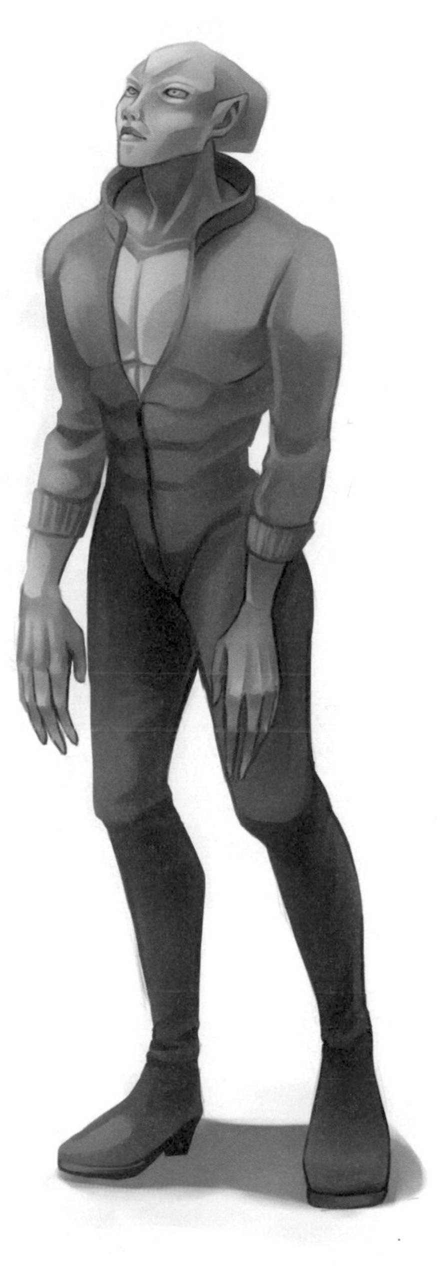

C. 艾恩星人 Aion

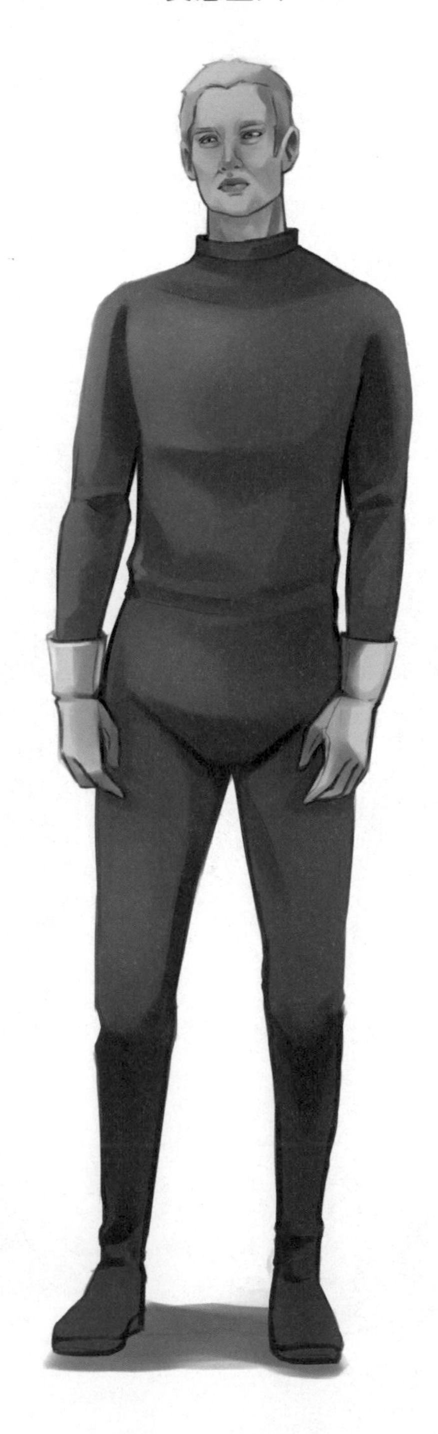

銀河系 The Milky Way

星系基本資料：

直徑：10 萬光年～ 18 萬光年

恆星：1000 億至 4000 億顆

太陽系位置：獵戶壁的內側邊緣

太陽離中心距離：約 2 萬 6 千光年

星系類型：棒旋星系

出現的外星物種：類人、灰人、未知

星系介紹：

銀河系包含了人類所位於的太陽系以及其他所有肉眼可見的恆星。銀河系是本星系群第二大的星系，最大為室女座星系。大部分人類接觸過的外星種族皆來自太陽系外鄰近的地區。在天文學觀測上，為了方便記錄地球外所有天文物體相對於地球的位置，於是乎創造出了一個叫做「天球」的假想天體。「天球」是一個半徑無限大的球，天空中所有的物體都可以當成投影在天球上的物件。為了方便紀錄，這顆天球被畫分成了 88 個區塊，每一個區塊都有一個代表物，也各別都擁有一個名字，也就是星座的名字，大部分的星座來源都與希臘神話背景有關。也就是說，現今國際正式承認的星座總共有 88 個，包含了所有方位。外星人的起源地也能夠以星座來去做劃分。

史匹哲太空望遠鏡拍攝的銀河系

銀河大弧拱（智利帕瑞納天文台使用的魚眼拼接圖）

人類歷史銀河戰爭

人類銀河歷史上的主要戰役都是在獵戶座進行的，所以這些戰爭都被稱為獵戶座戰爭。在我們的世界矩陣中，戰爭開始於天琴座（天琴座的搖籃）的領土。但很快的，天琴座戰爭蔓延到了獵戶座，變成了《偽王暴政》（False King of Tyranny）和遵循《合一法則》（Law of One）、《服務他人》（Service to Others）之間的意識形態戰爭。從本質上講，這是神聖（Christ）與反神聖（Anti-Crist）之間的意識戰爭。主要的類人種族都致力於合一法則和服務他人的意識形態。對立的群體主要是傳播《服務自我》（Service to Self）和反神聖的類人和爬蟲種族混合體。這些關於暴虐控制和服務自我意識形態的戰爭起源於天龍座和獵戶座。獵戶集團基因缺陷導致的仇恨，退化後變成以犧牲他人為代價，傳播控制受害者的暴力殺戮精神。

三角座星系

三角座星系（Triangulum Galaxy），也被稱為 M33 或 NGC 598，是位於夜空中三角座內的一個螺旋星系。它是仙女座星系和銀河系之外最接近的螺旋星系之一。以下是關於三角座星系的一些重要資訊：

1. 位置和特徵：

三角座星系位於天球上的三角座內，距離地球約 280 萬光年，是銀河系的近鄰。這個星系被認為是一個螺旋星系，類似於我們所在的銀河系，但規模較小。M33 直徑約為 5 萬光年，比銀河系小得多，其中心區域呈現出明顯的螺旋臂結構。

2. 觀測：

三角座星系是一個受歡迎的天文觀測物件，因為它在天空中相對較亮，對於業餘天文愛好者來說是一個很好的目標。使用望遠鏡，人們可以觀察到星系中心的明亮核心和一些星團、星雲以及星際物質。

3. 星系成分：

三角座星系包含數以百億計的恒星，以及大量星際氣體和塵埃。它也可能包含大量的暗物質，這是科學家們目前正在研究的一個重要課題。這個星系中有許多恒星形成區，這些區域是新恒星誕生的地方，他們表現為亮度較高的星雲和星團。

4. 研究和科學意義：

三角座星系是天文學研究的重要物件之一。科學家們通過研究這個星系可以瞭解星系的形成和演化過程，以及宇宙中恒星形成和演化的規律。研究三角座星系也有助於比較它與銀河系等其他星系的異同，有助於深入瞭解宇宙中星系的多樣性和演化過程。

星座介紹

「星座」是指天球上的一塊區域，以一組可見恆星所形成的輪廓或圖案。基本上都是代表典型的動物、神話人物或生物、無生命的物體。國際天文學聯合會（ International Astronomical Union，簡稱 IAU）於 1922 年列出了一個星座的大致清單，總共有 88 個星座。但在當時，這些星座之間並沒有明確的界限。1928 年時，國際天文學會正式接納比利時天文學家尤金·約瑟夫·德爾波特（Eugene Delporte）所劃定的 88 個星座邊界。如此一來，天球上的任何一個點都可以被歸納進這 88 個星座裡的其中一個星座。1930 年，這份有著完整邊界的 88 個星座清單被正式公布，並一直沿用至今。在這 88 個現代星座中，52 個主要是位於南半球的天空，其餘 36 個則是位於北半球天空。「天球」（Celestial sphere）是在天文學和導航上想出的一個與地球同圓心，並有相同的自轉軸，半徑無限大的球。天空中所有的物體都可以當成投影在天球上的物件。位於天球中間赤道上的就是所謂的黃道星座，有 13 個（除了眾所周知的 12 個外，還包含了蛇夫座）。黃（Ecliptic）是太陽在天球上的視運動軌跡。因為地球會繞著太陽公轉。

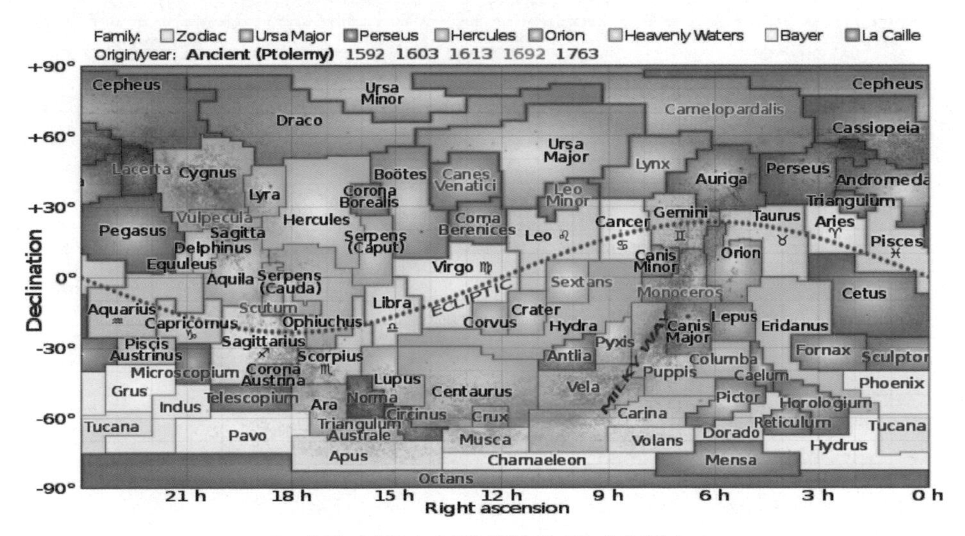

天球星座圖（中間虛線為天球赤道）

外星人起源分層示意圖

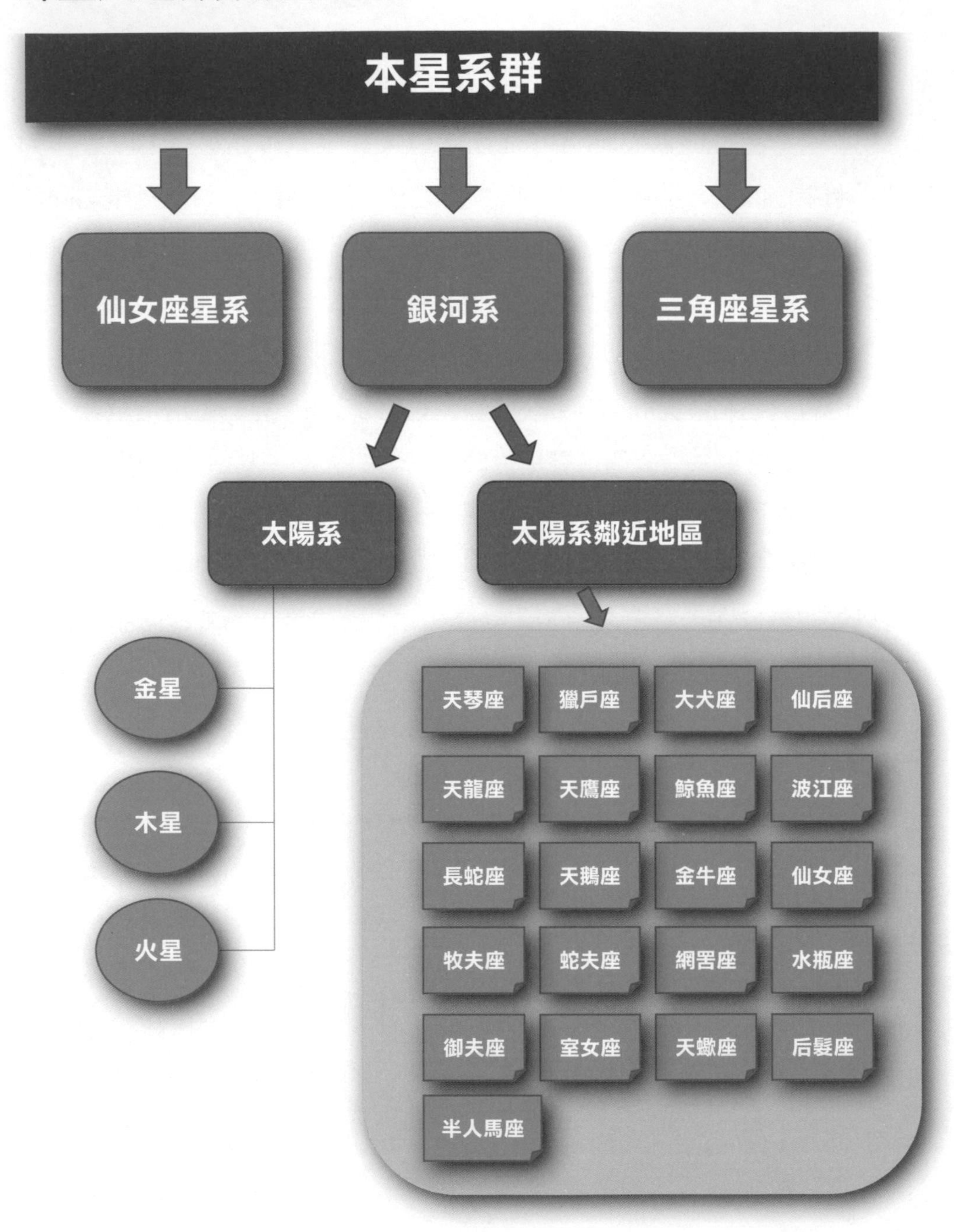

本星系群
仙女座星系
銀河系
三角座星系
太陽系
太陽系鄰近地區
金星
木星
火星
天琴座
獵戶座
大犬座
仙后座
天龍座
天鷹座
鯨魚座
波江座
長蛇座
天鵝座
金牛座
仙女座
牧夫座
蛇夫座
網罟座
水瓶座
御夫座
室女座
天蠍座
后髮座
半人馬座

起源於銀河系的外星種族

根據一些研究銀河系中存在多種智慧的外星文明，我們可以根據一些因素，如恆星的類型、行星的適居性、生命的起源、文明的發展和滅亡等，來舉例一些起源於銀河系的外星種族：

來自蛇夫座的 Mythilae Unukhi，他們是爬行動物類的遠親，但不是爬行人。他們在 1960 年發現了地球，並正在加入銀河聯邦。他們的飛船呈垂直形狀，可以在維度間輕鬆旅行。他們主要出現在地球的極區，並不對人類構成威脅。

來自天鵝座的 Nordics，他們是人類的近親，外表非常相似，但身材更高，皮膚更白，眼睛更深。他們被認為是和平的和友好的，並且與人類有一些接觸。他們的飛船呈圓盤形狀，有時會在地球的高空出現。

來自獵戶座的 Greys，他們是最常被提及的外星種族，外表呈灰色，頭部很大，眼睛很黑，沒有鼻子和耳朵。他們被認為是冷漠的和神秘的，並且與人類有一些綁架和實驗的事件。他們的飛船也呈圓盤形狀，有時會在地球的低空出現。

來白仙女座的 Vcgans，他們是人類的另一個近親，外表也很相似，但皮膚呈紫色，眼睛呈金色。他們被認為是高度進化的和智慧的，並且與人類有一些指導和保護的作用。他們的飛船呈三角形狀，有時會在地球的遙遠地方出現。

其他請看本書各章介紹……。

星系介紹

銀河系之星系是指銀河系中的恆星群，他們由數百到數千萬顆恆星組成，並且有一定的結構和運動規律。銀河系之星系可以分為兩大類：開放星系和球狀星系。

開放星系是指銀河系中分布在薄盤內的恆星群，他們通常呈現不規則的形狀，並且含有年輕的恆星和星際物質。開放星系的數量非常多，目前已知的有數千個，但他們的壽命相對較短，因為他們容易受到銀河系的潮汐力和重力干擾而瓦解。開放星系的一些例子有昴星團、仙后座 α 星團、獵戶座劍中的 M42 星雲等。

球狀星系是指銀河系中分布在暗盤和暗暈內的恆星群，他們通常呈現球形或橢球形的結構，並且含有古老的恆星和很少的星際物質。球狀星系的數量相對較少，目前已知的有約 200 個，但他們的壽命相對較長，因為他們的內部結合力很強，並且遠離銀河系的干擾。球狀星系的一些例子有大犬座 ω 星團、人馬座 M22 星團、人馬座 M4 星團等。

星球介紹

銀河系之星球是指銀河系中的行星，他們是由恆星的重力吸引而圍繞恆星運行的天體。銀河系之星球的數量非常巨大，根據一些估計，銀河系中可能有 1000 億到 4000 億顆行星，其中至少有 170 億顆位於適居帶，也就是能夠維持液態水和生命的區域。

銀河系之星球的類型和特徵非常多樣，他們可以根據一些因素，如大小、質量、組成、溫度、大氣、衛星等，來進行分類和描述。以下是一些常見的銀河系之星球的類型：

岩石行星：

這類行星的表面主要由岩石和金屬組成，他們通常比較小，密度比較高，沒有或很少有大氣層。岩石行星的一些例子有水星、金星、地球、火星等。

氣體巨行星：

這類行星的表面主要由氣體和液體組成，他們通常比較大，密度比較低，有厚厚的大氣層。氣體巨行星的一些例子有木星、土星、天王星、海王星等。

冰巨行星：

這類行星的表面主要由冰和岩石組成，他們通常位於適居帶以外，溫度比較低，有薄薄的大氣層。冰巨行星的一些例子有冥王星、海衛一、天衛六等。

類地行星：

這類行星的表面和地球相似，他們通常位於適居帶內，溫度適中，有適合生命的大氣層。類地行星的一些例子有地球、火星、織女星 b、開普勒 -186f 等。

第三章　太陽系外星種族

太陽系 The Solar System

星系基本資料：

至銀河中心的距離：約 2 萬 7 千光年

位置　　：銀河系的獵戶臂上

已知的恆星：1 個－太陽－

已知的行星：8 個－水星、金星、地球、火星、木星、土星、天王星、海王星－

出現的外星物種：類人、灰人、未知

星系介紹：

太陽系是一個受太陽重力約束在一起的行星系統，包括太陽以及直接或間接圍繞太陽運動的天體。這之中包含了人類居住的地球。我們所居住的地球是太陽系內的一顆行星，是宇宙中人類已知唯一存在生命的天體。但從 19 世紀以來，越來越多的人聲稱他們有看過外星人（外來生物）與不明飛行物體（UFO），有些人甚至直接與外星人有過接觸。無論是真是假，能夠肯定的一件事情是，人們對外太空的好奇越來越好深。尤其是近期於 2020 年 9 月 15 日時，科學家已證實在金星大氣層中偵測到磷化氫（Phosphine）存在，這可能是除了地球之外也有生命存在的一種跡象。

太陽系星體位置圖

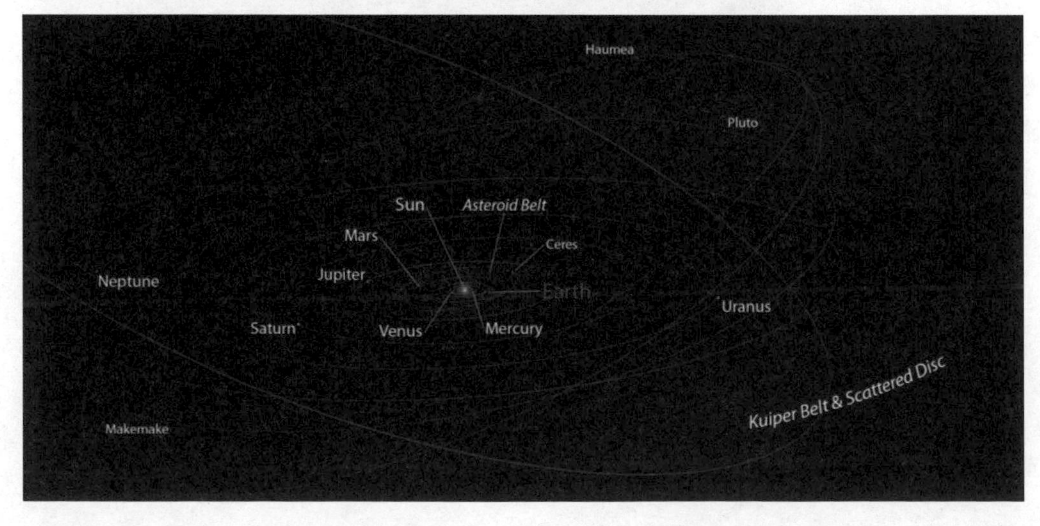

起源地為太陽系的外星種族：

A. 阿努納基星人 Anunnaki　　B. 馬爾達克星人 Maldek

C. 亞特蘭提斯人 Atlantians

金星 Venus

星球基本資料：

太陽系內行星中距離太陽：第二近

太陽系內行星中大小：第二大

種類：類地行星

特色：黃白色

三大成分：二氧化碳 96.5%、氮 3.5、二氧化硫 0.015%

出現的外星物種：類人、未知

星球介紹：

研究表明數十億年前的金星大氣層很像現在的地球大氣層，並且表面上可能有許多的液態水，但是經過數億年至數億年後，受到失控的溫室效應影響，造成原來的水都被蒸發掉。雖然在這個事件發生之後，星球的表面條件已不再適合任何像地球生物的生命存在，但在金星雲層的中層和低層是可能有生命存在的。再加上後來2020年9月15日，科學家在金星大氣層中偵測到磷化氫存在，使的金星存在生命的可能性越來越大。間接地顯示了除了地球之外，可能也存在著許多生命體，只是以不同的方式存在而已。

金星地表圖

起源地為金星的外星種族：

A. 金星北歐人 Nors

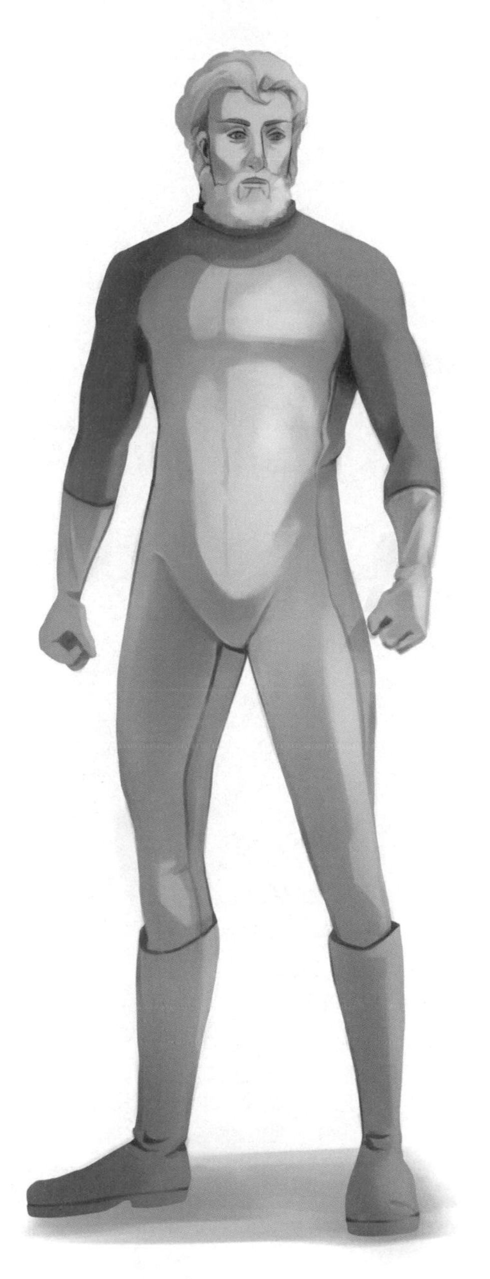

B. 海瑟人 Hathor

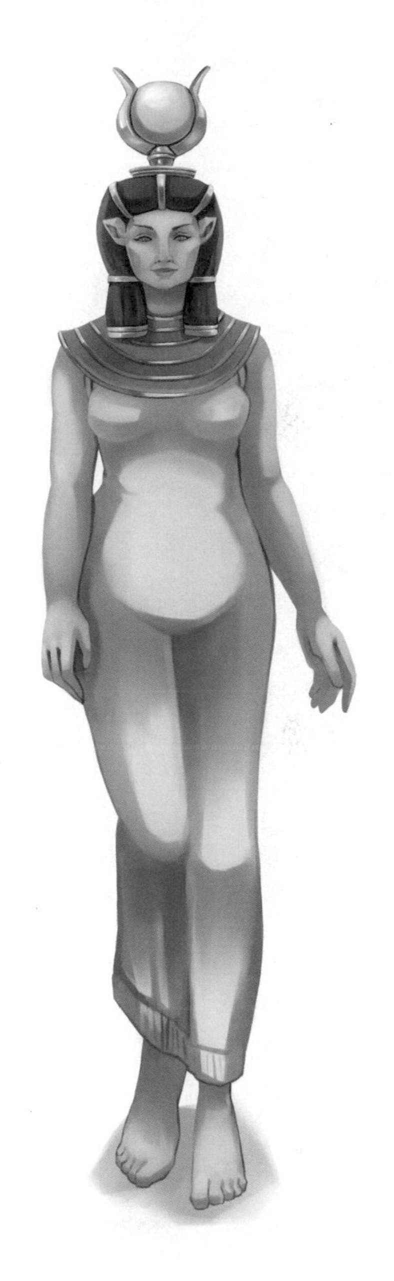

C. 金星貓人

Venusian (Sixto Paz Wells)

D. 格雷夫勒的金星人

Venusian George

E. 歐森 Orthon

F. 湯普森的金星人 Venusian Thompson

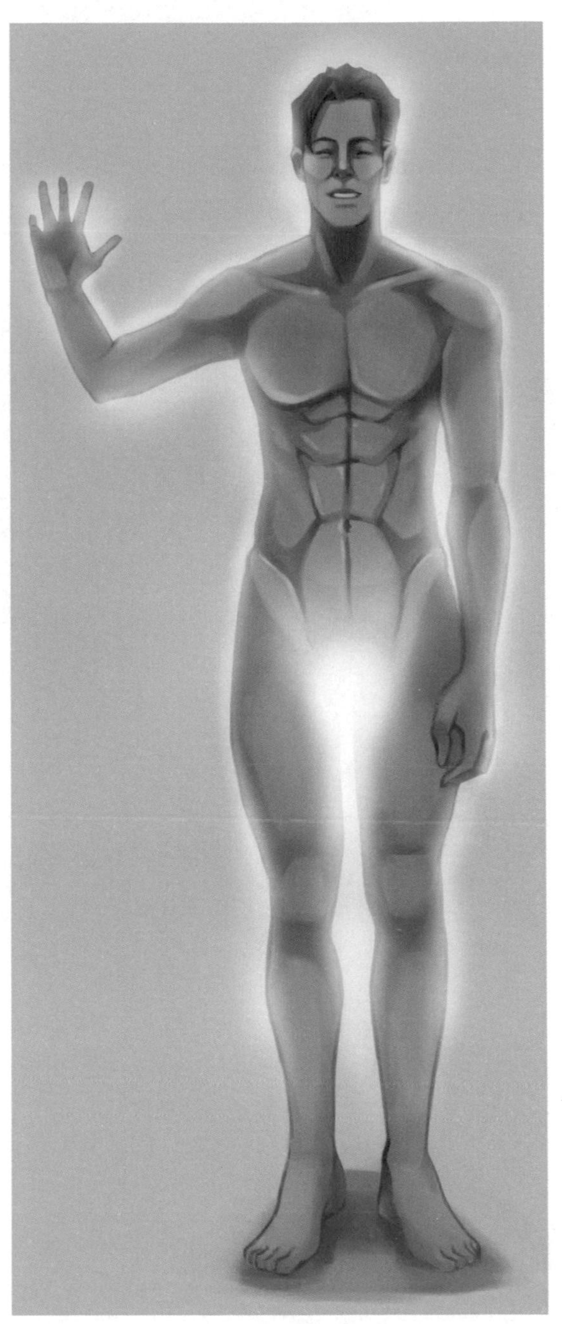

木星 Jupiter

星球基本資料：

太陽系內行星中距離太陽：第五近

太陽系內行星中大小：最大

種類：類木行星

特色：大紅斑

三大成分：≈89.8% 氫、≈10.2% 氦、≈0.3% 甲烷

出現的外星物種：類人

星球介紹：

科學家實驗證明了閃電和存在於原始地球大氣中的化合物組合可以形成有機物，可以做為生命的基石。這模擬的大氣成分為水、甲烷、氨和氫分子；所有的這些物質都在現今的木星大氣層中被發現。木星的大氣層有強大的垂直空氣流動，運載這些化合物進入較低的地區。但在木星的內部有更高的溫度，會分解這些化學物，會妨礙類似地球生命的形成。在木星的一些衛星地表之下可能有海洋存在，導致這些衛星更可能有生物存在的猜測。其中一種外星人據說就是來自木星的為星－木衛三。

木星太空俯視圖

起源地為木星的外星種族：

A. 木星人 Ganymede

B. 亞諾斯人 Janosian

火星 Mars

星球基本資料：

太陽系內行星中距離太陽：第四近

太陽系內行星中大小：第二小

種類：類地行星

特色：橘紅色星球

三大成分：二氧化碳 95.32%、氮氣 2.7%、氬 1.6%

出現的外星物種：類人、灰人

星球介紹：

火星是一顆大家都不陌生的星球。除了距離地球近之外，火星也被選為最適合人類居住的星球之一。有別於其他星球，火星與地球最類似，也因此近年來非常盛行能夠將火星改造為人類可居住星球的想法。美國科學家在 2000 年時，位於南極洲的地方發現了一塊火星隕石。在這顆隕石上發現的結果開啟了一系列火星上是否有生命的辯論。但時至今日都沒有任何一方能夠確切的證明有或是沒有。2018 年 6 月 6 日時，美國太空總署宣布，好奇號探測車在火星的古老湖床的岩石裡面發現有機物質，這可能對尋找生命給出了重要的線索。

火星太空俯視圖

火星表面圖

起源地為火星的外星種族：

A. 布朗的火星人 Martians　　B. 肉餡餅精靈 Mince-Pie Martians

C. 威克斯的火星人

Martians (Wilcox)

D. 霍普金斯的外星人

Martians (Hopkins)

第四章　非太陽系外星種族

獵戶座 Orion

星座基本資料：

赤經：5

赤緯：+5

面積：594 平方度（排名第二十六）

代表物：獵人

星座內最亮的一顆恆星（絕對星等）：司怪三

星座內肉眼可見最亮的一顆恆星（視星等）：參宿七

星座內距離地球最近的一顆恆星：參旗六

出現的外星物種：類人、灰人、蜥蜴人、未知

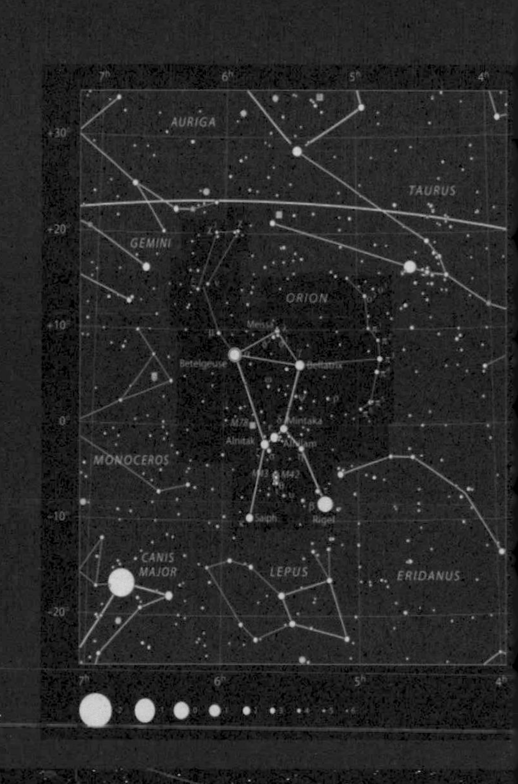

天球星空圖 ↓

天球赤經緯圖 →

星座背景故事：

司怪三星空圖

獵戶座－偉大的獵人俄里翁（Orion）以他獵人的精湛技藝，每天都持續供應著肉食來供奉神。某天，月亮女神兼獵人女神阿提米絲（Artemis）問俄里翁她是否能跟著他進行日常的狩獵。他爽快地答應了。第二天，他們在樹林裡打獵時，看見了一隻鹿。俄里翁小心翼翼地把箭放到他的弓上，然後發射。他射擊如此地準確以至於鹿立刻就死了，這讓阿提米絲非常滿意。當晚的晚餐上，阿提米絲告訴大家（甚至也告訴了宙斯）俄里翁擁有非凡的箭術能力。所有的讚美都令俄里翁非常滿意，他發誓第二天要給阿提米絲留下更深刻的印象。俄里翁天一剛亮就起來，跑到樹林裡，並將他發現的所有動物都射死了。然後他把這些動物堆成一大堆，放在阿提米絲家門口。然後他敲了敲阿提米絲的門，請她到外面來，看看他給她帶來的驚喜。而當看到一大堆死去的動物時，阿提米絲嚇壞了！

參宿七星空圖

因為阿提米絲同時也是動物保護者，她會懲罰那些殺得太多、破壞平衡的人。她氣得把腳踩在地上，從塵土中冒出了一隻巨大的蠍子。這隻蠍子在俄里翁的腳後跟上刺了一下，痛得他死去活來。最後俄里翁在劇烈的疼痛中死去。但為了紀念他對諸神的偉大貢獻，宙斯便把俄里翁放上了天空，也就是現今的獵戶座。

參旗六星空圖

起源地為獵戶座的外星種族：

A. 獵戶人 Orion

📖 來自：銀河系獵戶座

📖 種類：類人、灰人、蜥蜴人

📖 外觀：有著織女星人的特徵，眼睛特別醒目。基本的眼色為褐色．通常為 213 公分高。

獵戶座，一個星座的名稱。藉著那三顆構成獵人腰帶的明亮星星，獵戶座很容易就可以在天空中被定位出來。這三顆星的名字分別為參宿一（Alnitak）、參宿二（Alnilam）和參宿三（Mintaka）。（根據 Solara，他們的銀河名是 RA、AN 和 EL。參宿四（紅巨人）、參宿七和參宿五也是獵戶座裡其他著名的恆星。根據 Lyssa Royal 聯繫的熱爾曼（Germain）說，獵戶人是由 89% 的織女星人和 11% 的天琴星人所組合而成。值得一提的是織女星是天琴座裡面的一顆星星。在自然界中屬於織女星人的 89% 當中，大多數屬於人類體型，而小部分的百分比是非人類體型，由小灰人、爬蟲族和其他伴隨的物種組成。而在屬於天琴星人的 11% 中，大部分是淺褐色的皮膚，而其中大約 10% 是有著淺色頭髮的高加索族。儘管他們的身體像我們一樣是水基的，但他們有著像潤滑劑一樣的油性脂肪含量。而且上述提到，小灰人佔獵戶座的一小部分人口。他們的起源地（網罟座 ζ）鄰近獵戶星座，他們的平均壽命約為 500 年。獵戶星人因具有侵略性而聞名，參與了許多破壞性戰爭，儘管意識與技術之間能夠共存，獵戶族可能將這一原則推向了極限，並研發了先進的技術（某種類型的），同時仍在發動戰爭。但從積極的一面來看，獵戶人為地球上平穩運行的系統發展做出了貢獻。他們將黃光頻率發射到地球，以穩定人類意識內的直覺能力。一個典型的場景是光明對抗黑暗；自私、好鬥的獵戶人反對愛好和平的獵戶人。

根據 Light Network 的說法，銀河系中有三大戰爭參與者：

1. 整個銀河系中不同恆星星系的星際聯合會
2. 類爬蟲動物帝國，一個許多類爬蟲動物的集團
3. 由一位領導人掌控的獵戶帝國

現在在獵戶帝國的領土內，形成了三個群體

1. 主導的獵戶帝國
2. 黑聯反抗組織（對帝國）
3. 兩個群體的受害者

獵戶座的一個星團：NGC2174

B. 獵戶座祭司 Orion Priesthood

🕮 來自：銀河系獵戶座

🕮 種類：類人

🕮 外觀：獵戶祭司，是一般人民的兩倍壽命（差不多 1000 年）。當在實施嚴格的精神訓練、涉及飲食和心理意會時，眼睛會轉為明亮的藍眼。

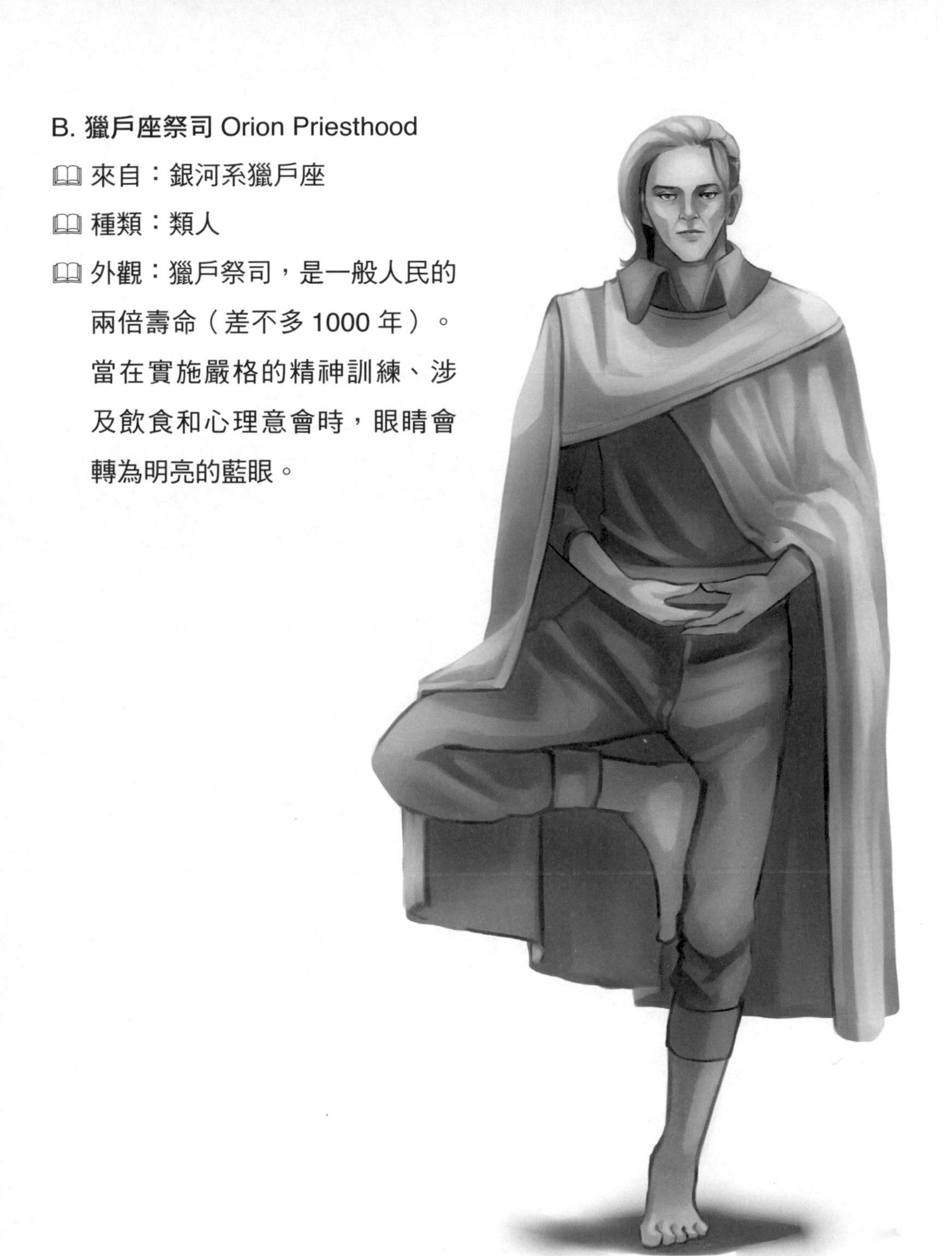

在整個銀河系中，獵戶座聖職是眾所周知的，並且受到尊重。運動始於獵戶座戰爭裡的反叛軍隊伍（更多詳情參見「獵戶戰爭」）。他們的許多信仰和生活方式都基於獵戶梅林（最初的人發起這項運動）的原始教。他們專注於宇宙的精神律法，如因果定律和無條件的愛與寬恕的無限力量。他們顯示了光明與黑暗不是外部勢力之間的鬥爭，而只是你內心的戰鬥。

他們的壽命是一般人口的兩倍 - 大約一千年。這些聖職的職責是對婚姻前後雙方之間關係的各個方面進行理論和實踐教育，包括生育儀式，在正常情況下，在牧師的廟宇中待24小時會產生完全的親密關係。外觀從小到大都保持相似，沒有衰老。吸引力不是身體上的，而是內在意識的認知主導。

儘管有精神上的暗示，獵戶帝國與黑聯反抗組織似乎仍然存在著永無止境的衝突。帝國似乎主要由小灰人與德拉科爬蟲聯盟（a Federation of Draconian Reptilians）共同運作，旨在拓展其他星球的統治權。

獵戶座的一個星團：M42

C. 獵戶座戰士 Orion Warrior

🕮 來自：銀河系獵戶座

🕮 種類：類人

🕮 外觀：平均身高超過 213 公分，他們有著和人相似的身形，但有著更堅韌的皮膚。

獵戶星人認為，這種種族與人類的互動旨在給我們帶來相似的設計順序，聲稱這是「創造者」賦予他們的責任。但這並不有效。他們的最後一位監測員於 1957 年訪問了地球，對現在的影響越來越小。他們接受創造者不再需要他們在地球上的協助—的能量—。

在探索者種族（Explorer Race）的書裡提及，勇士聯盟的佐爾特克人（Zoltec）藉著通訊來回答問題。他們認為人類在生理、心理和情感上都很虛弱 - 他們利用激情的力量。

他們被稱為所謂的黑衣人（men-in-black）。他們的大小與人類差不多，但包含獵戶星人的靈魂本質，從地球人的角度來看，他們給人的觀感更偏向於負面。但是黑衣人堅持認為，他們保護了我們免受於有害的天狼星人以及來自所有這些種族的襲擊，像是昴宿星人。

他們坐著小太空艙來到地球；歷時約七年的旅程。抵達後，他們在獵戶站接受了一年左右的地球習俗等等的培訓。他們顯然無法忍受我們虛弱的能量。黑衣人還藉著倡導堅持他們成功的社會模式，來影響政府的決策。而且使用這種形式的社會團體倖存的時間是最長的。

獵戶座的一個反射星雲：梅希爾 78

D. 貝拉崔斯星人 Bellatrix

🕮 來自：銀河系獵戶座

🕮 種類：灰人、蜥蜴人

🕮 外觀：未知

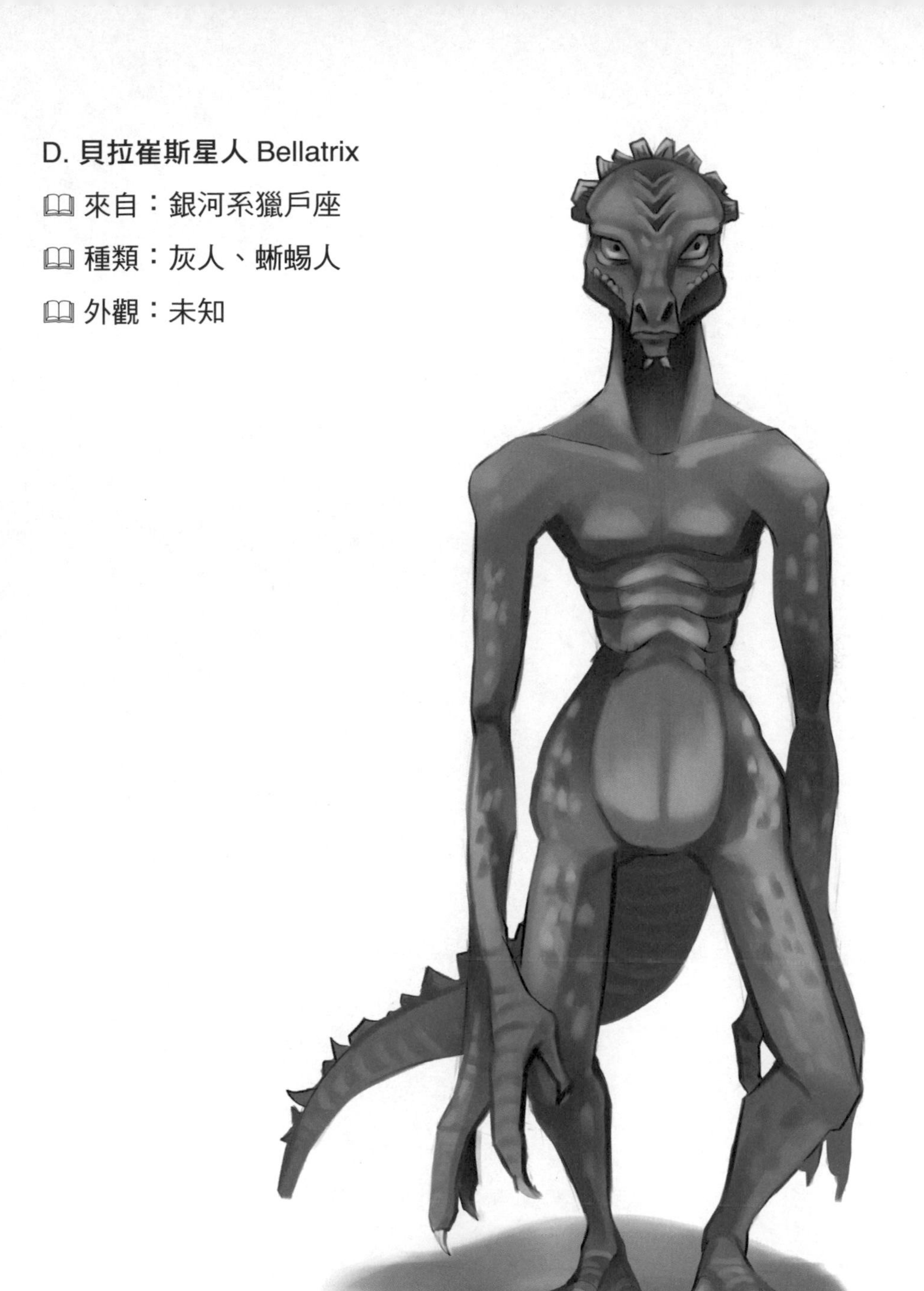

參宿五是獵戶星座中的主要恆星之一，並位於約 112 光年的距離。

據信，「大量的混種爬行動物部落 - 蟲類傭兵，網罟座基因工程的結果」，在參宿五的星系中。

他還提到了蜥蜴般的種族「蛇人」以及恐龍文明。也據說是一些小灰人的家。人們有時會把負面形象與獵戶星人相連結的原因主要與參宿五有關。參宿五星系的爬蟲類居民著重於擴張和定居。其他描述其文明的關鍵詞是壓迫和控制。他們擁有極其先進的技術。關於和獵戶人被綁架和被植入控制裝置的故事，幾乎總是與參宿五有關。

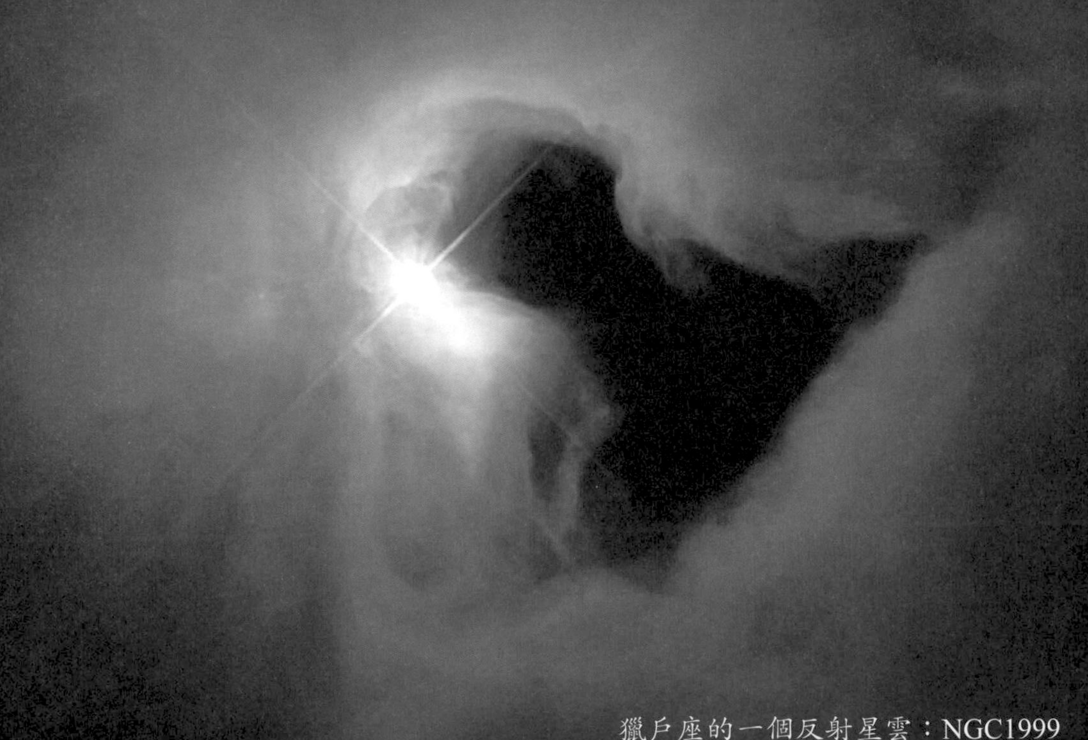

獵戶座的一個反射星雲：NGC1999

E. 瑞加星人 Rigelians

🕮 來自：銀河系獵戶座

🕮 種類：灰人

🕮 個性：極具侵略性

顯然，最初居住在參宿七的類人種族為金髮族（Bill Cooper）。但在獵戶戰爭期間，參宿七被天龍星人和獵戶星人接管，並當作他們其中一個基地。現今，參宿七由小灰人和 / 或爬蟲人所控制。較短且更具侵略性的「更小型灰人」被認為在參宿七星系有他們的基地。

一些來源聲稱，當他們發現即將輸掉這場戰爭時，參宿七北歐族決定撤離他們的世界。他們撤離到南河三，那裡他們已經建立了一個大殖民地。

巴納德環

F. 波西安星人 Procyonian

🕮 來自：銀河系獵戶座

🕮 種類：類人

🕮 外觀：看起來像個又高又英俊的人、苗條但肌肉發達、陽剛而空靈。無論是本質還是實體出現，他眼睛周圍都是黑色的，幾乎像炭一樣。他的臉幾近精緻，但絕對是男性。他有著一張高骨的憔悴臉龐，還有一雙銳利的鈷藍色雙眼。他的脖子肌肉發達，皮膚蒼白。由於遇到我們的狀況特殊，很難估計他的確切身高，但是他在183 公分至 213 公分之間。

來自南河三凱拉（Khyla）星系的北歐人向人類接觸者透露了有關參宿七，南河三和小灰人的許多訊息。這些訊息和其他消息來源的一致。Andrew 總結這些訊息是可信的。

凱拉（Khyla）向接觸者透露的參宿七歷史：「在參宿七星的小灰人祖先曾經是高個兒金髮。之後大銀河戰爭發生了。在這之前，參宿七是一個龐大的帝國，曾是大多數銀河系的源頭。所有的參宿七星人都是高個兒金髮。在南河三上已經建立了一個殖民地。」

大銀河戰爭是參宿七星人之間的內戰，持續了相當於三個地球世紀。一群意識到一場大戰即將爆發的參宿七星人乘坐簡陋的裝置前往南河三，祕密的建造飛船。他們是唯一擺脫毀滅性災難的南河三人。這群存活下來的人漸漸的演化成小灰人。

南河三人也是創造出地球人類的其中一個理論。高個子的金髮類人動物進行了涉及原始人類的人工授精和雜交的實驗。理想的結果是將高個子金髮的較大腦容量與原始人類的肺容量和呼吸系統相結合，從而更適合該星球的大氣。

穴居人的緊急事件就是他們干預的結果。這導致了當今很大一部分的人類源於這種混種的祖先。

在我們進化發展的許多階段，南河三人持續的與我們跨種族繁衍，並且這種繁衍到目前仍在繼續。他們正努力理順和糾正早期干預導致的混亂結果。結果我們變成在生理上可以接受，但至今仍被認為心理上不穩定和不成熟的物種。

火焰星雲

G. 愛莎莎尼星人 Essassanis

- 📖 來自：銀河系天琴座
- 📖 種類：類哺乳動物
- 📖 外觀：他們的樣貌介於人類和小灰人之間。他們大約有 152 公分高，皮膚灰白。只有雌性有毛髮，且少部分的例外是白色毛髮。按比例來說，頭沒有小灰人那麼大。小鼻子。嘴巴比人類大但比澤塔星小、功能性強。因為瞳孔大小的關係，眼睛又大又黑，部分為灰色。外星人指出，男性跟女性的能量是平衡的。

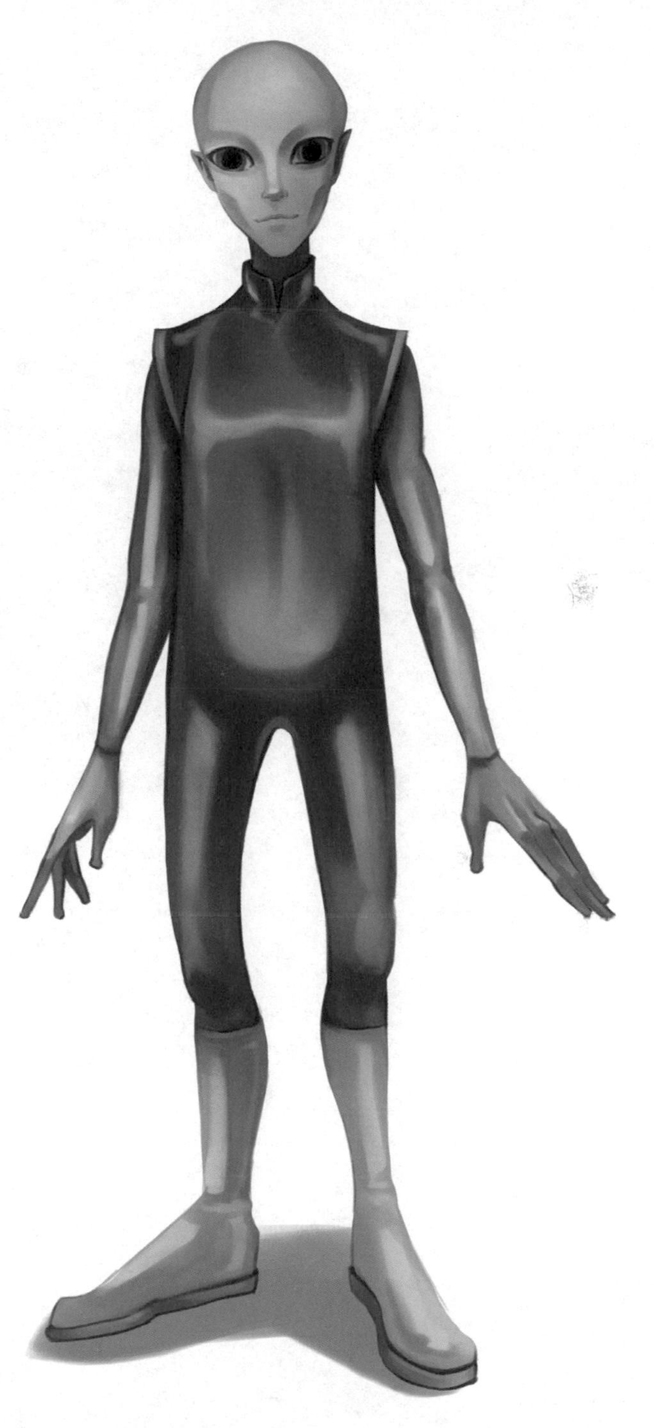

網罟座混種人基因上和外星人種愛莎莎尼星人（Essassani）相同。根據一位名為 Anima 的愛莎莎尼星人所述，他們的行星位在獵戶星座約 500 光年的方向上，但不在我們的頻帶內所以無法被我們探測到。他們生活在相當於我們 23 世紀的未來時期（儘管不一定在我們的時間軸上）。這位讓我想起了是困惑一件很美妙的事情－就像發生在網罟星人與人類的互動一樣－他帶來了新的現實。

愛莎莎尼星人使用了 Bashar 這個名字，這意味著使者已經藉由達里爾．安卡（Daryl Anka）和地球溝通了很多年。他曾兩次目睹深色金屬的三角不明飛行物。在不明飛行物目擊事件十年後，他被帶到一個頻道，並接收到 Bashar 的頻道訊息。那裡的人使用心靈感應而不使用名字，因此選擇了 Bashar 這個名字，意思是「信使」，或更確切地用阿拉伯語說是「好消息的使者」。

所有的經歷都是在當下；他們不評論經歷。他們不會引起對立（這將自我經歷和感知分開），但他們存在於萬物的統一中－也創造了自己的時間。他們壽命大約為 300 年。他們會有意識的死亡（甚至會張開著眼睛），然後選擇合適的時機繼續擴展。身體不會腐爛，它會瞬間轉換回宇宙能量。

奔跑星雲

H. 道 · 獵戶星灰人 Dow

🕮 來自：銀河系獵戶座

🕮 種類：灰人

🕮 個性：缺乏情感

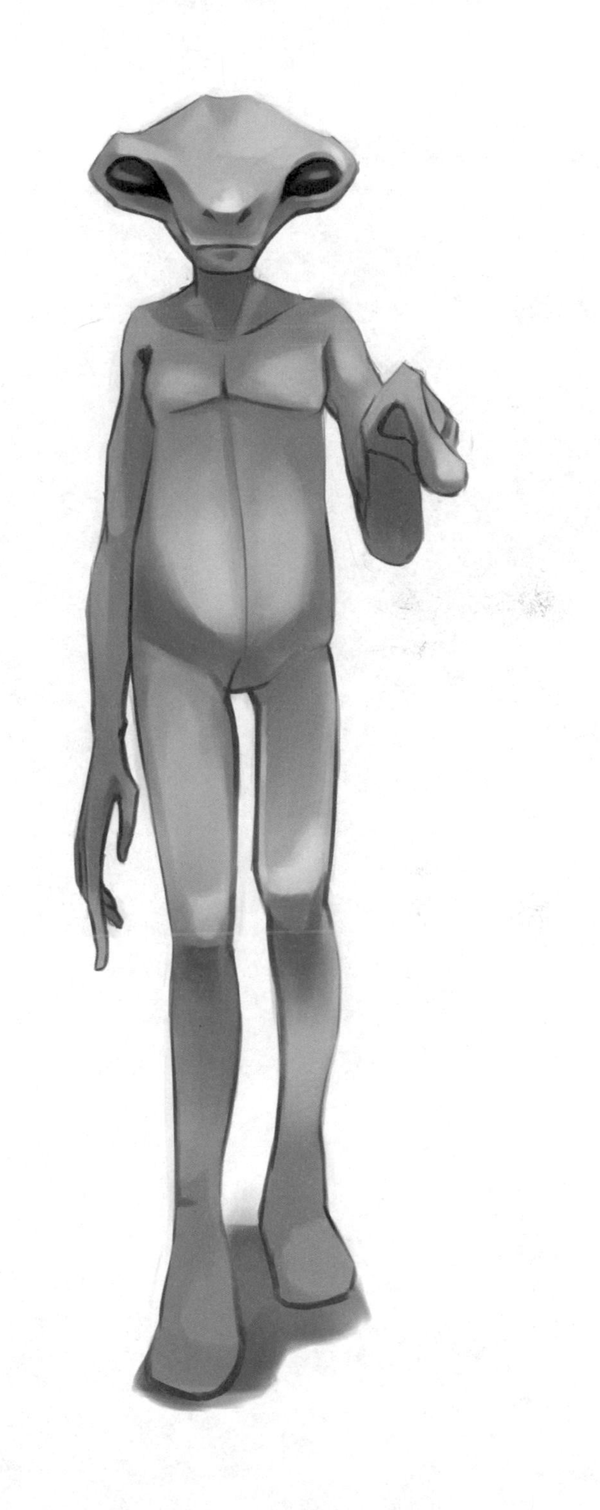

據稱，陶氏（The Dow）是獵戶座中小灰人的特定族群。他們與網罟座有關，因為他們有著共同的祖先。他們離開星球尋找新家，但被獵戶星座上的爬蟲種族馴服與改變。陶氏在地球上非常活躍，並在很大程度上導致了許多綁架事件。

他們沒什麼情緒發展，但確實擁有非常強的心靈感應能力。這些能力經常被用來欺騙和掩飾他們真正的動機和目標。他們的種族正在努力確保自身的延續，但是到目前為止，他們還沒有取得真正的成功。陶氏現在為了自身的生存而戰，故會做出任何傷害我們的事情。他們缺乏情感，也難以理解他們的所作所為會對我們造成什麼樣的影響。有人告訴我要了解他們的處境，並可能對他們的困境有內在的同情心，但必須與他們保持距離，因為他們對地球上的人類種族非常危險。

陶氏的任務是以群體生物和基因工程師的身份走出去，尋找尚未發展的世界和文明，然後用武力征服他們。地球曾經成為這些計劃的受害者。陶氏違反了《仙女座》議會頒布的《宇宙法》，干預了一個發展中的世界。最初唯一被允許進入這裡的只有昴宿星人。從那時開始，其他幾個族群也已獲得許可進入。

陶氏看準了哪個國家最強大，就與那個國家取得聯繫。難以置信的技術會擺在這些國家面前。想得到這些科技的話，這些國家就會和他們簽定契約，好讓陶氏待在這裡研究生命形式。一旦做到這一點，陶氏就會慢慢控制統治人民的政府，然後成為我們的領導者。然後他們就會邀請他們的統治者，爬行動物和獵戶座組織，來星球上做進一步的征服。這樣他們的統治者就不會違反非干擾法則，因為他們是被邀請到地球上來的。這不只發生在我們宇宙中許多的其他世界上，也發生在我們的地球上。

獵戶腰帶

I. 艾班人 Eban

🕮 來自：銀河系獵戶座

🕮 種類：灰人

🕮 外觀：大鼻子的小灰人。

有一群體型比較大的灰人有著更顯著的鼻子。據一些政府的消息來源，這些外星生物體稱自己為伊邦（EBAN）。他們來自參宿四。他們有可能是在 1954 年（或 1964 年）與美國政府達成協議的「高灰人」，協議中允許他們綁架人類以換取技術。

Braton 消息來源：「美國政府與 EBAN 協商了一項秘密條約。協議已達成，其中包含以下一些規定

(1) 美國政府不能洩漏外星人的存在，也不能干預外星人的行動。

(2) 美國政府同意外星人在美國的領土上維護地下基地。

(3) 美國政府同意外星人週期性的綁架美國市民，來進行醫學實驗。並保證受綁架者不會受到任何傷害，也不會有任何的相關記憶。

(4) 外星人會提供被綁架者的清單給國家安全委員會。

(5) 外星人會提供給美國先進的技術。」

馬頭星雲

J. 明塔卡星人 EL

🕮 來自：銀河系獵戶座

🕮 種類：未知

🕮 外觀：散發出來的光是藍色

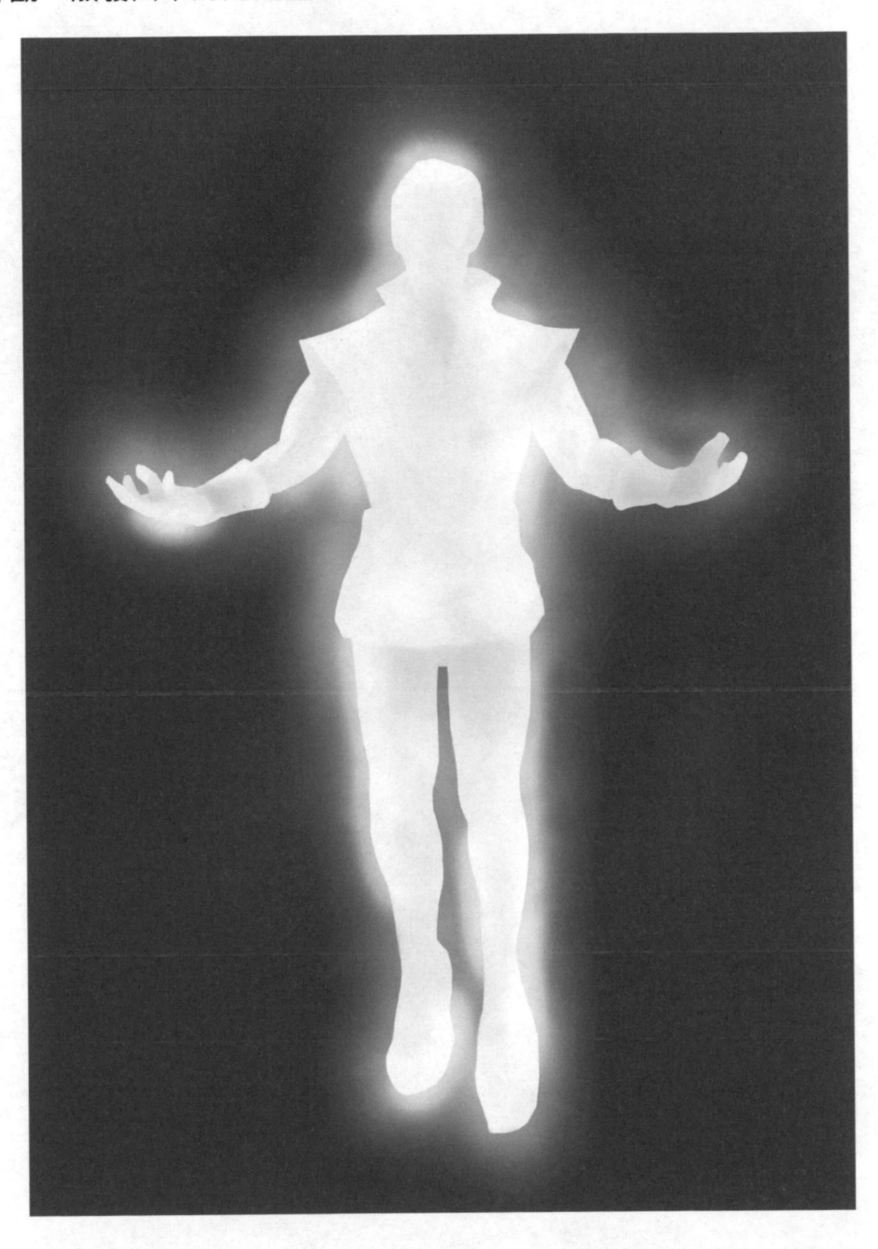

「EL」也指參宿三的居民。大多數 EL 在很久以前就晉升了。他們中的一些人保留在物理領域中，來與其他物種結合，因此形成的 EL 混種。EL 混種主要能在參宿三、大角星、參宿二和參宿一找到，地球上也有。

參宿三和大角星直接對齊。EL 的本質促使了長期在地球服務先輩的誕生，儘管至今沒有純 EL 留在這裡。

但是，有許多 El 混種體現了那些能自始自終保持 EL 固定能量的人。El 混種是那些已經將 EL 本質和其他星系混合的人，為了要放慢跟減弱能量的發散。

EL 長期以來都是大奧秘的知識者。他們擁有無盡的智慧，也可以完全進入阿卡西記錄。EL 在亞特蘭堤斯時代非常活躍。他們經常在地球上擔任領導和權力職務。獨眼巨人是 EL 的先驅。EL 散發出的顏色是藍色。它與伊西斯（Isis）的能量一致。

猴頭星雲

K. 柯虛奈克星人 Koshnak

🕮 來自：銀河系獵戶座

🕮 種類：灰人

🕮 外觀：他有薄嘴唇和一個小鼻子，看起來非常嚴厲。張開嘴巴時看不見牙齒。他有一個拉長狀橢圓形的寬圓眼睛，向外側延伸。他戴著一個像頭巾一樣的頭飾，前面有 10 或 12 顆尖星。頭巾又薄又輕，顏色偏暗。眼睛是這個身材中最引人注目的部位。他們皮膚呈淡明亮的綠色，幾乎就像是新生的草的顏色，整個眼睛也是相同的顏色，但沒有我們熟悉的眼白。眼睛也不像我們一樣有瞳孔。有時候，他以為在綠色的眼睛中發現了一個像梯子的裂縫，但沒辦法一直看到。綠色的拉長眼睛裡有數不清的斑點，看起來像銀色的光點。這些偶爾出現的光點似乎使他們更加閃爍，也給了他們一種輻射光的感覺。眼睛時不時會閃爍，且目光非常強烈。皮膚呈倉灰色。眼睛也不像我們一樣有瞳孔。有時候，他以為在綠色的眼睛中發現了一個像梯子的裂縫，但沒辦法一直看到。綠色的拉長眼睛裡有數不清的斑點，看起來像銀色的光點。這些偶爾出現的光點似乎使他們更加閃爍，也給了他們一種輻射光的感覺。

據稱，科甚納克（Koshnak）是一個星球名。它位於獵戶座 1200 光年的方向。星球上住著與小灰人相似的種族。據說他們在地球上有水下基地。他們的壽命為 800~1000 年。在波多黎各的接觸案例（大衛，David Delmundo）中有提過他們。

位於波多黎各的美南浸信會總理自稱，他與來自科甚納克星球的類人生物接觸頻繁。這些生物的外觀與熟悉的「小灰人」實體非常相似。

這群生物以非常友好的方式對待這個人。其中一位名為 Ohneshto 的外星人，帶他乘坐他們的交通工具、展示他地球上的水下基地、並以心電感應的方式向他展現了關於時間，空間和人類生存原因的哲學論述。

發射星雲

L. 內卜四星人 Nep-4

🕮 來自：銀河系獵戶座

🕮 種類：未知

🕮 外觀：未知

奧斯瓦德（Oswald Gonzalez）從 1936 年（當時他 5 歲）就已經開始和外星人有所接觸，但直到 1947 年的幽浮目擊事件被廣泛報導後才廣為人知。

在 1947 年，奧斯瓦德就已經很熟悉幽浮和外星拜訪者。在他高中初期的時候，他開始紀錄和外星人的接觸，包含與拜訪者的逐字對話內容。直到 1949 年，他就已經累積了超過 12 卷他和外星人的接觸經驗。他成為了一位見多識廣的幽浮研究家。他與外星人的接觸持續了 36 年，直到 1972 年結束。這震撼的故事以及隨之而來的科學發現，他在「飛船」這個詞彙流行的好幾年前，就已經記錄了包含拜訪者的詳情、家園、技術以及來源地。

這些外星人將聖經段落引進給年輕的天主教徒們，並給他們段落真正意義的新解釋。但直到翻譯版本出現，這些版本全都扭曲了原始聖經段落的意思。那些外星人向剛薩雷斯（Gonzalez）教徒們肯定了耶穌基督沒有死在十字架上，他倖存了下來，並在印度和克什米爾度過餘生。這接觸持續了三十多年。

獵戶座大星雲

M. 澤帝星人 Zeti

🕮 來自：銀河系獵戶座

🕮 種類：類人

🕮 外觀：他們看上去沒有實體，但是由數百萬個漂浮的點組成。小個子身高約 1 米 6，頭呈長橢圓狀，就像水滴一樣上窄下寬。沒有頭髮，也看不到外耳結構。眼睛小又近，中間由鸚鵡喙狀的鼻子相隔。鼻子從眼睛上方開始延伸，一直到嘴巴上方。嘴巴看上去就像中間有一個小孔或小開口的長方形。與頭相連接的是一戴短頸、短頸在連接到軀幹上，體型上就像人類的縮小版。

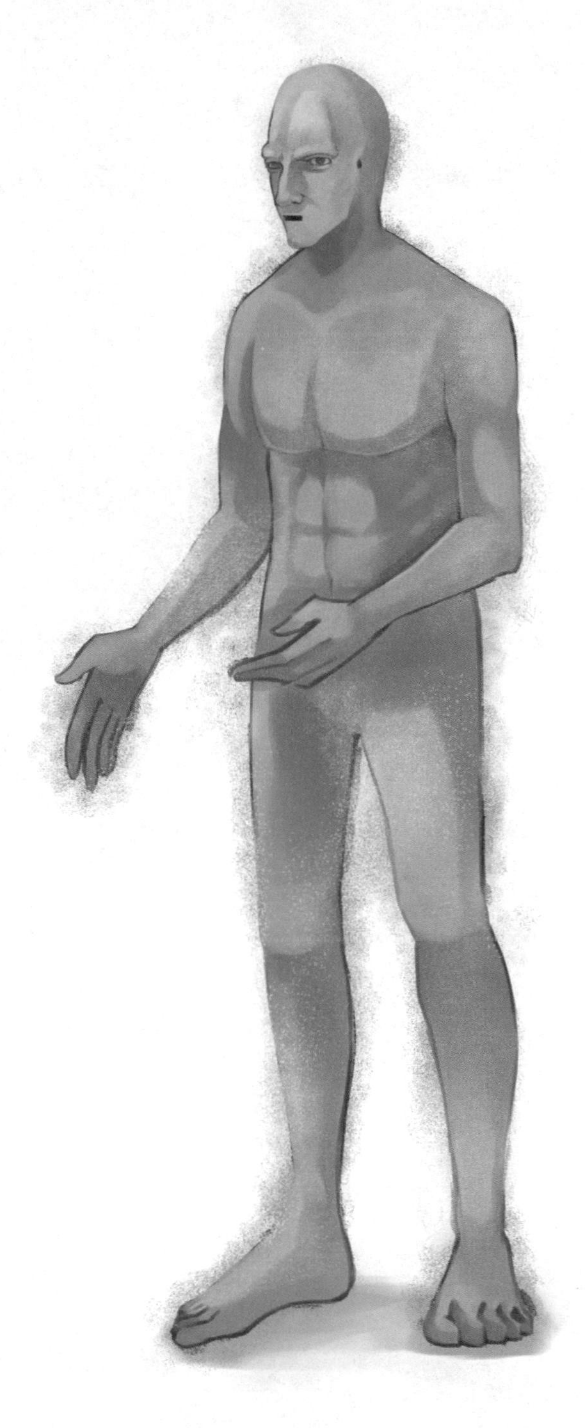

拉斐爾（Raphael Chacun）曾登過幾次他們的船。他主要的聯繫者為該船的船長，名為納德爾（Nardell）。納德爾看上去沒有實體，但他是由數百萬個漂浮的點組成。他只是站在拉斐爾旁邊，把他的手腕放在拉斐爾的手腕上，拉斐爾就無法掙脫。拉斐爾無法精準地描述納德爾身上的衣著因為他們由無數的米色和褐色斑點組成，很難分辨細節。納德爾釋放了拉斐爾並漸漸消失。那朵奇怪的雲團以驚人的速度飛走。隔天，納德爾又再次聯繫他。

這些外星人對地球數百年的演化表示興趣。他們同時也展現了能夠克服空間和時間的熟稔技術。他們甚至還帶他去時空旅行。最後他被認為已經跟隨他們離去。這個案例是由溫德爾（Wendelle Stevens）所調查，他曾在拉斐爾離開不久前見過他。

獵戶四邊形星團

Alnilam and Meissa Egaroth

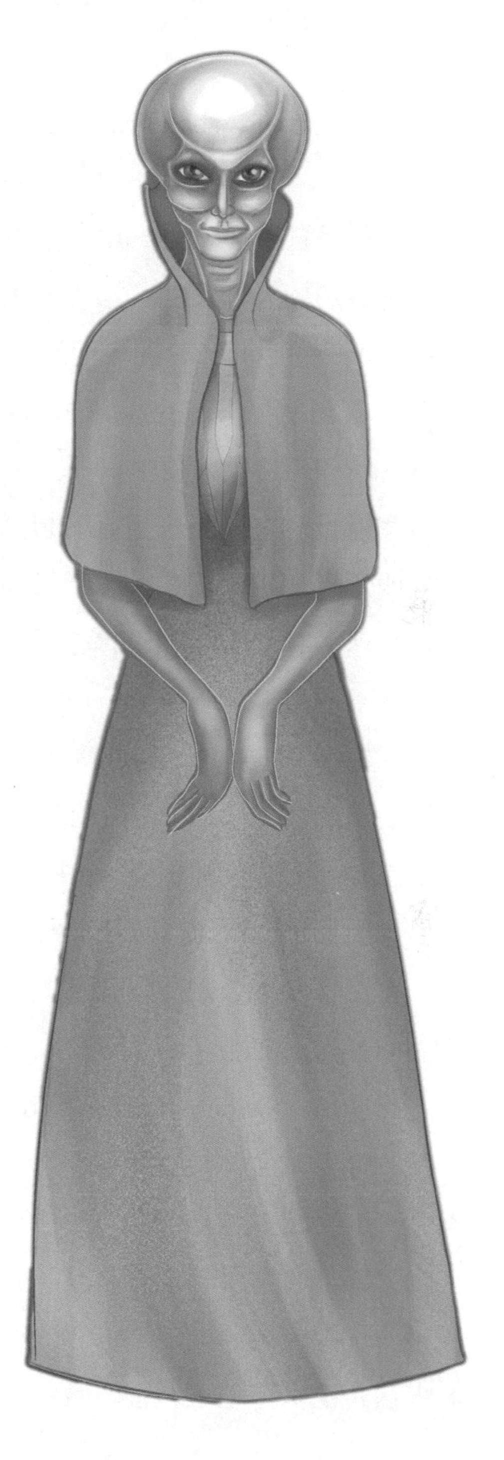

獵戶帶中的中央超巨星：Alnilam (& Orionis)，在當地也被命名為Zagara，距離地球大約為2000光年。Egaroth是來自梅薩星系（Meissa）的殖民地。Egaroth是一個非常古老的種族和文化，現在已經幾乎快消失了。他們是著名的五人委員會的一份子。身為獵戶座典型的歷史悠久種族，Egaroth物種身形高大，皮膚蒼白，頭骨顯大，外表卻平靜睿智。他們是一個靈性的、高度智慧的種族，對征服沒有興趣。在獵戶帝國繁榮之前，他們曾經是一個高度先進的文明，在烏魯安納（Uru-an-an、獵戶座區域）的許多世界傳播。

Egaroth是智慧、空靈的存在，高大苗條，顱骨大。他們的皮膚是淺棕色到淺灰色的，沒有頭髮，有一個小小的鼻子和壯碩的眼睛，通常是靛藍色的，有一個清澈的藍色瞳孔。他們非常有靈性，可以在第九密度之前具體化。他們是雌雄同體的，在交配時有兩極分化的決定能力。

Asbaan-Hu

他們生活在 Asba'a Prime 恆星系中的奧里班（Oriban）星球上。令人震驚的是，Asba'a 星系在很久以前就居住著 Ahel 和 Noor 類人生物。他們從曼恩星系逃離了 Ciakahrr 的攻擊。殖民者迅速在這個四星系的十四顆行星上建立了繁榮的文明。過去發生了一件領土邊界的事件，與來自明塔卡（Mintaka）的 Grail 有關。他們來自附近恆星，是非常具有侵略性的當地灰人爬蟲物種。Grail 展開了一場持續近三百年的暴力戰爭，最終以 Grail 獲勝。Grail 聲稱他們是本地人，比 Ahel 與 Noor 們先到這個區域，雖然他們的家鄉世界在明塔卡星系，但 Asba's Prime 是他們領土的一部分。事實上，他們是想接管這些人（天琴座）殖民建立的經濟帝國資源。衝突戰爭極其凶猛，在 Grail 從十四個世界中掃除了所有資源後，所有倖存的生命都到地底下避難。幸運的是，一個 Noor 小族群擺脫了種族滅絕的命運，逃到南河三星系（Procyon system），並在那裡重建了一個他們自己的新殖民地，並將自己命名為「Eldari」。然而不幸的是，頑強的 Grail 後來定位到他們的所在地，並帶給他們災難性的拜訪。對於那些留在 Asba 星系中的人來說，有更可怕的命運降臨在他們身上……

在澤塔灰人技術的幫助下，Grail 以一種最可恥的方式－透過雜交緩慢地改變基因－把他們全部都變成了奴隸。（讓我提醒你，到目前為止，獵戶六人聯盟《Orion Alliance of the Six》剛剛成立，所有技術都為了最惡毒的目的而共享）。這就是逐步設計出的一種新的變異奴隸種族的方式，即天琴人和澤塔灰人（來自 Xrog 的 Shamtbahali）之間的混種。這個新種族代表了兩個物種中的最好基因，並被用作開發人類 - 灰人雜交程序的模板。在地球，獵戶帝國深入參與美國 - 泰洛斯聯盟（US-Telos）的計劃，並與恰卡赫帝國共享地下領土區域。

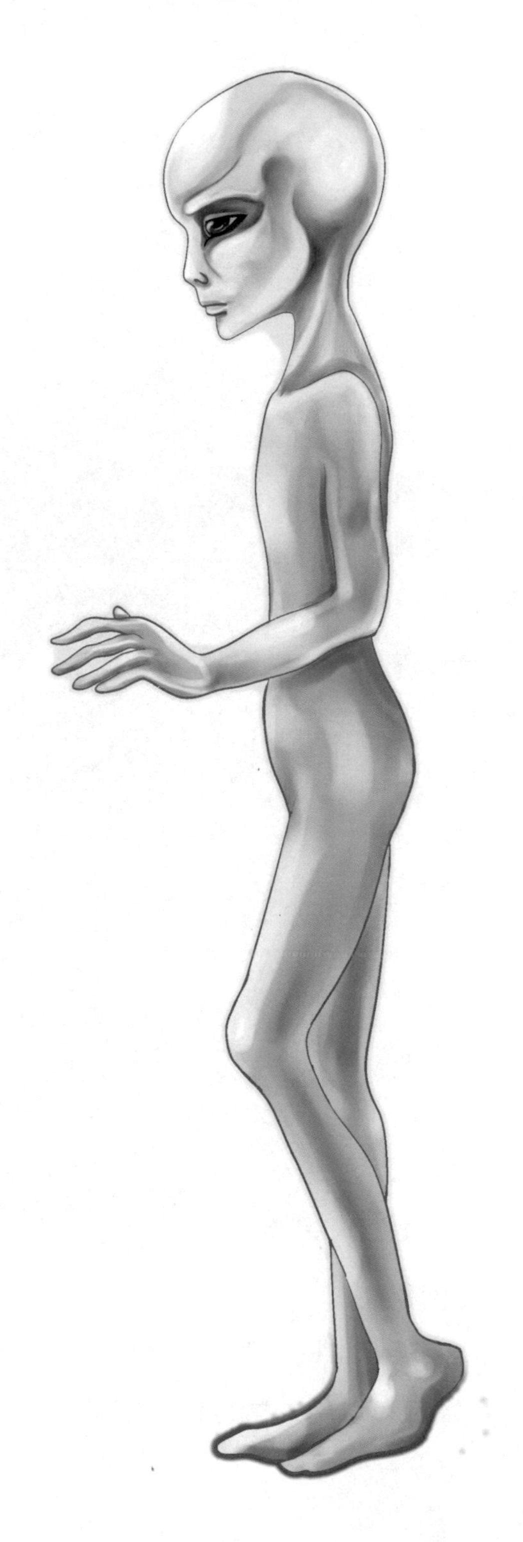

Carians

他們來自船底星系的第四顆行星「Caryon」。卡瑞人（Caray）最初是在獵戶地區定居的 Laan 殖民者，世界名為卡里昂（Caryon）。由於他們現在居住在一個比 Man 星系中的原始家園更熱、更潮濕的大氣組成環境，且他們無法改變當地生態系統，因此他們通過與當地物種雜交以發生基因突變。他們看起來像是具有鳥類特徵的類人生物，通常帶有藍色羽毛的身體和翅膀，以及棱角分明的臉部，類似於鳥頭的結構。由於族群對於基因的自由創造思維，他們一直進行實驗，來達到形式上的多樣性。儘管他們發生了很大的變異，但卡瑞人仍保留了他們世界的文化和極其神聖、起源於 Man 星系的準則。儘管他們像鳥，但他們仍然是哺乳動物，且其生殖功能不變。你可以用人類的術語來稱呼他們「藍鳥人」。

Eban

他們來自船底星系的第五顆行星 Edemera，一個不宜居住、寒冷和沙漠的世界。住在那裡的 Eban 人是爬蟲灰人，6 英尺到 9 英尺高。作為六人聯盟的一部分，他們不是和平主義文化。他們在蛇夫座的 Altimar 上也有一個殖民地。他們涉嫌陰謀集團，並在地下設施中與人類軍隊一起工作，並實行雜交計劃和靈魂脫離術。

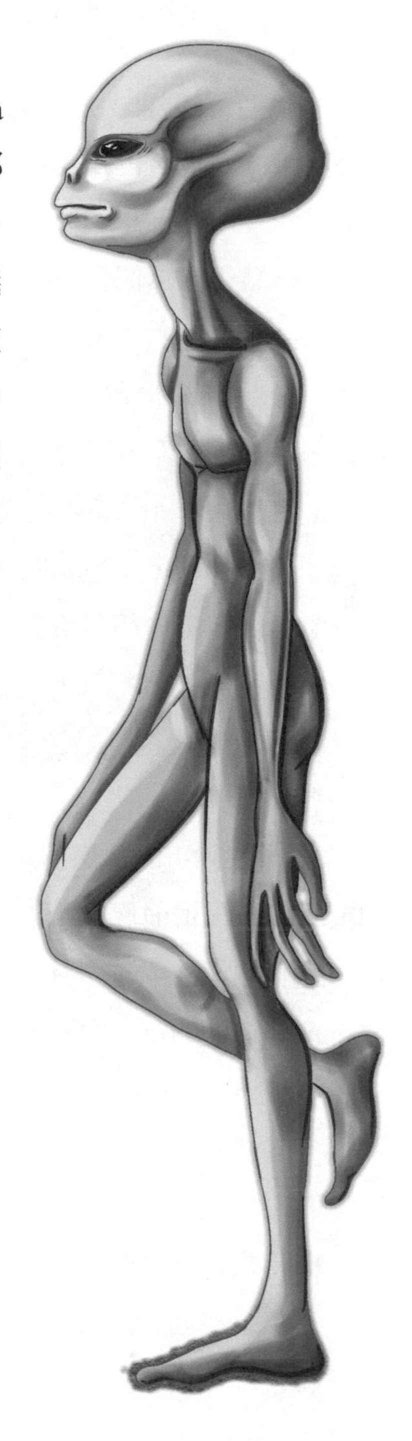

Grail

他們是一個名為 Mintaka 恆星星系的居民，也就是獵戶座三角（Delta Orionis），有七顆行星。雖然他們文明掌握著高度先進的技術，但它們並不像地球人所說的「開明」。Grail 喜歡征服和洗劫。他們是一種非常高大的蜥蜴灰人型物種，軀乾和四肢非常纖細，但他們的電神經系統賦予他們難以置信的力量。他們有兩種性別。

Grail 對附近的星系造成了巨大的毀滅，但他們之所以沒有掌控整個銀河系是因為他們被一種強迫性的侵略性所驅使，無法自行組織起來。他們很少前往地球冒險，還沒有決定要在戰鬥中面對恰卡赫帝國、梅特雷和其他競爭者，也沒有決定要面對銀河世界聯盟。他們擁有鍍鉻外觀的長方形船。

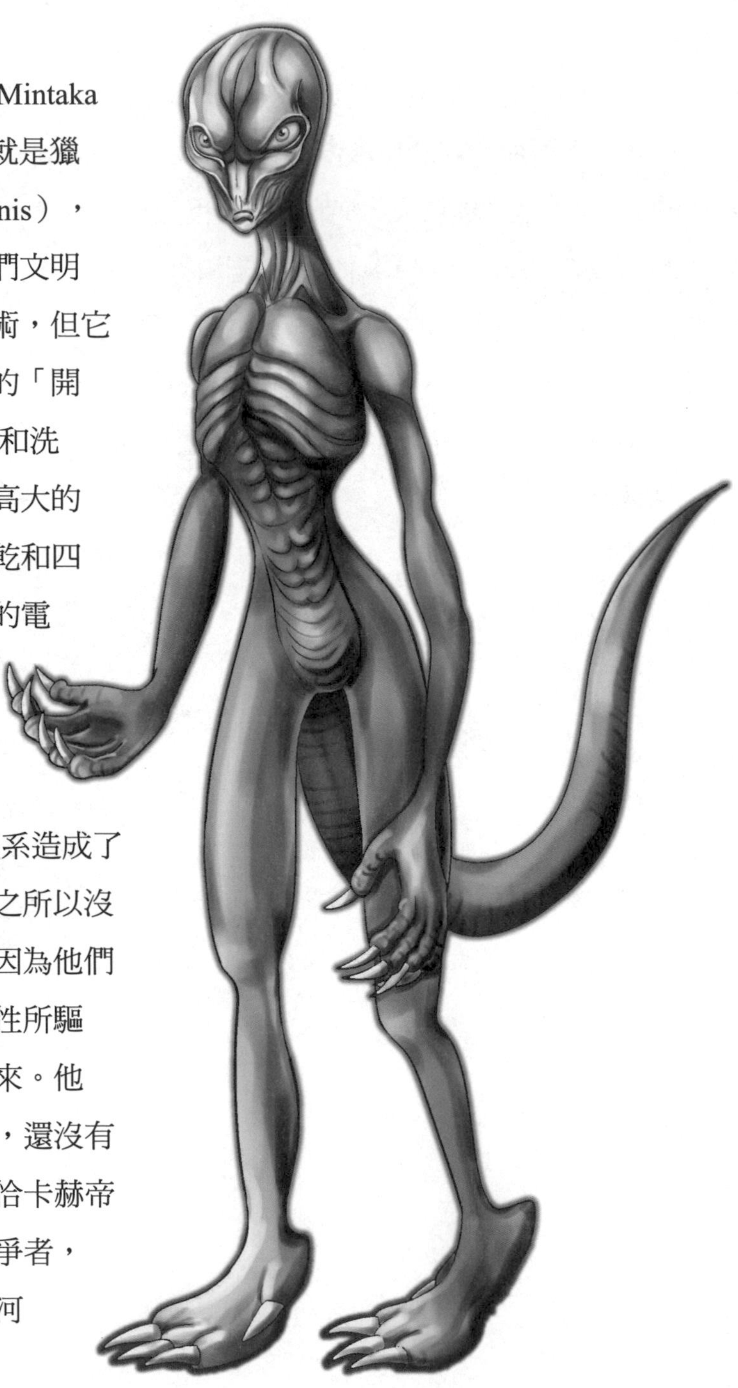

Indugutk

·極度暴力·

他們來自貝拉特里克斯（Bellatrix）恆星系統（第三亮的恆星），也稱為獵戶座伽馬 (γ Ori、γ Orionis)，來自獵戶座，在夜空中排名第 27 最亮的恆星；相對於地球的距離為 250 光年；他們的星球叫做 Uruud Prime，這是貝拉特里克斯星系中一顆人工設計的星球；Indugutks 是原產於烏魯德星球的爬蟲類蜥蜴；他們本質上極其暴力，看起來像高大的白色爬行動物灰人；他們不穿衣服；在您看到他們之前，您就可以透過他們產生的特定氣味來識別他們，這種氣味類似於燃燒的硫磺；與美國、俄羅斯和中國等參與太空計畫的地球政府簽訂了條約；他們在月球上有採礦基地，使用奴隸來完成這項任務。

Kur 金鳥

他們來自Xi Orionis (70 Orionis)恆星系統（一個由四顆行星組成的系統），位於獵戶座方向；相對於地球的距離為 634 光年；他們的星球被稱為 Dillimuns（Xi-Orionis（“Dillimuns”）；只有他們的星球有人居住；庫里人是一個與阿努納奇人有關的非常古老的種族，具有強烈的個性；他們是高大的人形生物，鳥類的遺傳學和特徵，例如被羽絨被覆蓋的皮膚、脊柱上的羽毛冠和獵鷹頭；他們直接參與了改變地球上人類基因組的過程；他們花了兩年時間才達到地球；他們在太平洋某處有一個小型、隱蔽的基地；他們使用跨維度旅行；他們的船隻呈彩虹色。

Ooganga

Ooganga 是參宿五的僱傭兵，居住在烏魯德行星系（Uruud）的戰鬥母艦上。Ooganga 是經過基因改造的戰士，由灰爬蟲人和當地的類昆蟲物種雜交而成。他們龐大的特遣隊駐紮在烏魯德星系的母艦上。與獵戶帝國許多準備好的克隆軍隊一樣，他們正在等待著末日信號。當世界銀河聯盟不再構成威脅時，地球將會面臨失敗的命運。

Redan

Redan來自獵戶座的阿薩馬星系（Assamay）。作為五人委員會的一份子，他們是一種古老的棕褐色皮膚類人形生物，其起源已在記錄中丟失。我們只透過他們的自述得知，他們來自某個位於牧夫座的地區。他們與銀河世界聯盟一起致力於保護地球，他們作為聯盟的成員加入了銀河世界聯盟組織。他們能夠駕駛多維度的飛船，他們的盤狀飛船呈半透明白色。

Tisar

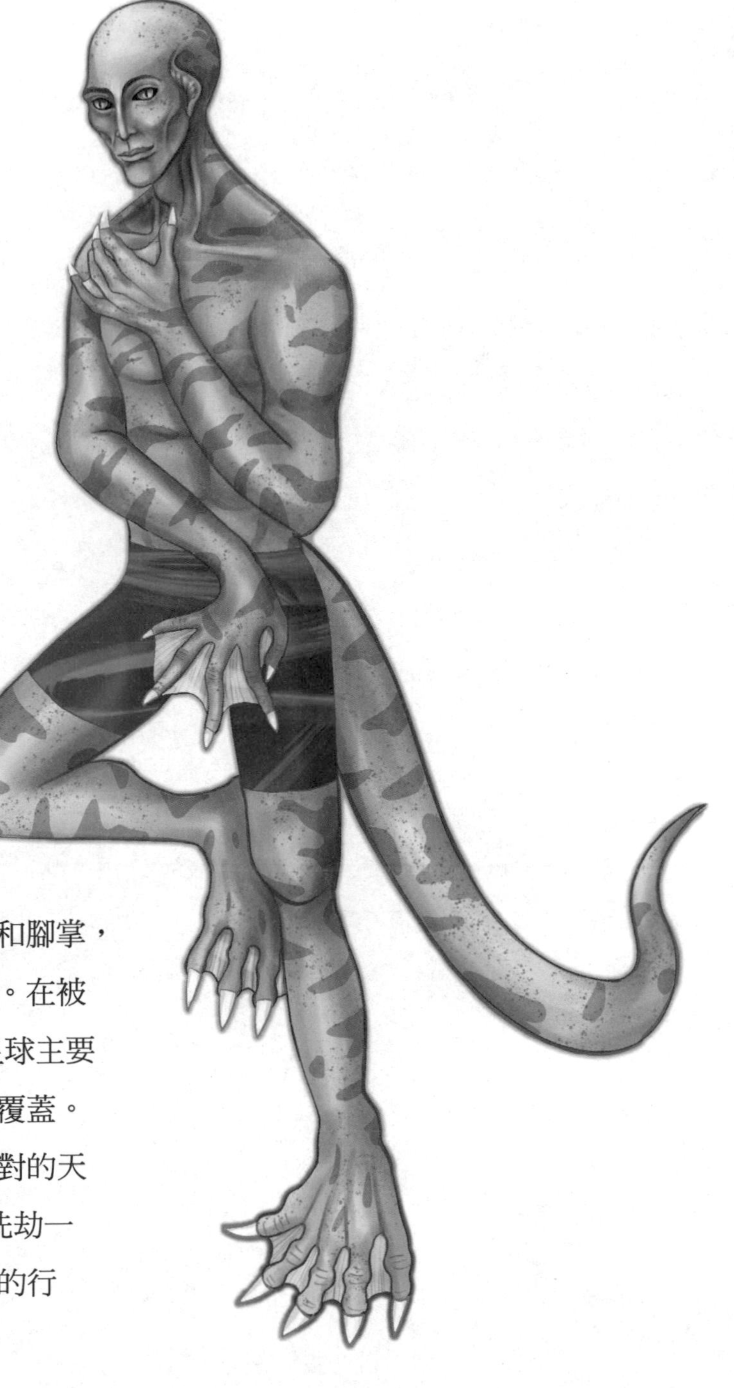

他們來自阿拉戈羅格星系（Aragorog）的第三顆行星 Arii-Tuviya。當 Grail 入侵他們的星球時，Tisar 被迫離開他們景色優美的家園。他們在宇宙中徘徊了很長一段時間，為了尋找一個生存條件令人滿意的世界。Tisar 是一個和平的兩棲類人種族。儘管他們的皮膚完全像人類，但他們有著微小的蜥蜴人特徵，尤以他們傾斜的金色眼睛最為明顯。他們擁有手掌和腳掌，以及閃閃發光的白皙皮膚。在被 Grail 毀滅之前，他們的星球主要被海洋和繁茂土地的島嶼覆蓋。他們的家園曾經是一個絕對的天堂，現在很不幸被 Grail 洗劫一空。他們現在已經在遙遠的行星系統中找到了避風港。

大犬座 Canis Major

星座基本資料：

赤經：7

赤緯：－20

面積：380 平方度（排名第四十三）

代表物：犬

星座內最亮的一顆恆星（絕對星等）：大犬座 VY

星座內肉眼可見最亮的一顆恆星（視星等）：天狼星

星座內距離地球最近的一顆恆星：天狼星

出現的外星物種：類人、未知

天球星空圖 ↓

天球赤經緯圖 →

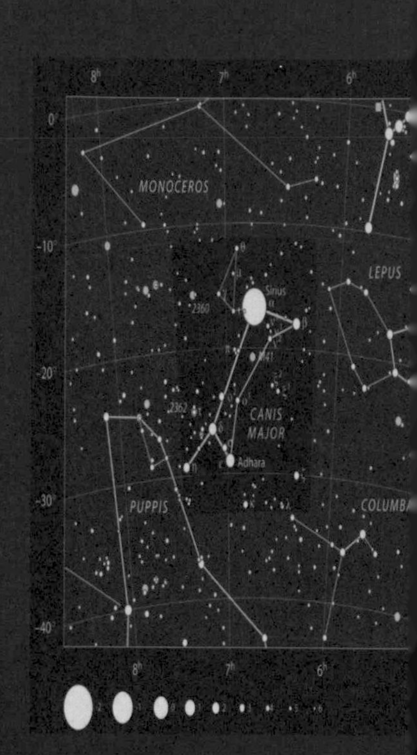

星座背景故事：

大犬座——

在神話中，大犬座與萊拉普斯（Laelaps）有關．據說萊拉普斯是世界上最快的狗，被註定能夠捕獲任何他想捕獲的東西。宙斯（Zeus）把萊拉普斯給歐羅巴（Europa）做為禮物，也送給歐羅巴一支永不失手的標槍。但這禮物最終卻帶來不幸，歐羅巴自己被丈夫塞法勒斯（Cephalus）意外殺死了。塞法勒斯就是在狩獵途中用了這支標槍。

塞法勒斯於是就把狗帶到維歐提亞州（Boeotia、希臘北部一個省份）的腓尼基城（Thebes），來追捕一隻正在該地製造麻煩的狐狸。就跟萊拉普斯一樣，狐狸的速度也非常快、也被註定了永遠不會被抓到。一隻能夠抓到任何他想抓到的獵物、另一隻是能夠躲開任何他想躲開的狩獵者。這場比賽似乎沒有盡頭。在宙斯意會到這場追逐永遠不會有勝負時，宙斯把他們兩個都變成了石頭，然後放到了星空中。大犬座就是萊拉普斯，而小犬座就是那隻狐狸。令人諷刺的是，即使變成了星空中的星座，他們似乎依然在無止盡的追逐。因為在冬季時，小犬座在天空升起的時間大約比大犬座早了約 1 小時。

大犬座 VY 星空圖

天狼星星空圖

起源地為大犬座的外星種族：

A. 天狼星人 Sirian

🕮 來自：銀河系大犬座

🕮 種類：類人

🕮 外觀：與人類相似

那些源於天琴星，選擇了維持非物質型態的眾多意識將他們自己引到了天狼星的領土。在這裡，他們開始為重要角色奠定物質和非物質基礎。這些角色為後來的大事件揭開序幕。

天狼星系是許多銀河物種的家園，包括物質的和非物質的，類人動物和非類人動物。但是天狼星基本上有兩種：消極的和積極的。

負面的天狼星人組合源於織女星（他們拒絕了精神自我，渴望統治）。正面的、非物質的天狼星人源於天琴星（他們覺得有義務要治癒所有痛苦的人）。這兩派造成了貫穿整個天狼星系的緊張情勢，甚至影響到更遠的地方。

大犬座的一個恆星：大犬座 FR

B. 暗派天狼星人 Negative Sirians

📖 來自：銀河系大犬座

📖 種類：類人

📖 外觀：他們皮膚呈黑褐色，有許多織女星人的特徵：醒目、巨大以及略斜的眼睛。

地球對負面的天狼星球哲學有類似的闡述。那種被稱為「黑魔法」或「黑暗藝術」的做法根植於負面天狼星人的哲學。在埃及文化中，有組織性的負面力量崇拜發生在廟宇與聖職人員當中。那些實踐這種哲學的人認為自己獨特、獨立、也以自我為中心。他們製造出的其中一種幻想是他們不用對他們的行為負責。在大多數情況下，幽浮的嚴重負面經歷、家畜殘害和「黑衣人」現象都和負面的天狼星族群有關。實際上，他們製造出的恐懼大於實際傷害。

大犬座的一個恆星：弧矢一

C. 正派天狼星人 Positive Sirians

🕮 來自：銀河系大犬座

🕮 種類：類人

🕮 外觀：皮膚顏色比像織女星人的天狼星人還淡，比較像天琴人。

正派的天狼星人渴望促進身體上的治療（他們是為身體服務而不是選擇為化身），他們與大角星上的能量結盟，這些能量趨於精神上的治療。至今，地球上有很多人（主要是活躍於治療師，輕工或身體工）與天狼星人有很強的親和力。小部分的正面天狼星人也決定化身為肉體。然而，他們拒絕了類人動物化身為鯨類動物的形式。這些天狼星人向埃及人以及瑪雅人提供了許多先進的天文和醫學訊息。

大犬座的一個恆星：大犬座 o^2

D. 卡帝人 Katayy

🕮 來自：銀河系大犬座

🕮 種類：類人

🕮 外觀：多為紅皮膚

艾力克斯（Alex Collier）提到：天狼星 A 上有一個種族，那裡的人類被稱為卡泰（Katayy）。他們被認為是仁慈的。星球上還有動物，哺乳動物和水生生物。多數的人類都是紅皮膚的。他們的祖先是戰爭期間，最早與婦女和兒童一起逃脫的天琴星人。他們的海洋中有鯨魚，章魚和鯊魚。他們是一種藝術的種族。他們有音樂，並與大自然息息相關。他們是建設者，而不是政治者。他們的政府基於「精神技術」，它使用了聲音和色彩。

那些來自天狼星 A 的物種正試圖提供幫助，因為他們感到有責任。殖民天狼星 B 的人最初來自天狼星 A。

大犬座的一個恆星：弧矢七

E. 天狼星 B 人 Sirian B

🕮 來自：銀河系大犬座

🕮 種類：類人、蜥蜴人

🕮 外觀：一些類人族為紅、米黃或是黑皮膚。其他為爬蟲族。

艾力克斯（Alex Collier）提及：天狼星 B 周圍的文化具有非常可控的波動。其中一些人類是紅色、米色和黑膚色。天狼星附近的星球非常乾旱，通常被爬蟲類和水生生物佔據。棕櫚樹起源於天狼星系。社會傾向於沉迷政治思想模式而不是精神屬性。天狼星 B 的人來了地球，把我們弄得一團糟。他們是最初給我們的政府蒙托克（Montauk）技術的人。

大犬座的一個恆星：軍事一

F. 茲農人 Xenon

🕮 來自：銀河系大犬座

🕮 種類：未知

🕮 外觀：未知

據信，切爾皮坎（Cerpican）是一個有物種居住的星球。這個星球環繞著大犬座的一顆星。而天狼星是大犬座的主要一顆星。據說切爾皮坎星是氙星人的故鄉。氙星人是拉瑪團（the Mission Rahma）接觸的外星生物之一。

氙星人和切爾皮坎首次在西斯托（Sixto Paz Wells）的書「邀請」裡提到。

大犬座的一個恆星：孫增一

G. 伊什納人 Ishnaans

🕮 來自：銀河系大犬座

🕮 種類：類人

🕮 外觀：有著輕巧的體型、長長的金髮、偏藍、綠或是黃色的眼睛、以及金色的膚色。

據信，伊什娜（Ishna）是一個有著晶體結構的星球，位於天狼星系裡。據說，伊什娜人（也被稱為水晶人）有著輕巧的體型、長長的金髮、偏藍、綠或是黃色的眼睛、以及金色的膚色。

大犬座的一個恆星：弧矢增七

H. 諾摩人 Nommo

🕮 來自：銀河系大犬座

🕮 種類：類兩棲動物

🕮 外觀：兩棲、雌雄同體的魚形生物。

諾莫（Nommo）被認為是馬利多共（Dogon）部落的祖傳神靈。他們也被描述為兩棲、雌雄同體的類魚生物。如果我們看一下多貢神話，我們會發現，據說諾莫是上帝阿瑪（Amma）創造出的第一群生物。

在 1930 到 1950 年間，法國人類學家馬歇爾（Marcel Griaule）和傑曼（Germaine Dieterlen）到非洲西北部研究多共部落。馬歇爾花了連續 23 日與多貢人奧格泰梅利（Ogotemeli）進行對話。奧格泰梅利在馬歇爾未來的出版書籍裡被引述為主要的消息來源。

多貢人揭示諾莫人曾經是環繞著天狼星世界的居民，從天空一艘伴隨著火焰和雷聲的船隻而來。由於諾莫是兩棲生物，來到地球時需要水，所以他們建造了水庫並潛進其中，因為沒有水的環境他們將無法生存。

多貢人進一步地跟馬歇爾和傑曼揭露上帝阿瑪是如何從天狼星系的特定星球來到這。那顆特定的星星被多貢人稱為波托洛（Po Tolo）。現今的天文學家則稱之為天狼星 B。奇怪的是，天狼星 B 離地球太遠，肉眼甚至觀察不到。

大犬座的星系：NGC 2207 和 IC 2163

I. 賽門內特人 Samanet

🕮 來自：銀河系大犬座

🕮 種類：類人

🕮 外觀：與人類相似

比利（Billy）的接觸者 Ptaah 提到天狼星人被稱為薩馬內特（Samanet），他把飛行裝置作為禮物送給了父親。據說薩馬內特是相當正常的人類，沒有經過基因改造。他們起源於天狼星座，但與我們的時空構成完全不同。

大犬座的一個恆星：弧矢增六

Taal-ghiar

來自 Oman Khera 行星的 Taal 王室難民－ Taal-Shiar，最終在位於獵戶座第三世界 Mandoghiar 的 Ghiorak-An 星系安頓下來。這個關於天琴人戰爭的悲慘時代敘述著 Taal 政府首領與 Ciakahrr 入侵者間所做的協議。該協議旨在爭取時間拯救人類文化，讓市民能夠逃離。此一結果就導致了在 Ciakahrr 入侵中，王室成員必須先留下。但據其他情報指出，王室確切的目的性卻是有待商榷的，因為可能不僅僅是為平民爭取逃脫的時間而已。

關於這個軼事的所有記錄以及他們之間所做的協議據說已在慌亂的戰亂中丟失。這些協議的一部分包括王族能平安地離開、兩艘飛船能夠離開 Man 星系。兩艘都由 Ciakahrr 艦隊護送，其中一艘飛船載著王族成員，另一艘飛船搭載著 Taal 社會高層的其他菁英。官方的目的地是織女星，但很快地隨著護衛艦已有不小的距離在時，Taal 王室隨即改變航道 , 朝向獵戶座的 Miz 星系前進。很明顯地，Ciakahrr 和 Taal 王室之間的協議包含了不為人知的條款。而這似乎能解釋 Mirza 星系中爬蟲人與 Taal 王室之間的關係。這群 Taal 王族似乎很確信他們能夠重新征服回他們的星系。考慮到 Ciakahrr 愛說謊及只為自身利益的天性，一切似乎都還是在迷霧當中。

至今，上述事件已過了非常久遠的年代，Taal 的後代已經與當地人種生下了許許多多的子嗣。目前他們與聯邦間已沒有什麼利益存在。且他們與 Ciakahr 帝國和獵戶座聯盟的關係至今還不清楚。

Ashkeru-TAAL (Ashkeru-Taal; T- Ashkeri)

他們來自天狼星 B 行星系統（對他們來說是 Thulan 行星系統，由 4 顆行星組成）非常接近天狼星 A（對他們來說 Ashkera ：阿什克里系統，由 12 個行星組成）行星，有 3 顆星），大家稱之為「偉大的夏天」）；相對於地球的距離為 8.6 光年；他們是遺傳上顯著的人形種族，由萊蘭·塔爾殖民者（與卡塔伊人一起從織女星來到）和當地的灰人雜交而誕生，以適應環境條件；精通遺傳學，天琴座人在新星球上建立殖民地時，通常會與土著居民雜交以適應新環境；有一張三角形的臉，眼睛比正常的人形生物更寬，輪廓修長；他們的文化以科學和技術為導向，其中一些離開圖拉（天狼星 B）的人在阿斯塔銀河司令部擔任高級職務；在圖拉的四個行星上，阿什克魯類人生物與所有類型的爬行動物和混血兒共同生活，涉及複雜的外交安排，尤其是技術共享； T-Ashkeru 技術在建築方面啟發了銀河系中的許多其他物種，例如保持古老的天琴座傳統，將自然平等地納入城市化之中，按地區重新組合棲息地，等等；他們是第一個發明令人驚訝的建 築材料的人；事實上，它是一種對大範圍輻射具有極強抵抗力的材料（適用於許多不同的星球），同時，一側半透明，另一側不透明；他們的飲食基本上以蔬菜為主；孩子的就學也符合利瑞安文化，首先識別他們的技能，將他們分組到技能學校，以發展他們的潛力； T-Ashkeri，把具有相同天賦的孩子放在一起，他們不會競爭，而是會互相激勵和鼓勵；這就是萊拉教育的精神所在； T-阿什克里人實際上以三種不同的方式參與地球：作為阿斯塔集體、阿斯塔銀河指揮部或銀河世界聯邦的一部分。

天琴座 Lyra

星座基本資料：

赤經：19

赤緯：+40

面積：286 平方度（排名第五十二）

代表物：豎琴

星座內最亮的一顆恆星（絕對星等）：漸台二

星座內肉眼可見最亮的一顆恆星（視星等）：織女一

星座內距離地球最近的一顆恆星：織女一

出現的外星物種：類人、類哺乳動物

天球星空圖 ↓　　天球赤經緯圖 →

星座背景故事：

天琴座——忠貞不渝的愛「琴」

萊拉（Lyra）是荷米斯（Hermes）發明的一個豎琴，由阿波羅（Apollo）贈予給奧菲斯（Orpheus）。據說當奧菲斯彈奏他的豎琴給他的新娘尤麗狄絲（Eurydice）聽時，人們和動物會駐足、停下手邊的動作，只為了專注的聆聽。當他演奏時，就連樹都會靜止。某一天，尤麗狄絲突然被毒蛇咬傷死去，這傷透了奧菲斯的心。趁浸於孤獨的情緒中，奧菲斯試圖從冥界統治者黑帝斯（Hades）手中奪回她。奧菲斯便開始邊演奏他的豎琴，邊進入冥界尋找。當他接近黑帝斯時，他高興地看到黑帝斯非常欣賞他的音樂。過了一會兒，奧菲斯不再演奏。黑帝斯要他繼續彈奏優美的音樂。奧菲斯同意了，但有一個條件：等他演奏結束時，黑帝斯必須釋放他心愛的尤麗狄絲。黑帝斯同意了，於是奧菲斯又開始演奏起來。音樂結束時，奧菲斯向黑帝斯要回他的妻子。黑帝斯回答說：「可以，但我也有一個條件。那就是你必須相信我會遵守諾言。在你回到上層世界的途中，必須一直演奏你的音樂，並且不能回頭去看尤麗狄絲是否在跟著你。」黑帝斯接著說：「如果你懷疑、不信任而回頭看的話，她就會立刻被帶回冥界去。」於是奧菲斯開始演奏他的音樂，並踏上返回的路程。在他的身後，他能夠聽到尤麗狄絲的腳步聲，這使他非常激動。黑帝斯為了檢驗奧菲斯是否信任他，他親自帶領著他們穿越一片松樹林。就在奧菲斯穿過這片松樹林、剛踏進上層世界時，他忽然聽不見他心愛的尤麗狄絲腳步聲。沉寂了一段時間後奧菲斯再也無法忍受，便從肩頭瞥了一眼。不幸的是，他所看見的是尤麗狄絲在他的注視下被黑帝斯帶回了陰間。奧菲斯死後，宙斯為了紀念他美妙的音樂，在星空中設立一個天琴座，同時也是為了紀念奧菲斯對尤麗狄絲所擁有的愛情。

漸台二星空圖

織女一星空圖

起源地為天琴座的外星種族：

A. 天琴人 Lyran

🕮 來自：銀河系天琴座

🕮 種類：類人

🕮 外觀：未知

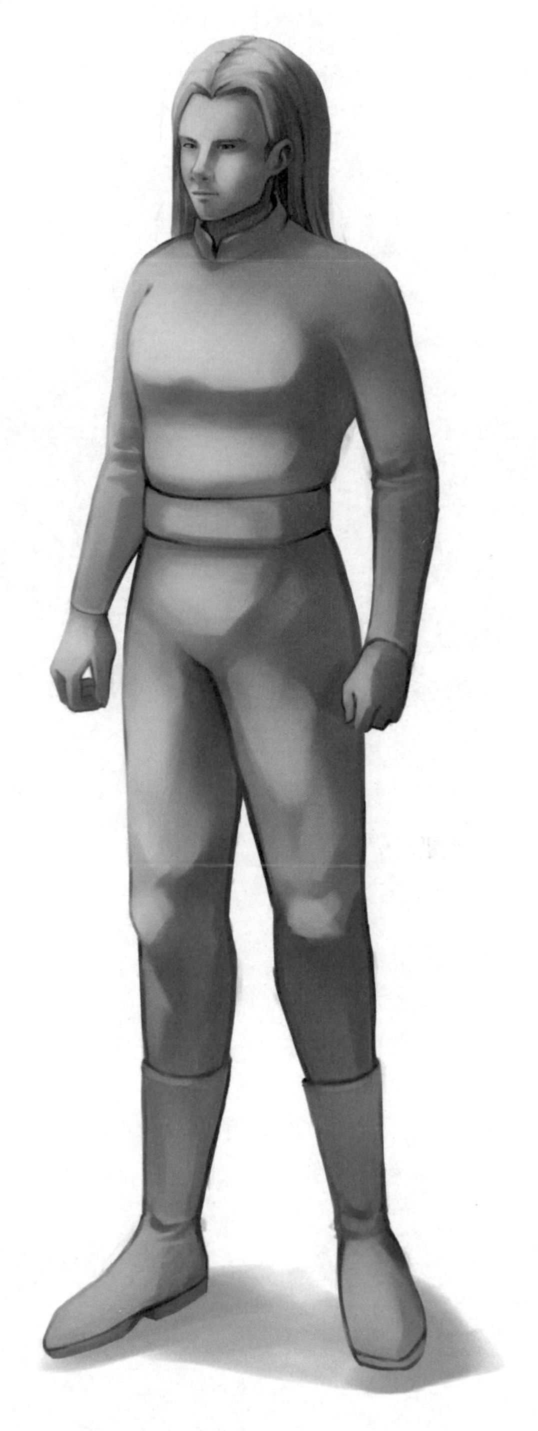

天琴人代表一群從古至今，住在天琴星座廣泛一帶的生命體。

在地球的神話裡，天琴座長久以來早已被認可。有一些甚至和昴宿星人有關（舉例來說，奧維德曾提過天琴座的七個弦剛好等於昴宿星的數量）。這個地區可以被視為銀河系內、地球附近地區類人種族的起源地。所有的亞種像是天狼星人、獵戶座人、地球人/人族、昴宿星人、織女星人、網罟座人、半人馬 a 星人、牛郎星人（以及其他更多比較不知名的群體）都是天琴人的後代。

天琴座的一個星團：M56

B. 高加索天琴星人 Lyran Caucasians

📖 來自：銀河系天琴座

📖 種類：類人

📖 外觀：淺色皮膚、頭髮、眼睛。152 公分 -182 公分高；精壯體型

天琴高加索人（Lyran Caucasians）是地球銀河歷史上最重要的種族之一。

莉莎・羅耶（Lyssa Royal）：在天琴種族裡，有一種廣泛的族群我們稱之為高加索（Caucasian）。他們膚色淺，眼睛明亮（最黑的眼睛也許是淺棕色，但這並不常見）。頭髮幾乎從白色到淺棕色都有（但有棕色的往往不尋常）。他們的真實的體態從瘦弱到壯碩都有。這是最廣泛的類別。大多數您的祖先基因都來自這個類別。大家的多樣性始於一些紅髮和巨人影響。但是與高加索人的影響力相比，那些都是次要的。高加索人還是最主要的。

人們相信，天琴高加索人在數百萬年前就開始移民跟殖民其他世界，包括昴宿星團、畢宿星團、南河三、天倉五等等。

天琴座的一個星雲：環狀星雲

C. 天琴星巨人 Lyran Giants

📖 來自：銀河系天琴座

📖 種類：類人

📖 外觀：淺色皮膚、頭髮、眼睛。180 米 -270 公分高；精壯體型

天琴巨人是我們銀河系中最古老的類人種族之一。顧名思義，他們起源於天琴座。莉莎．羅耶（Lyssa Royal）：他們的實體（當然像你的身體一樣）存在於第三或第四維度的是高加索種。他們主要為淺色皮膚、淺色眼睛和淺色頭髮。最黑的頭髮是中褐色，但這有點不尋常。他們的肉體被比喻為「介晶」（mesomorph），基本上是一個均衡且肌肉發達的身體。高度在六到九英尺之間（根據我們所說的群體有所不同），最矮的是在六英尺左右（男女相同）。從很久時期前開始，在星球上高重力場和密集的電磁包絡（通常也存在於太陽系）下，這些實體的大小就漸漸演化成如此。這幫這群生命體增加了一些生命體的感覺（我們也可以說實體）。這些實體有反應在希臘的某些神話傳說和巨人的一些聖經故事中。這是其中一個人類文明仍然有細胞記憶的族群。這個特別的群體是開始與您建立神 / 崇拜者關係的主要群體之一。

為什麼一些宗教藝術或建築設計（很大的門和窗）上會有這樣的表達，這是原因之一。這種模式和這種特別的種族結構在人的心理上影響深遠。這些是原始的神－或至少是影響你最深的神。

天琴座的一個恆星：織女增五

D. 巴威人 Bawwi

🕮 來自：銀河系天琴座

🕮 種類：類人

🕮 外觀：250 公分 -300 公分高

當溫德爾（Wendelle Stevens）在談論曾經拜訪過地球的巨人族時，曾提及巴威人（The Bawwi）。這個名稱是指種族的名稱。他們的起源尚不清楚（或是沒有在文件中詳細記載）。我們所知道的是，他們屬於天琴巨人的族裔。據說他們有 2.5 至 3 米高，曾在亞特蘭提斯和雷姆利亞時代拜訪過地球。

天琴座的一個恆星：HD 176051

E. 天琴星紅頭人 Lyran Redheads

- 📖 來自：銀河系天琴座
- 📖 種類：類人
- 📖 外觀：180-270 公分高；他們的頭髮是紅色到草莓金。皮膚非常白；由於他們所生的星球，他們實體很難將其皮膚暴露於特定頻率的自然光下。其中一些身材高大，也有一些是平均人類尺寸。眼睛顏色比現今的綠色還要淡些。

包含了兩個族群。巨大的和普通大小的。

和幾個紅髮昴宿星人有基因聯繫。而且如果有基因聯繫，那就也有「充滿活力」的聯繫。純種的紅眼族很好鬥、暴力、易怒，某種程度上來說，也非常叛逆。他們將天琴巨人族視為他們的父母，但同時又對著想法感到反感。他們會反感是因為他們覺得巨人族的道德模式被強加在他們種族上。

有一些巨人族離開，並繼續前往探索。最初的一群殖民了一個特定的星球，而且隨著世代演化，他們都適應了那個星球。他們適應了這個星球的大氣和特定的礦物組成。這顆星球特別的大氣波長造成他們的突變，導致他們頃像於紅色的色調。這與反叛的態度兩相結合，造就了一個特殊的亞基因型。

天琴座的一個恆星：HD 177830

F. 天琴星黑人 Lyran Dark-Skinned Group

🕮 來自：銀河系天琴座

🕮 種類：類人

🕮 外觀：特徵上和高加索族一樣，但膚色偏淡巧克力色，遍及全身。這是一種非常令人愉悅的色彩。眼睛是棕色不是黑色，也些人是綠色的。頭髮也不是黑色，是深棕色。

這個族群是一個類人種，比較稀少，但他們也和你的世界也有所關聯。

莉莎．羅耶（Lyssa Royal）：這個族群對星球上的印度、巴基斯坦地區有影響。那裡是星球上他們最感興趣的地區。沒有任何一個後代種族都是純種的延伸，或多或少都會有一些混種。然而，這個我們稱之為膚色較深的天琴族，被視為和平主義者。他們的心理構成是一種極度的消極跟安寧。有人甚至會稱他們沒有熱情，因為要讓他們有情緒波動是很難的。你會發現古代梵文文學裡有提及過一些個體。

天琴座的一個恆星：HD 178911

G. 天琴星鳥人 Lyran Bird-People

🕮 來自：銀河系天琴座

🕮 種類：類哺乳動物

🕮 外觀：這一群的實體是哺乳類。他們的體型很瘦很脆弱，長的像鳥。臉部有稜有角，俐落，就像一隻鳥，雖然還是哺乳類。眼睛也很像鳥，頭髮沒有羽毛，但是另外一種像羽毛的東西。你不細看的話長得很像。還以某種方式隆重地裝飾，使其看起來像羽毛。

這些生命非常沉著，知識也非常淵博。他們視自己為主要的科學家、探險家和哲學家。他們不參與銀河政治，但是他們會去旅行和探訪。他們都曾和地球上一些最有影響力的文明－蘇美爾人、埃及人互動過。在現今的印度河谷中也有他們互動過的。

天琴座的一個星雲：NGC 6720

H. 天琴星貓人 Lyran Cat-People

🕮 來自：銀河系天琴座

🕮 種類：類哺乳動物

🕮 外觀：他們是具有貓類特質的類人生命體。他們非常敏捷，也非常強大。雖然像貓，但鼻子不是主要的（如果你可以想像貓的鼻子）。耳朵既不像人也不像貓，有點像十字架，有點尖，不是很大。嘴巴小巧宜人。這些類貓的生命體有著非常小巧精緻的嘴巴。眼睛非常明顯，又大又像貓，有第二個眼瞼・相同的，隨著世代的演化，這些特質源於他們起源的環境。他們沒有皮毛，但是他們皮膚上有一層保護性的絨毛，因為他們本土星球上強烈的紫外線－這單純的是要保護他們的皮膚。

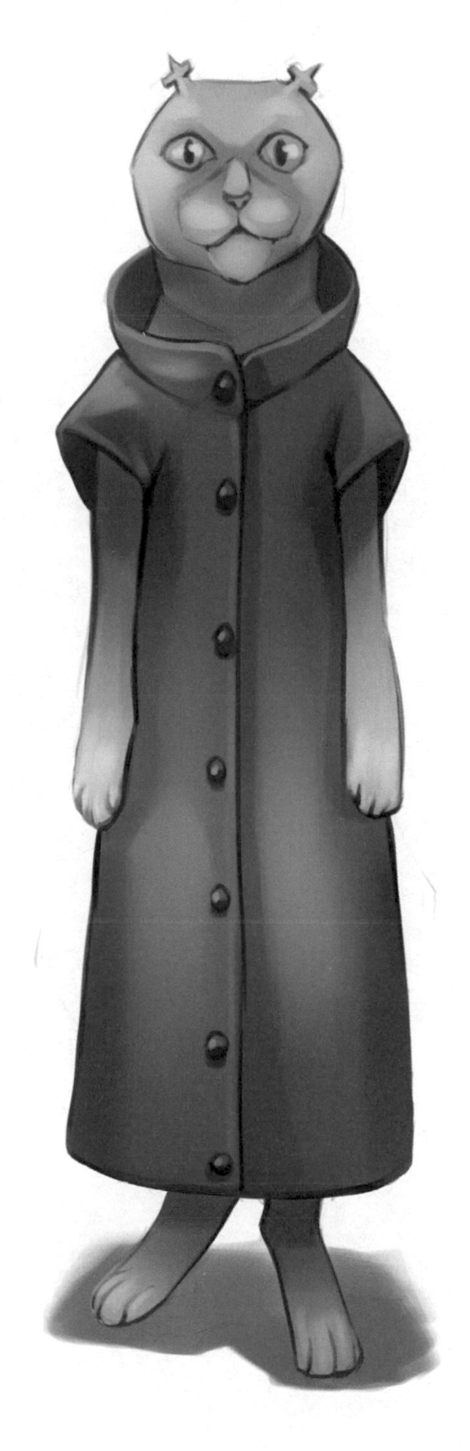

根據 Lyssa Royal 的說法，這些貓科動物與許多其他物種一樣，都來自天琴星。天琴人的另一個亞組也是哺乳動物，您會認為是類人動物。但其外觀與您在世界上所稱的貓科動物王國相似。與您世界上這些實體的任何互動都可能報告他們是貓人 - 但他們不是。他們是類人動物（Humanoid）。

天琴座的一個星雲：NGC 6745

I. 織女星人 Vegan

🕮 來自：銀河系天琴座

🕮 種類：類人／類哺乳動物

🕮 外觀：有兩種：(A) 標準的織女星人 182-213 公分高，深色皮膚（有些是銅色調），非高加索，黑髮，極大的眼睛，黑色的瞳孔和虹膜，一個眼瞼。血呈綠色。(B)「非人」種織女星人仍然是類人或哺乳類，但他們的外觀更像昆蟲或爬行動物。皮膚呈現黑色，有時會混著綠色或褐色的色調。

織女星是天琴星座裡的阿爾法（最亮）的一顆星，即使實際上它比天琴座中的其他恆星系統更靠近地球。織女星是最早發展獨特和凝聚力特性之一，有助於萌芽和殖民許多星系，包括了牛郎星，南門二，天狼星和獵戶座。

我們基本上僅會按外觀將天琴的基因型分為兩類，而不是依遺傳結構來分。第一種：類人動物。我們談論的許多其他族群都來自天琴星，其中最著名的是獵戶座。這就是我們常常描述到的大部分種類，也就是有著天琴遺傳基因的人型族群。第二種是非類人動物。這群生命體都曾和地球平面的人有過交流，也造就了有關爬蟲類怪物或冷血外星人的一些故事等等。（當一個人恐懼或是遇到未知時，他常常會誇大他的經歷）

天琴座的一個星雲：NGC 6791

Adari

一群塔爾殖民者（Taal）作為難民從 Ciakahrr 的攻擊中逃離。他們遷移到奧爾米坎星系（Olmeekan）的第一顆行星：阿達拉（Adara）。儘管他們相似於天琴種族，但他們具有不同的基因。由於恆星輻射的緣由，他們的皮膚演變成帶有藍色的棕色色調。他們保留了人類物種清澈透明的塔爾眼睛。與第四行星奧茲瑪（Ozma）一樣，他們採用了長袍、長袖、高領的相同時尚，這已成為奧爾米坎（織女星）星系及其居民的重要標誌。阿達里（Adari）曾經在地球的印度地區有過一個短暫的殖民地，但很快地在一場激烈的衝突中被入侵者恰卡爾追趕。在你們的吠陀文本（Vedic text）中，他們仍然被銘記為來自天空的藍色眾神。阿達里現在參與了銀河世界聯盟保護地球的計劃。他們的船有美麗的細長輪廓。

Afim Spiantsy

他們的母星是 Afiola 行星，位於恆星系統 Aldoram (Gamma Lyrae) 中。他們的藍色皮膚上覆蓋著藍色的斑點。雄性斑點的顏色較深，雌性的較淺。眼睛微微的由鼻樑向外臉往上傾斜。Afim Spiantsy 比人類矮小，他們不需要氧氣；他們星球大氣最大比例的是氬。他們的真名是 Afim，但他們自稱 Afim Spiantsy，因為他們贏得了一場對抗 Spiantsy 種族的戰爭。Spaintsy 擁有 35 艘船隻資源，且人數是 Afim 的 12 倍。Afin 名字本身就是對其他種族的警告。Afim 社會基於父權戰士結構，儘管多虧了 Selosii 和 Lyrans 的幫助，幫助他們開發了太空旅行和技術，但他們的文化仍處於早期階段。這是一個很好的過早跨文化接觸例子。他們以非暴力的方式殖民了 10 顆行星，但 Afim 沒有征服地球的慾望，因為他們意識到他們自身的力量不及銀河聯邦（他們是其中的一部分）和爬蟲獵戶聯盟。

這個物種只是個觀察者。他們的科技發展水平足以在二十分鐘內到達地球。他們訪問地球的最主要目的是來研究人類的多樣性。這項活動對他們決定人類的進一步發展很重要。他們有獲得銀河聯盟授權，以便與銀河聯盟交換有關此計畫的數據。當他們靠近人類時，如果他們不想被看到，他們可以保持隱形，但人類站在他們旁邊時會感到一定程度的焦慮。當然，你會發現他們主要出現在娛樂設施、精神病院等地 他們的船很小，呈銀色金屬球形外觀，上面帶有橫向的窗戶和燈帶。他們已知道區速移動和彎曲空間。

Ahel

他們最初的家園是第四行星：瑪雅。這是一個安靜祥和的世界，一個和諧而精神的文化，這就是我祖先的世界。瑪雅人是我們所有人的母親，我們的血液和骨骼最初是從這片土地上創造出來的。瑪雅人作為連接我們所有人的樞紐，至今還深存在我們類人族族的記憶中。Ahil 擁有白皙的皮膚以及金色或淺棕色的頭髮，眼睛可能是藍色或綠色的任何色調。

我們祖先建立的文化是宏偉的、高度靈性且智慧的。據說，我們的城市從水中一排一排的水晶塔升起，觸碰著蒼白七月下柔軟的紫色雲彩。海洋、山脊和繁茂的山谷，處處都在庇護著向 Ahil 種族進化的寶貴生命。我們被引導、相信我們是第一個誕生，並居住在其他星系行星的人類。我們的恆星也有「母親」的名字，意旨為「來源」。也就是 Mana（所有母親的偉大母親）。我們的恆星名是由 Ahel 在他們第一次了解到所有恆星都是偉大源頭時給的。Ahil 一直非常重視教育，肯定知識就是力量。他們並不會灌輸人們特定的觀念，而是用方法來識別孩子的素質，幫助他們發揮最佳潛能。至今我們的大多數殖民地仍然採用這種制度。

Akhabongat

他們生活在一個名為「K7」的三個行星系中。他們是生活土丘裡或地下城市裡的爬蟲物種，因為他們星系的太陽已經老化，會散發出更熱的輻射，對他們的相貌有害。他們是銀河世界聯盟的成員，但不會過多干涉外交，因為他們種族已經被迫退休。Akhabongat是和平安靜的物種。他們主要以他們居住地中建造的巨大地下種植場作物為食。

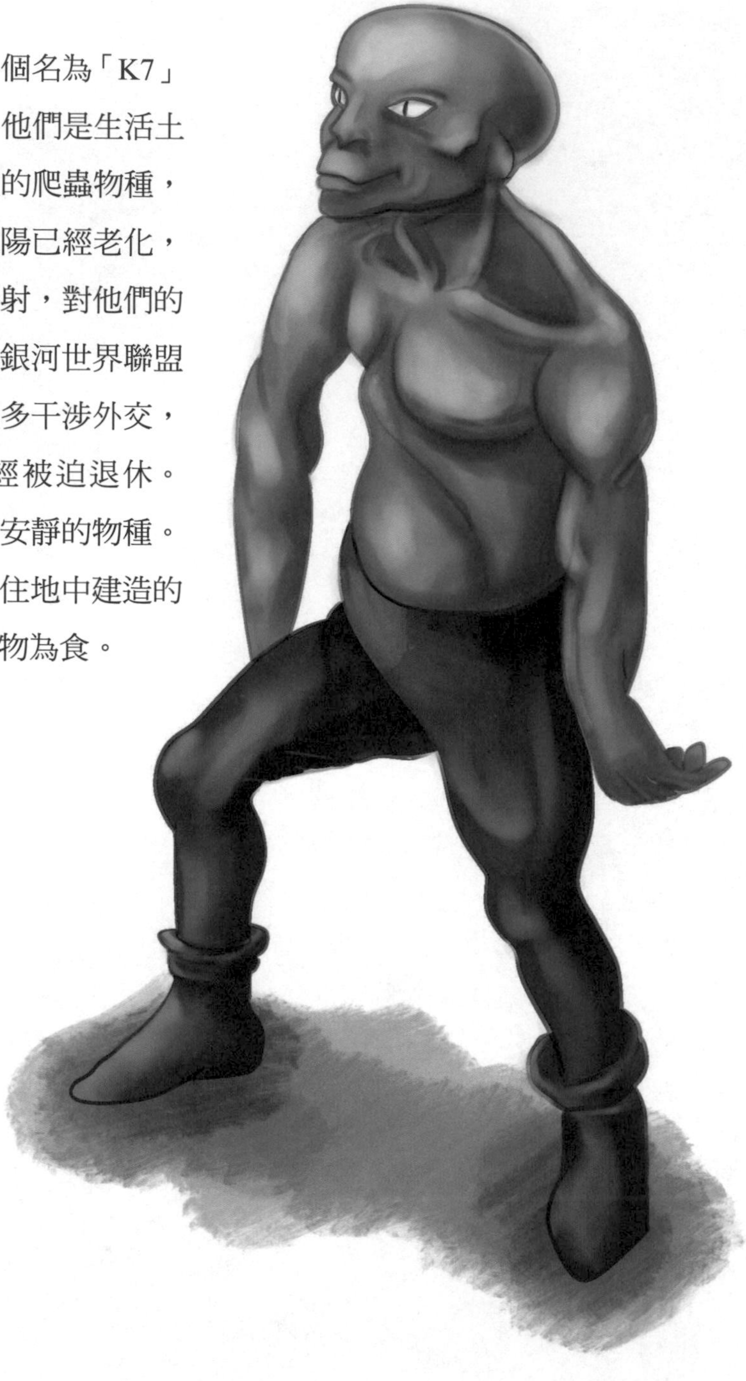

Borog Uruz

博羅格烏魯茲星系（Borog Uruz）距離地球 440 光年，由兩顆行星組成。其中主要的是一個黃色巨行星，另一個是一個較小的岩石行星。這兩顆星球都居住著爬蟲動物以及來自曼恩（Man）星系的 Laan 殖民地。Uruz（烏魯茲人）是和平的當地爬蟲人。身形不高，背上有尖尖的脊和尾巴。他們已經達到了足夠的文明水平，可以算作銀河世界聯盟的成員。他們從未到訪過地球，但由於他們與行星系中的 Laani 殖民者非常友好，烏魯茲人在銀河委員會的外交會議上多次表達了他們的聲音，支持解放人類的世界。他們的船呈短圓盤狀。

Elevar

一個 Ahel 殖民地在 Taali 之後抵達，並定居在該星系的第三顆行星：Levak-Nor。Elevar Ahil 盡 他們所能精確地複制了他們從人類世界失去的文明。有趣的是，他們在第一顆行星 Adara 與他們的鄰居和近親 Taali 進行了冷戰，這引起了人們對從 Taal 王室與 Ciakahrr 敵人之間免戰協議的關注。王室的逃亡目的地被轉移（可能從一開始就計劃好）到獵戶座的米爾扎星系（Mirza），但有一部份人被護送到 Adara 星球，且所有成員都是 Taal 社會的高級成員。

據說 Taal 難民乘坐一艘大船抵達，並伴隨著一支 Ciakahrr 艦隊，他們甚至幫助他們在新的世界中安頓下來。但這確實令人質疑。

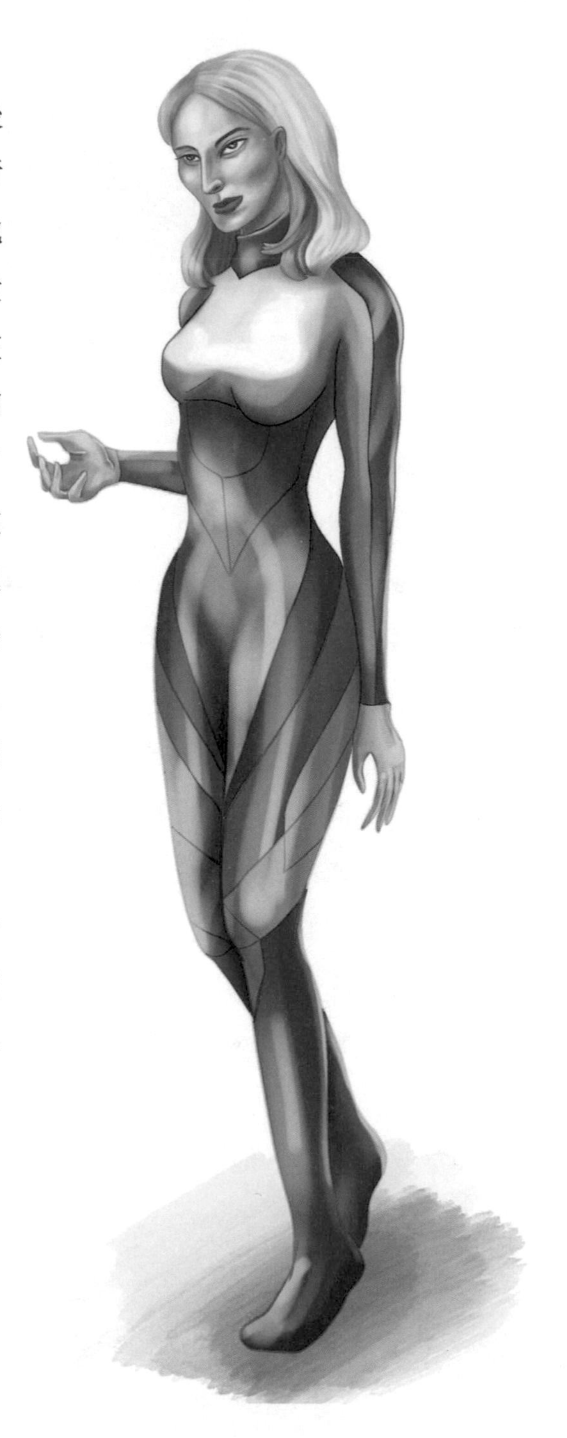

Hargalii Ayal

他們生活在 Hargaliat 三行星系統（K37）中。其中兩個是貧瘠的小行星，但天琴殖民者對第三個星球進行樣貌改造，使該星球像地球一樣，能夠提供優渥的環境條件讓生命播種。Hargaliin 是 Taal 和 Laani 的雜交種，這是一個名為「Ayel」或「Ayal」的特殊人類亞種。

他們仍然保留一些細微的貓科動物特徵，但 Ayal 有一個更人性化的外觀。他們頭髮的顏色非常豐富，且質地也各不相同。他們的臉是人類的比例，但他們的鼻了和眼睛保留了明顯的天琴人特徵。他們確實在很久以前到達了地球，甚至在中東和北非的一些領土的殖民化中扮演了拉尼人（Laani）之外的角色，然後在與恰卡赫爾（Ciakahrr）的一場殘酷戰爭後撤離。

儘管他們有參與銀河會議，但他們再也沒有回到地球。

KAA

KAA 起源於 Eekaluun 星系（L8）的兩顆行星之一。他們是和平主義的爬行動物，積極參與銀河外交。他們的世界生機勃勃，豐富的資本吸引了一些邪惡帝國的注意。好在他們世界周圍的酸性雲霧可以有效的抵擋外來物種進攻。他們的星球的環境條件非常特殊，不適合銀河系中三分之二的其他物種居住，而且他們只能穿著特製環境套裝和用特殊金屬製成的船隻離開他們的世界。因為 Kaa 無法呼吸除他們星球以外的任何其他空氣。聯盟的呼吸植入物對它們不起作用。

Laan

他們來自第一行星：Egoria。這裡是一個最壯麗的世界。不幸的是，當龐大的 Ciakahrr 艦隊接近此星系時，它也成為了 Ciakahrr 物種掠奪的第一目標。倖存者們逃到了整個行星系的中心力量所在地，同時也是 Taali 人的居住地：第三星球 Omankhera。但很顯然地，Ciakahrr 天生的屠戮暴虐性格不止於第一星球，第三星球也隨即成為下一個目標。Taali 人設法藉由與入侵者談判來阻止入侵，這使四個行星上的居民有足夠時間來實施撤離計劃。他們是高大的人形生物，臉部上有美麗的貓科動物面部特徵、明顯的扁平鼻子，頭上頂著一頂長長的紅髮或金髮，其餘的身體部分都像人形。他們的耳朵小而圓，也有一條尾巴。他們

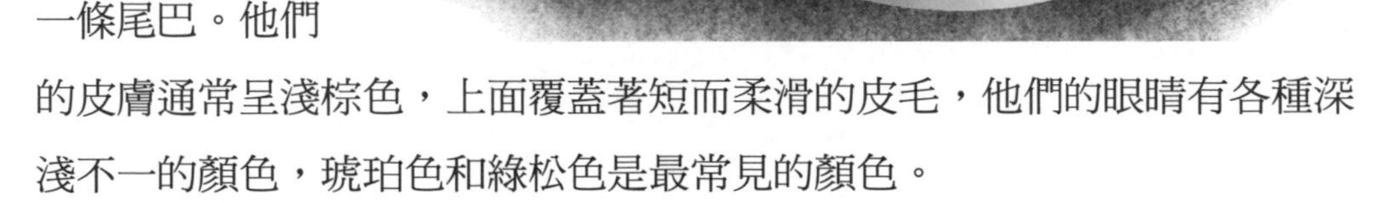

的皮膚通常呈淺棕色，上面覆蓋著短而柔滑的皮毛，他們的眼睛有各種深淺不一的顏色，琥珀色和綠松色是最常見的顏色。

他們的星球 Egoria 在被洗劫、砍掉植披成為爬蟲人的採礦設施之前，

是一個非常美麗的世界，至今仍會在我們的傳說中被提及。Egoria 上的植被有其他任何地方都沒有的璀璨，各種亮色系如金色、洋紅色、粉紅色和紫色交織構成一幅幅美麗的圖畫。天空中則閃爍著藍綠色的光芒。Laan 城市是用水晶材料建造而成的。Laani 珍視一切美、文化和藝術，例如音樂和詩歌。Laani 積極參與銀河世界聯盟，在銀河外交中扮演重要角色。Laani 大約在一百萬年前發現了 地球並在那裡定居，開始對土著原始人進行基因實驗。不久之後，Ciakahrr 帝國也到達了地球，兩派之間發生了一系列的歷史衝突，稱為人族戰爭（Terran Wars）。這是個非常激烈的暴力衝突戰爭。隨後，一些不同的物種也加入了鬥爭，例如阿努納奇（Anunnaki）。在戰爭之前，Anunnaki 已與 Laani 有領土協議，雙方之間一直以來都處於合作的狀態。

Ciakahrr 想要奴役那些經過基因升級的人類，而 Laani 和 Anunnaki 則有更好的計劃，更符合道德的計畫。這些長期戰鬥的結果，導致了整個文明的滅亡，最終以 Ciakahrr 和 Nagai 陣營躲入地下而告終，其餘的軍隊則離開了人類星系。如今，Lanni 人與銀河世界聯盟和五人委員會的其他種族一起努力，正在協助地球人精神覺醒，為提升地球和淨化陰謀集團而努力。他們有長方形的飛船。

殖民地：他們是真正的優等基因學物種。他們在整個銀河系中廣泛傳播，他們的生理機能適應新環境，並產生了廣泛的遺傳多樣性特徵，例如獵戶座卡里安星系（Carian）中的鳥類突變種。Laani 和 Taali 天生兼容，他們的混種品種被命名為「Ayal」。

Ladrakh

他們是當地的本土爬蟲人，來自第二行星：G’mun，在天狼星 B、織女星和卡瑞利亞（Karellia）都有殖民地。

Nhorr

他們生活在一個有六顆行星的雙星系中。雖然他們看起來是和藹可親的人類形，但他們其實是爬蟲人。他們特徵無疑地表明了他們的本性，尤其是他們那驚人的爬蟲類的金色大眼睛。他們有四種性別。他們是素食主義者也是和平主義者。他們喜歡彩色的衣服和人體彩繪。他們的文化以藝術為基源，在音樂方面上尤盛。不可否認的是，Nhorr 音樂非常著名。他們使用空靈的聲波、水晶樂器和色彩頻率，創造出一種影響心靈和靈魂的獨特藝術。他們從未與地球的歷史互動。儘管他們從未到訪過地球，但他們是銀河世界聯盟的一分子。他們的船有許多不同的形狀；Nhorr 不喜歡從眾。

Noor

Noor 來自 Tar 的第五行星。Noori 的身材非常高大，肌肉發達。他們有藍色、綠色以及清澈的灰色眼睛。頭髮呈紅色或白皙的金色。他們有敏感性的肌膚。這種敏感性是由於他們 Mana 矮星的成分和輻射造成的。生活在第四行星 Ahil 的另一個皮膚白皙種族也有這種敏感性的肌膚。

Noori 從最一開始就是以探險者聞明。他們曾經在其他幾個世界落地生根。在大約一百萬年前也造訪了地球。他們現在與銀河世界聯盟合作，他們是該聯盟的成員。

Noori 種族的一個後裔分支，在適應了地球附近新世界的條件後，演化出了紅色頭髮。Noori 的這個種族也曾造訪了地球，在這裡他們與人混種，並被人們銘記為巨大的紅髮傳奇生物。

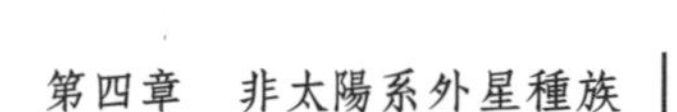

Orman

Orman 居住在 K7 行星系中的第三顆行星。他們是來自 Laan 的殖民地，通過基因同化與進化成當地的生命形式，以適應新的環境條件。最初他們是具有貓科動物特徵的類人種，與當地的爬行動物混雜在一起。隨著時間的推移，這個獨特的物種中穩定地下來，也被稱為 Orman。Orman 相貌比原始 Laani 小，結合了貓科動物的特徵和爬行動物生物學。他們不與地球互動，但他們是銀河世界聯盟的成員，是一個值得一提的特殊種族。

Ozman

他們的家園位於第四星球：Ozma。他們是崇尚和平的類人種族。

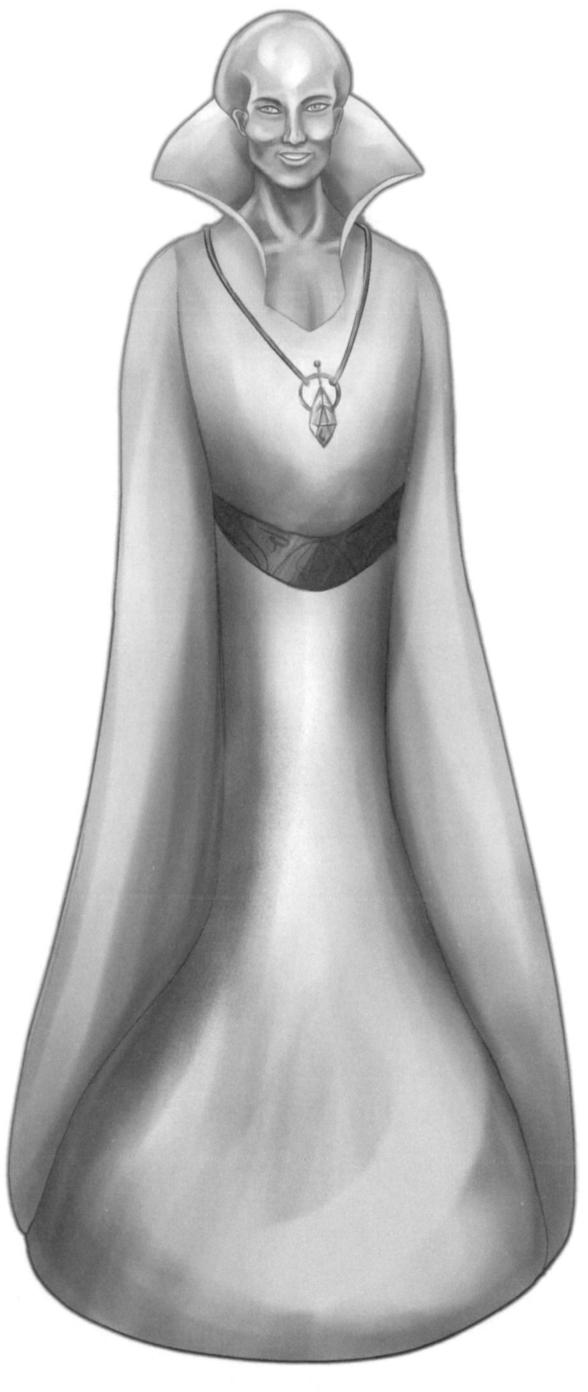

早在天琴戰爭和他們的難民殖民地之前就在這裡播種。儘管他們有親緣關係，但他們比Adara星球上的Taali進化的層次更深。他們高大無毛，頭蓋骨體積隨著適應性進化而擴大。他們的臉形是三角形的，他們的皮膚是淡灰粉色的，眼睛蒼白，耳朵幾乎看不見，嘴巴窄但有嘴唇，鼻子又長又窄。他們喜歡穿著高領寬長袖的長袍，這讓他們看起來很迷人。Ozman星球外觀相當陰鬱，但城市主義的優雅令人印象深刻，與黑暗的火山景觀形成鮮明對比；他們有綠色的半透明建築和圓頂，很少有高架建築。他們是銀河世界聯盟保護地球計劃的一部分，並作為熟練的和平大使參與外交活動。他們有很好的長飛船。

Puxhity

他們居住在天琴星座奧爾米卡（Olmeeka）的第四行星：Ozma，並且是 Noori 其中一個有趣的分支種族，有幸地逃離了天琴戰爭。一個古老的 Taal 殖民者已經在那裡定居，因此 Puxhity 選擇了這個目的地，並逐漸地適應他們的新世界，最後演化成了紅頭髮。這個 Noori 分支種族也曾經到訪地球，在那裡他們與人類混種並被人們銘記為巨大的紅髮傳奇人物。他們對美國南部和中部的幾個土著部落發展具有非常大的影響力，也留下了許多痕跡，特別是他們星系的名字－「奧爾米卡」，以及被稱為「奧爾梅克」星人（Olmek）。曾經有超過 2000 名種族成員生活在地球人類中。他們在地球領土緊張局勢加劇時離開了，只留下其中的 25 人去引導人類。

Taal

他們的家園位於曼恩星系（Man）的第 3 顆行星：阿曼赫拉（Oman Khera），意即中央力量所在。雖然 Taal 是 Ahel 的姐妹種族，但 Taal 在皮膚、眼睛和頭髮顏色方面表現出更大的多樣性，就像在地球上的多樣性一樣。他們是一個靈性且提倡和平主義者的物種。他們有嚴格的道德準則。他們會尊重每個個體的個人參與，以至於他們經常被誤認為冷酷無情。正是在他們的家鄉阿曼赫拉星球上，為曼恩星系組建了政府。它按照君主制的等級制度組織。該組織是有主持 25 人的議會，以及 300 名參議員的議會。Taal 文化和教育與 Ahel 傳統相似，但靈性有所不同；高深的修行者基於身體是精神提升的障礙這一思想而實踐一種苦行精神，與將身體用作連接更高意識現實工具的阿希爾（Ahel）相反。

在天琴座戰爭期間，Taal 政府巧妙地與 Ciakahrr 爾入侵者達成協議，允許他們拯救他們的文化並護送王室前往附近星系的織女星，以換取不明確的安排。很久以後才發現，他們逃跑的目的地變成了獵戶座地區的米爾扎（Mirza）。作為銀河世界聯盟的一部分，昴宿星人的特梅爾（Temer）殖民地對地球的解放發揮了積極的作用。他們的船很小，根據殖民地的不同有許多不同的形狀。

金牛座 Taurus

星座基本資料：

赤經：4

赤緯：+15

面積：797 平方度（排名第十七）

代表物：公牛

星座內最亮的一顆恆星（絕對星等）：金牛座 119

星座內肉眼可見最亮的一顆恆星（視星等）：

畢宿五

星座內距離地球最近的一顆恆星：葛利斯 176

出現的外星物種：類人、未知

天球星空圖 ↓

天球赤經緯圖 →

星座背景故事：

金牛座——越洋渡海的大公牛

金牛座 119 星空圖

其中一個著名的金牛座故事起源於一位名叫歐羅巴（Europa）的女子。她是腓尼基（Phoenicia）國王阿吉諾（Agenor）與特里孚莎 （Telephassa）的女兒。據說歐羅巴外貌出眾、美若天仙，宙斯一見到她就瘋狂地愛上了她。為了要擄獲這位美麗的女子，宙斯就把自己化身成了一隻又美又白的同的公牛，偷偷地混入了歐羅巴負責照顧的牛群，等待著能夠綁走歐羅巴的機會。無庸置疑的是，宙斯所變成的牛非常顯目。牠的膚色就像是初雪般一樣的雪白，牠的牛角就像是打磨過的金屬一樣閃閃發光。也因此，在見到這頭與眾不同的公牛後，歐羅巴就立刻被這頭大白牛迷住了。於是牠便開始撫摸牠的脖子、輕拍牠的肩膀，還把摘下來的鮮花擺在了牛角上當作裝飾。公牛示意歐羅巴可以爬到牠的背上。歐羅巴不疑有他，旋即爬到了公牛的背上。公牛見此，立即朝著海洋的地方奔去。起初，當公牛在水裡划水時，歐羅巴還覺得很驚奇、很新鮮。但公牛開始越游越遠、海岸線也漸漸地消失在了盡頭。這頭公牛就這樣地橫渡了大海。歐羅巴只能緊緊的抓住牠。宙斯游到了克里特 （Crete）後，便從公牛的型態轉變回他神聖的體態。為了紀念他自己成功綁架了歐羅巴的功績，他便把公牛的形狀放在了星空裡。

畢宿五星空圖

葛利斯 176 星空圖

起源地為金牛座的外星種族：

A. 昴宿星人 Pleiadians

🕮 來自：銀河系金牛座

🕮 種類：類人

🕮 外觀：大眼睛、金髮

🕮 身高：150-210 公分

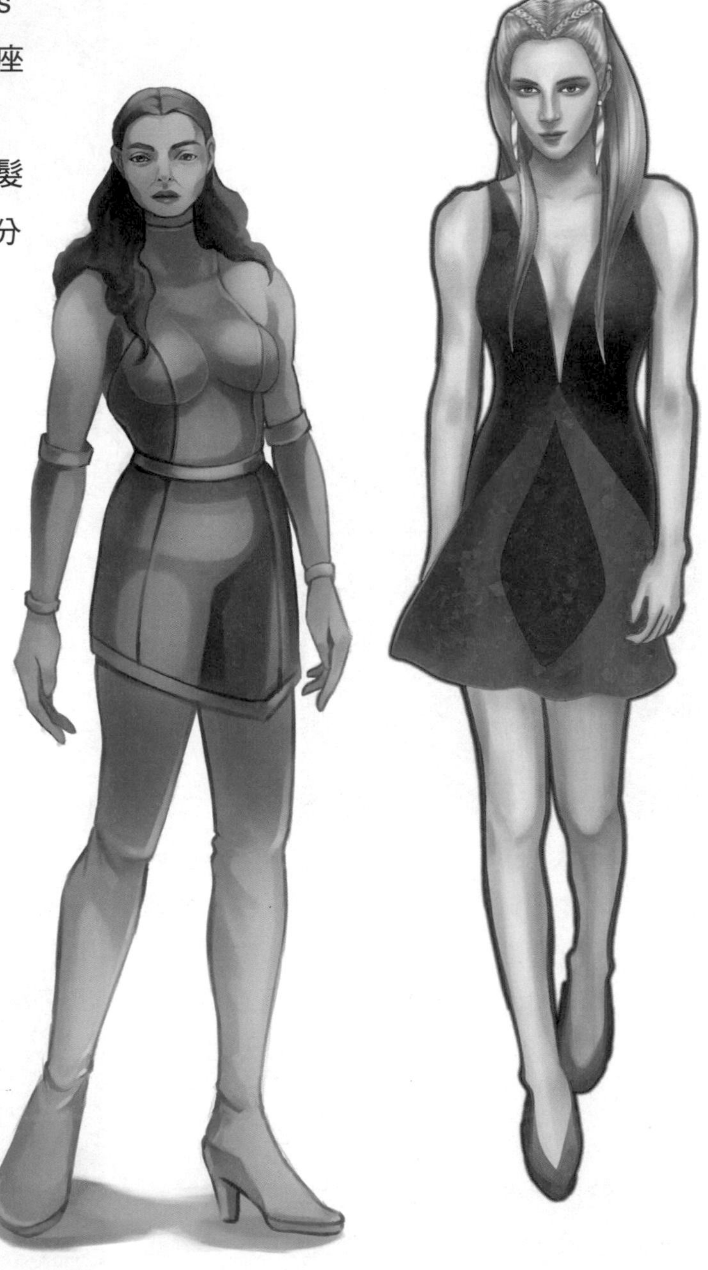

宿星人源於天琴族，他們曾經住在地球上，後來搬到昴宿星團。他們追求和諧、真理、無條件的精神成長。他們曾經參與了獵戶座的鬥爭，並像他們自己潛伏的影子一樣，積極地對抗負面獵戶星人。他們並沒有尋找內心的真理。相反的，而是把自己的仇恨永存在消極情緒裡。後來，他們再次來到地球以幫助地球發展。

金牛座的一個星團：昴宿星團

B. 七重規律星人 Plejaren 或 伊柔星人 Errans

🕮 來自：銀河系金牛座

🕮 種類：類人

🕮 外觀：與人類差不多，但皮膚有綠色色調

🕮 身高：150-210 公分

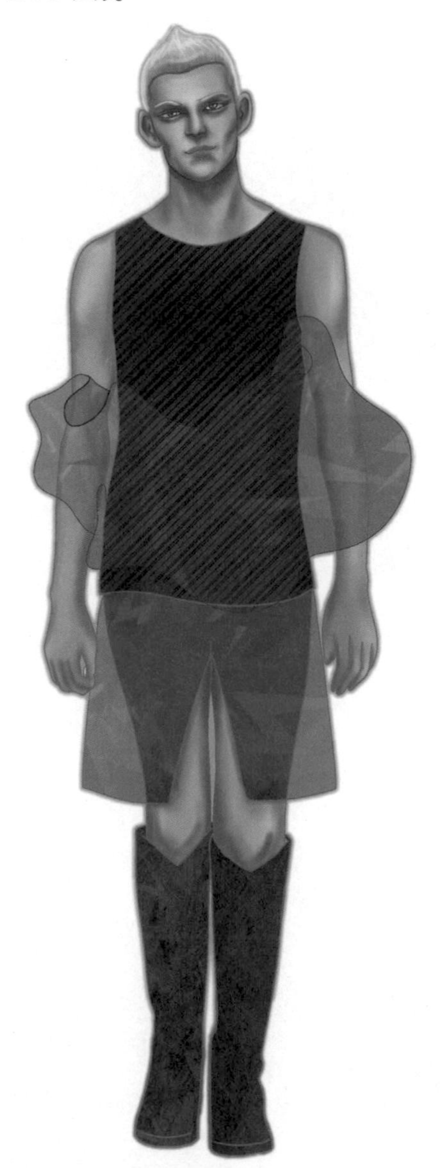

比利的許多接觸者都來自伊柔星（Erra），一顆位於宇宙七重規律星系（Plejaren system）的星球。他們平均壽命為1000年，並根據精神智慧和進化水平來選擇領導人。人民和個人的絕對和平與自由為主流。因此沒有發生任何戰爭或其他敵對行為。一種能夠保證絕對安全的新能源獲取技術在全世界的大災難後才被製造出來。這場災難起因為原子反應堆爆炸，導致了有大片區域長時間被核輻射污染。伊柔星上沒有道路。糧食、能源和住房免費。有多層螺旋建築，但沒有摩天大廈。住宅樓之間設有帶人行道的廣大公園和花園設施。所有的性傳播疾病已被消除。伊柔星上的男人和女人都不是同性戀或雙性戀，因為這種良性和自然的遺傳疾病已通過基因操縱得以消除。

溫德爾（Wendelle Stevens）在「與昴宿星團幽浮的接觸」裡解釋道，伊柔星實際上是被先來到地球的天琴血統居住，之後因為戰爭也在這裡發生，才搬回昴宿星團。所以伊柔星人是那些搬到昴宿星團的天琴地球殖民者。

金牛座的一個星雲：NGC1514

C. 艾克湯星人 Ectom

🕮 來自：銀河系金牛座

🕮 種類：類人

🕮 外觀：與人類相似

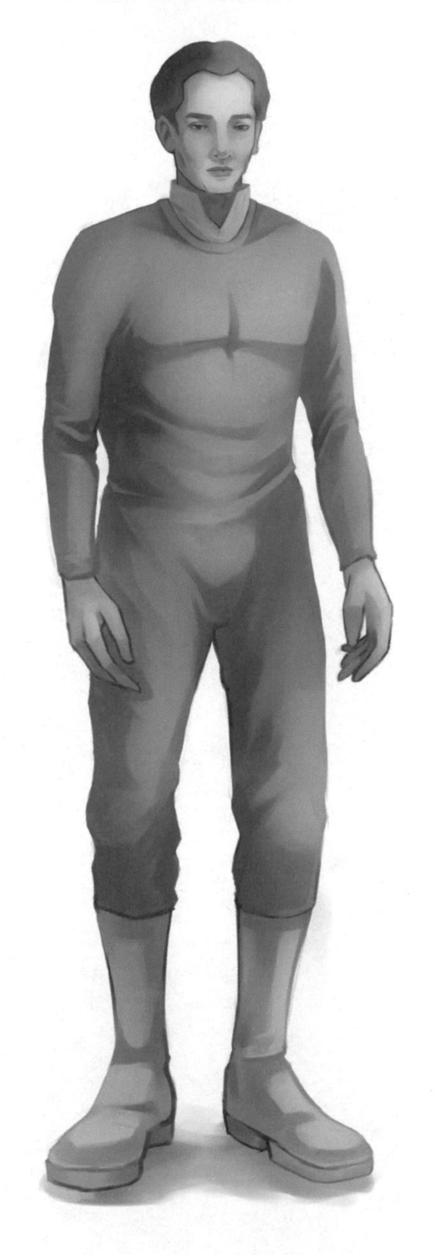

這是一個很著名的接觸案例。位於厄瓜多的艾瑪拉部落成員被要求參與某種的配種計畫。Jose 和 Graciela 是兩位最先與該生命體接觸的人。從厄瓜多西南部來的 Jose，在河邊被一個生命體靠近。這個來自 Ectom 星球的生命體問他和他太太 Graciela 願不願意用外星人的受精卵來生孩子。Etcom 外星人的目的是將人類的情感知覺傳遞給他們種族。在幾萬世以來他們幾乎已經全部失去了情感。Ectom 外星人希望這個實驗過程能夠幫助他們成功恢復他們好幾代人已經失去的情感。厄瓜多爾地區同時還有另外八名土著婦女參與了這實驗。其他消息來源補充道，Graciela 在他們同意生孩子前就已經無法再生產，但後來卻能夠懷孕。孩子出生後，外星人將他們總集起來，再也沒有人見過他們。

金牛座的一個恆星：五車五

D. 曼陀羅星人 Mandala

🕮 來自：銀河系金牛座

🕮 種類：未知

🕮 外觀：未知

曼陀羅（Mandala）曾經也是一個星球的名字。麗莎（Lyssa Royal）的昴宿星人接觸者莎夏（Sasha）稱從此處來。更確切地說，莎夏的家鄉在昴宿星團鄰近地區，是250個其中一個有被居住的世界。

金牛座的一個恆星：畢宿四

E. 畢宿星人 Hyadeans

📖 來自：銀河系金牛座

📖 種類：類人

📖 外觀：與北歐人相似

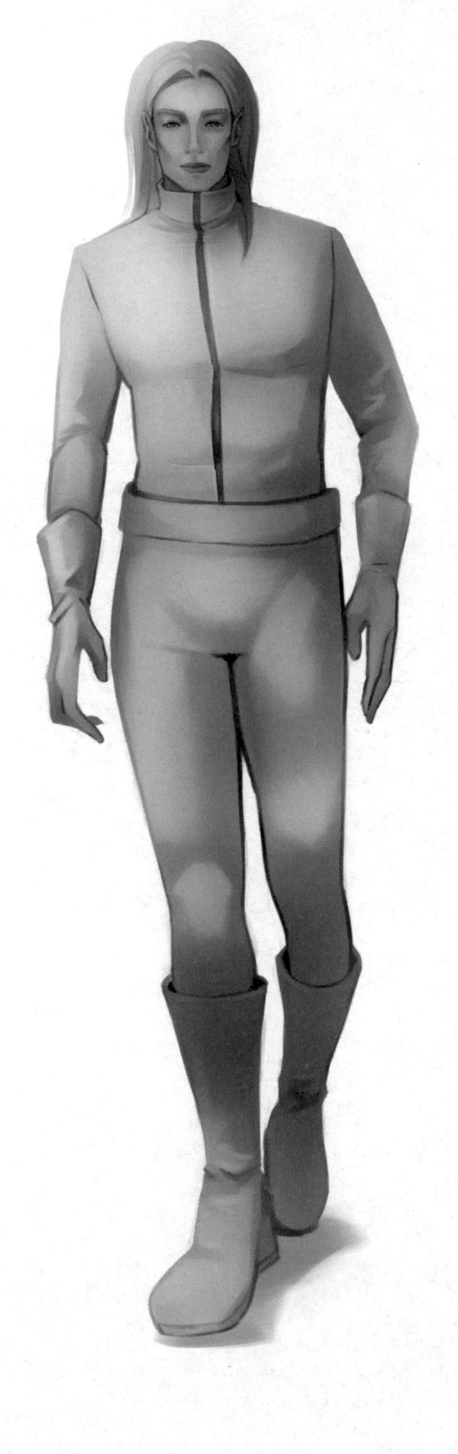

在第一次大規模銀河衝突之後，畢宿星團人是天琴座的難民。當天琴人的家鄉阿瓦隆（Avalon）被慘無人道的爬蟲人侵略者摧毀時，那個星系的居民外逃到整個銀河系。雖然有許多人逃到昴宿星團和一些其他的星系，但這些天琴星中的一些人進入了畢宿星團，開始了新家的生活。
畢宿星團人的銀河外交活動遠不如昴宿星團人。儘管據報導說他們是在地球上的聯絡人，關於畢宿星團人的報導還是少之又少。據說畢宿星團人是類人動物，看起來與昴宿星團人非常相似，並且具有和「北歐人」相似的外觀。畢宿星文明作為了一個「前沿」領土，讓天琴人能夠尋求庇護，免於侵略者的攻擊。自從畢宿星文明漸漸成長與蓬勃發展後，他們的生活遍布整個畢宿星流。

金牛座的一個恆星：畢宿三

F. 比亞瓦星人 Biiaviians

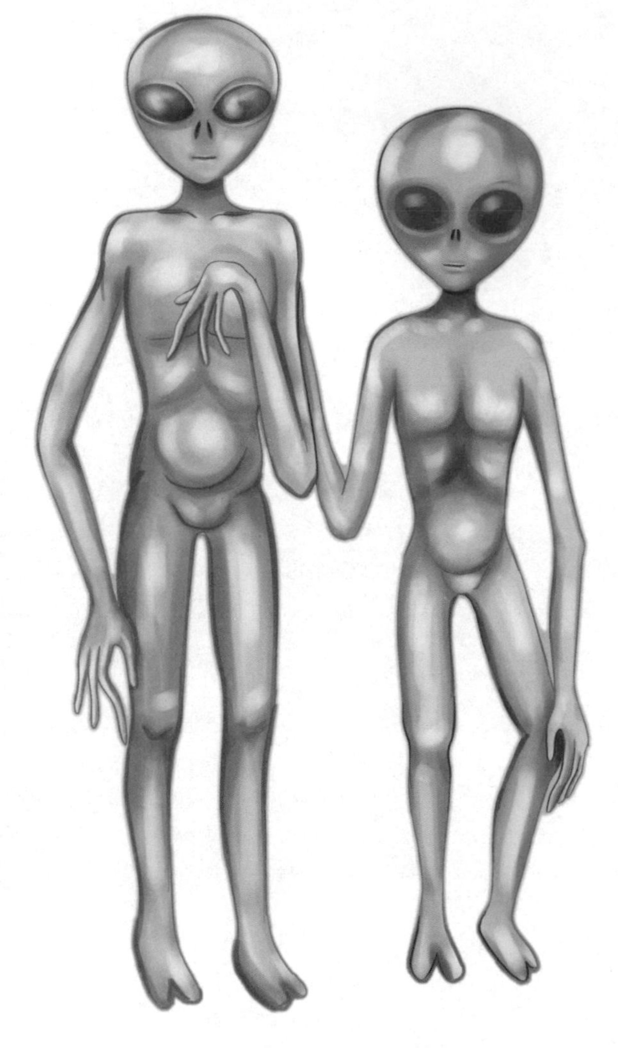

🕮 來自：銀河系金牛座

🕮 種類：類人

🕮 外觀：男性大約 1.2 米高，女性則是矮個幾吋。實際上，男性和女性在特徵上略有不同。以身體的比例來說，頭部明顯大於正常大小。眼睛巨大、不眨眼的橢圓狀。男性的眼睛是淺淺的金色，女性的眼睛是藍色的。他們眼睛周圍的陰影往往會隨著光線和感情的變化而轉變。

他們的手臂很長，指尖幾乎可以觸碰到膝蓋。他們的腳看起來很平坦、且些微的岔開。他們的手又長又細，只有三隻手指和一隻大拇指。食指比中指長。他們沒有外耳，而是在耳朵應該在的地方有一個小孔。鼻子沒有軟骨，在臉上幾乎呈扁平狀。嘴唇薄，像一個在臉上的縫。牙齒細小而整齊，像嬰兒的牙齒。下巴尖銳且收縮，使臉部呈卵狀。

女性的膚色是灰白的，男性的是黃褐色或金色。膚色有時也會發生變化。不是整個顏色變化，而是細微的改變。他們看起來並不像危險的怪物，但也不能說可愛。他們不會用嘴說話，而是通過心靈感應交流。

萊利（Riley Martin）在他的書「the coming of Tan」裡提到一個非人種族，稱作比亞維安人（Biiaviian）。

他們是居住在離地球 450 光年距離的比亞韋（Biaveh）星球上。該星球位於金牛座上。連同其他六個種族，他們將在土星附近擁有母艦。他們不會用嘴說話，而是通過心靈感應交流。

萊利聲稱比亞維安人在 7000 萬年前就參與了地球的銀河史。他們與塔克（Targ）的戰爭擴散到太陽系。也就是在當時他們決定把所有地球上塔克血統的恐龍生命全部滅除。

萊利聲稱自己已經與其中一位比亞維安人譚（Tan）聯繫了大約 50 年。

金牛座的一個恆星：畢宿一

G. 奧德貝恩星人 Aldebaran

📖 來自：銀河系金牛座

📖 種類：未知

📖 外觀：未知

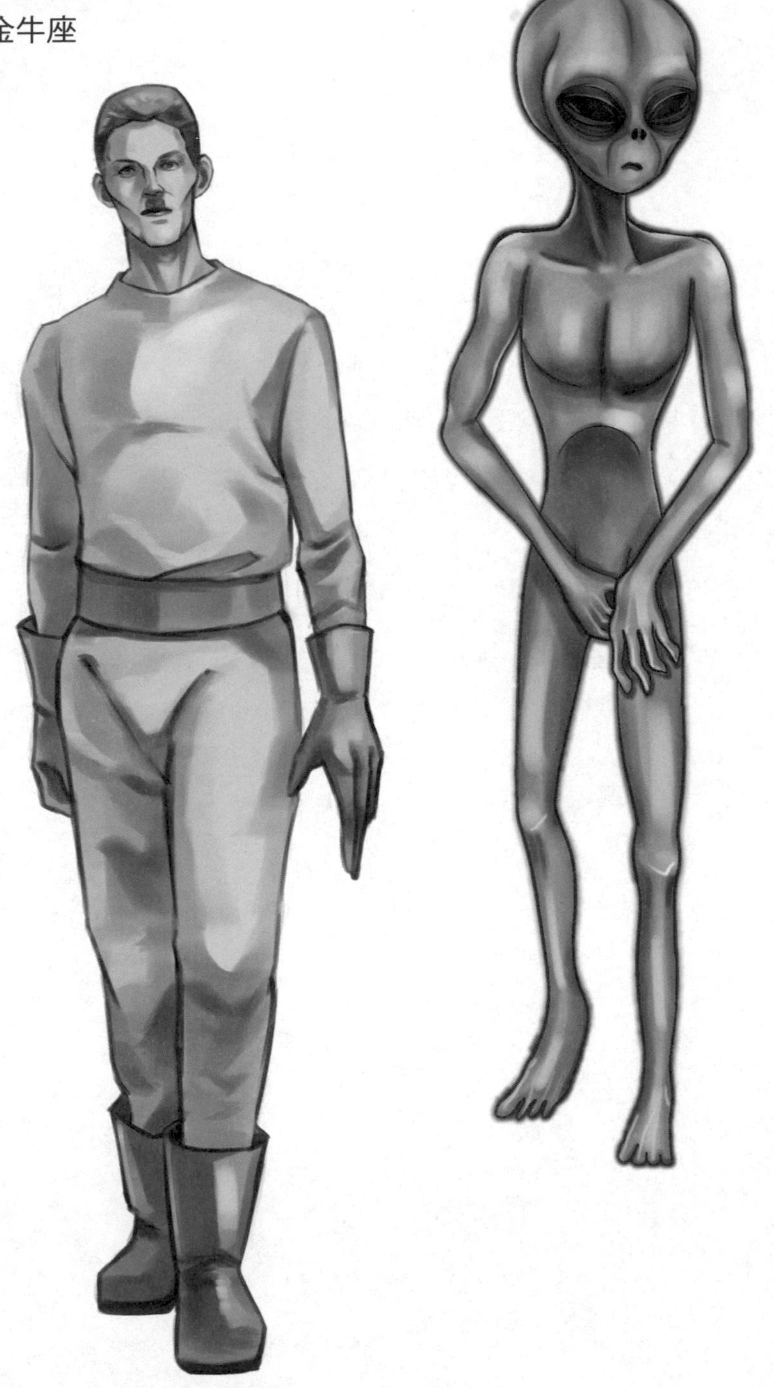

一般認為畢宿五星人是類人種族。主要是天琴高加索族，也因此與天琴人、昴宿星人和一些天狼人有基因上的關聯。據說他們經常與這些種族互動。據稱一些昴宿星人和一些畢宿五星人的叛徒加入了天龍帝國。一些消息來源還聲稱希特勒曾經與他們聯繫過。

金牛座的一個恆星系統：畢宿六

H. 艾利安星人 Arian

🕮 來自：銀河系金牛座

🕮 種類：類人

🕮 外觀：高加索人樣，雖然有些人的眼睛略斜，看起來帶有東方色彩。男性約 2-3 米高，女性約 2 米高。他們有各種顏色的頭髮：褐、紅甚至連藍色都有。當他們被遇見時，他們戴着頭盔，穿銀色的緊身衣。

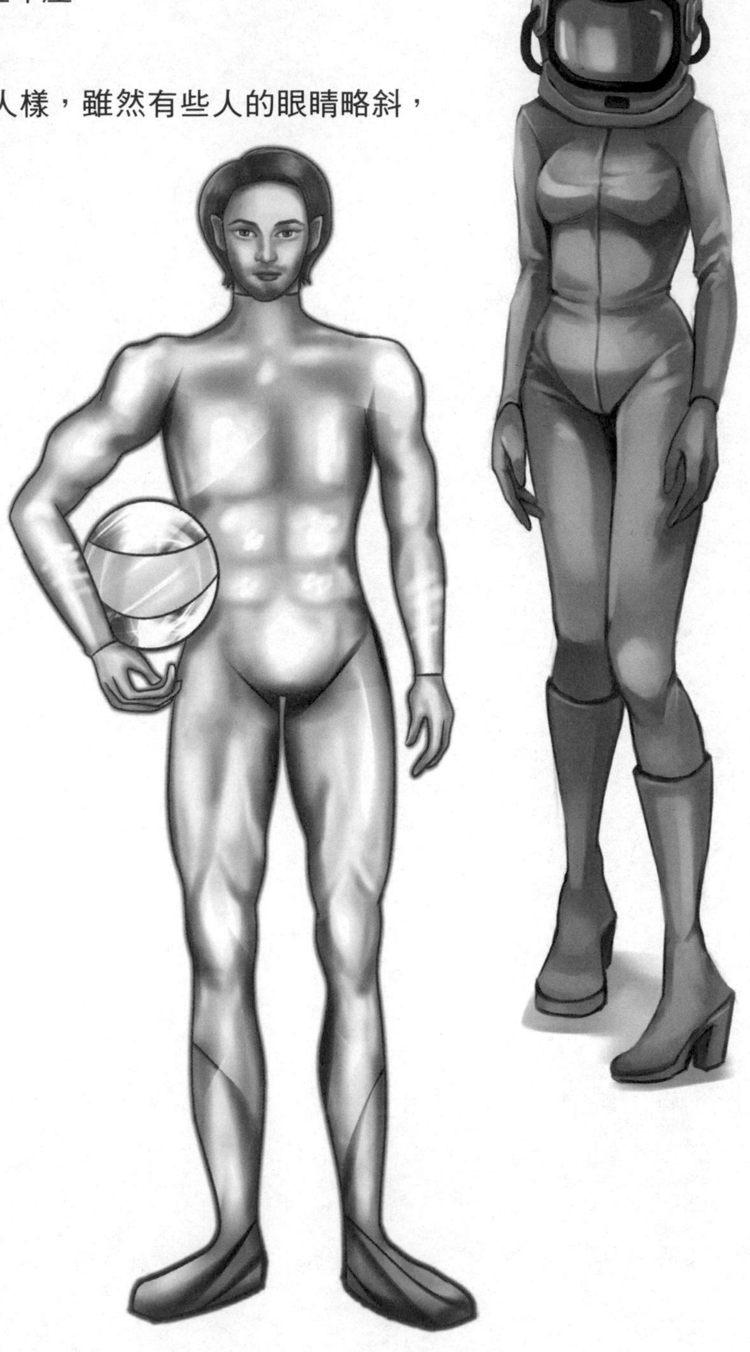

這是一個跟馬丁・維森格倫（Martin Wiesengrün，筆名）有關的接觸紀錄，由溫德爾（Wendelle Stevens）所研究。接觸始於 1957 年的夏天，位於格洛韋呂根島波羅的海沿岸，也就是前東德所在。他當時 15 歲。他應邀在他們的飛船上停留 3 天，以接受他們為他計劃好的教育，這當中包括我們太陽系以及其他行星的歷史。順帶一提，船上的食物主要是素食，是他從地球上就知道的水果和蔬菜。但是好像也吃魚。

在飛船上他遇見了一些種族，其中一個來自亞利安（Arian）。他聲稱他們是地球人的遠親 - 這是另一個例子，體現出現在有多少外星人回到他們家鄉來指導和幫助他們的「老親戚」。他們告訴他，他們平均可以活 235 亞利安年，差不多是 4742 地球年。他們曾經居住在地球－位於現今的格陵蘭島－而且在 6500 萬年前，有一顆小行星撞擊地球。他們還提到亞特蘭提斯和第五行星（現已不存在）。

金牛座的一個恆星：畢宿八

I. 烏魯星人 Uru

🕮 來自：銀河系金牛座

🕮 種類：類人

🕮 外觀：與歐洲人相似。約 170 公分高。有些是棕色的皮膚。

這是一個跟馬丁·維森格倫（Martin Wiesengrün，筆名）有關的接觸紀錄，由溫德爾（Wendelle Stevens）所調查。

船上主要是亞利安人，但他也有見到其他種族。其中一個來自 Uru 星，是第二個環繞著 Raula 的星球。他們看起像歐洲人，大約 1.7 米高，有些人皮膚呈褐色。

金牛座的一個恆星：天高一

Alkhorhu

Ashaaru 的第五顆行星 Alkhorat 是一個「寧靜的地方」，目前居住著 Noor 殖民者的後代，名為 Alkhorhu。正如您所記得的，Noori 與 Ahil 具有相同的遺傳根源，但存在一些生理差異，特別是其體型可以達到 8 英尺高。Alkhori 與 Ahil 和 Taali 的壽命一樣長，也就是說可以活到 500 至 700 年間，但由於棲息地條件的連續變化使他們發生了基因改變。不曉得你還記不記得，Noori 人喜歡旅行。這種不幸的改變使他們的內臟器官衰竭，因為內部器官的生長速度不如身體外層那麼快。一般來說，心臟會首先衰竭。所有 Ashaari 都是銀河世界聯盟的成員。Noori 人參與了人族的事務。他們還參與了地球的歷史，建立了殖民地。人類神話中保存著作為 Noor 種族之一的紅髮巨人記錄。他們的船是 Ashaari 型的，與 Errahil 和 T-mari 的相同。

D'akoorhu

D'Akoorhu 居住在 Dakoorat 行星上、一個被稱為「和平守護者的地方」。現在，這是第四個 Ashaari 種族，從 Alkhorat 獨特進化的 Noori 誕生而來。他們就是所謂的「光之昴宿星人」。他們是人類種族中進化的最高水平，他們居住在第九維度中，在一個隨著自身提升而轉變的世界上。人們相信，這種非凡的光生物發展是由於 Dakoorat 的性質。Dakoorat 是 Ashaari 系統最外層的行星，它的結構是晶體，並與星團的等離子體場分子相互作用。這顯示出了 Noori 基因的無限可能性，這群殖民者將他們的身體變成了半透明的空靈靈體，使他們的壽命能夠達到令人難以置信的地步。他們會在他們願意的時候「離開」，也就是當他們覺得他們已經完成了他們的使命，然後在帶著新的使命歸來。D'Akoori 聰明且非常強大，他們是聯邦委員會的一部分，也在地球的揚升轉變場中工作，進行及其頻率電網的維護。他們使用的是跨維度幾何共振能量驅動的空靈飛船。通常以菱形或多面棱鏡形體出現。

Errahel

這就是我來自的地方，Taygeta 星系的第二行星：Erra，也就是「知識的聖地」。這裡保存著整個人類文明的實物檔案和記錄。我們需要 14 小時才能到達地球，以曲速行動的話僅需 4 小時。Erra 是一個溫暖、氣候適宜的星球，維持著各種各樣的生命形式和生物劃區。這顆行星的地殼主要是矽酸鹽。我們從我們的家鄉 Maya 世界進口了許多植物和動物物種，用這五個氣候區重建了我們的自然生物棲息地：熱帶、副熱帶、溫帶、冰川和極地。我們有四季、雨雪、茂密的森林、幽深的山谷、迷人的海岸線和無數的高山。這是一個有著七個月亮的壯麗世界，從太空中往下看能清楚的看見藍綠色星球。

這個世界由 Ahel 殖民者所居住。他們有白皙的皮膚，藍色的眼睛，是來自瑪雅的金髮種族。Errahel 已成長為一個深具靈性的種族，陶養實現內心平靜和提升藝術精神，如空靈的音樂、舞蹈、視覺藝術和愛情。這對 Ahil 來說是非常特別的：由於其天然的光敏性（為了適應我們的 Ashaara 恆星）以及我們的遺傳遺產，我們的皮膚對感官接觸異常敏感。我們會將生殖功能與意識感官區分開來。

Jadaiahil

他們是從天琴座戰爭中流放的眾多阿赫勒殖民地之一。

Jadaii Nemessi

這群生物是高維度生命體，是金牛座的原住民，生活在第九維度平面上。他們一直以來都沒有興趣與地球人或銀河世界聯盟互動，但他們與當地的阿努納奇（Anunnaki）殖民地保持著密切的關係。由於他們不是銀河世界聯盟的成員，因此我們對他們所知甚少。

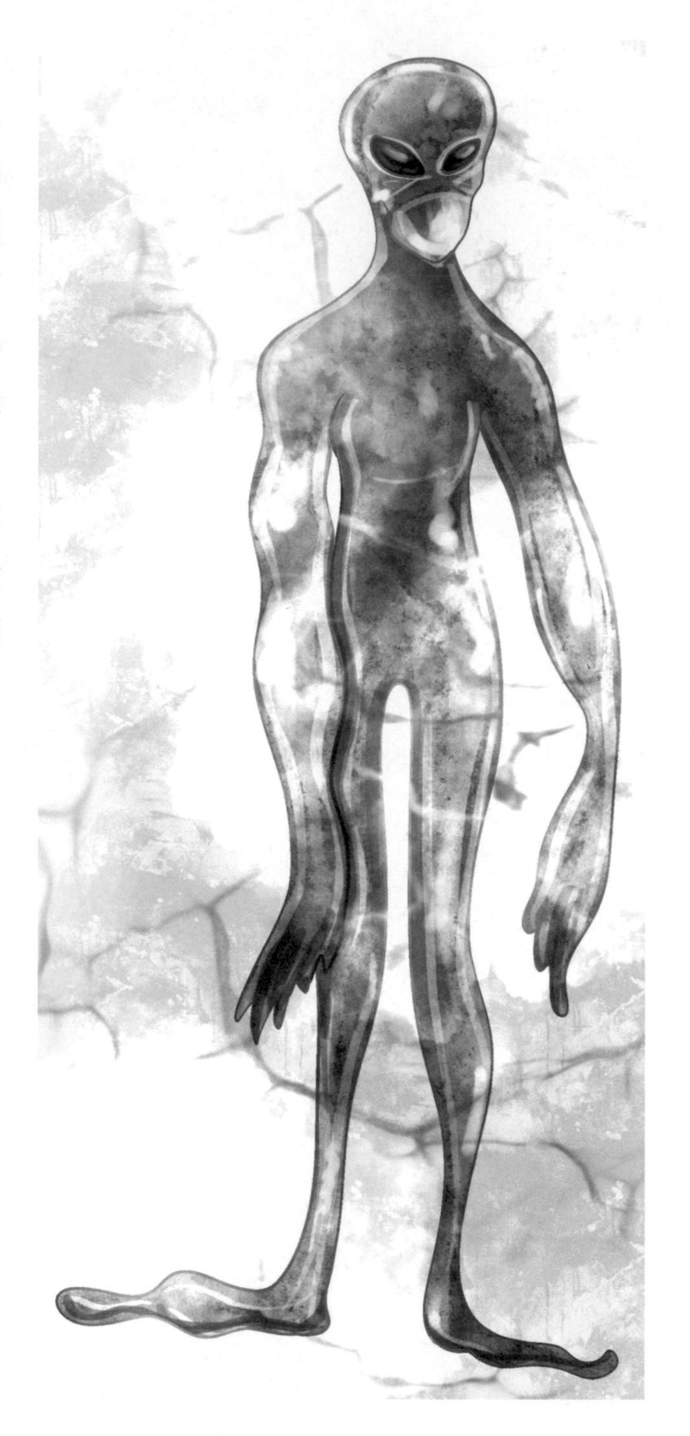

Janosian

他們居住在金牛座 Jada 星系的第七顆行星「Kora 361」。「Kora 361」在阿努納奇（Anunnaki）語言中是「前哨站 361」的意思。這說明了他們種族的存在範圍非常的廣，在這個星系以及更遠的地方都有他們的存在。這顆藍色行星有 4 個衛星，屬於亞熱帶溫帶敦度。這顆星球是仿地改造的，但這並不奇怪。他們是一個被流放的族群。當他們位於火星和木星之間的 Janos 行星被 Maytrei 摧毀時，他們就離開了太陽系。這些人在 1919 年與人族通靈者 Maria Orsic 取得了聯繫，用他們仍在使用的古老人族語言－蘇美爾語－來表達自己：蘇美爾語。

Taal Shiar

他們把自己命名為「Taal Shiar」，將自己的行星命名為「Taalihara」。該行星圍繞著 Alcyone 主行星運行。他們試圖在那裡建立他們自己的小帝國，但在獵戶座和 Ciakahrr 帝國的強大威脅下，這是幾乎不可能的。由於他們兄弟 Taygetans 的反對，他們沒有加入銀河世界聯盟，而是與 Ashtar、Altair 集團以及獵戶座的一些邪惡集團結盟。他們捲入了地球上 Cabal 的惡行，給人族帶來了痛苦的恥辱。他們還把 Alcyone 星系裡的一個世界給了爬蟲族。

T-Marhu Taal

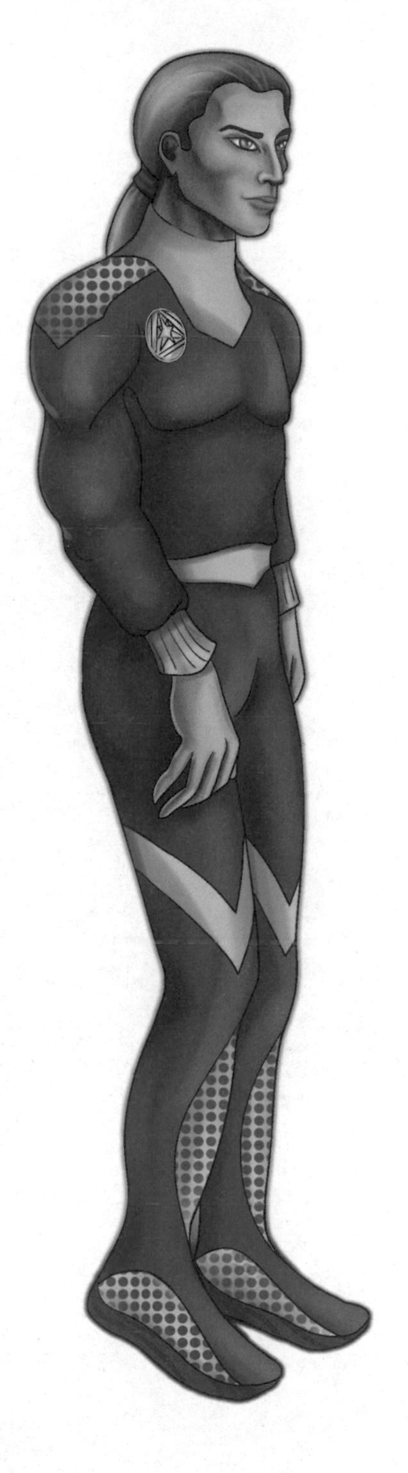

T-mar 是 Ashaaru 星系的第三顆行星。它是一個比 Erra 還小的世界，不過卻是 Ashara 星系的行政中心。T-mar 氣候溫和，物種繁盛，人口也比 Erra 的比例更高。T-marhu 是來自 Omankhera 的 Taal 殖民者。正如我們所知，曾經統治著人類種族的整個 Taal 王室已經逃到了獵戶座地區並消失在大家的遺忘之中。因此在 T-mar 星球上，由一位女性皇室後裔和一位軍事英雄聯合組成新政府。Taali 人是 Ahil 人的近親，但有一些差異，例如他們的營養來源；他們是雜食性動物，這意味著他們吃肉，也使得他們更難以將頻率提升到更高的密度。因此，他們更容易受到爬蟲人和灰人等低頻種族的影響，這就是為什麼在地球的軍事行動中他們只從事幕後工作。此外，他們的靈性也不是像他們的兄弟 Ahil 那樣基於知性和理性，而是基於苦行的方法，這給他們帶來了冷漠的印象。T-mari 參與了世界銀河聯邦。儘管他們常常造訪地球，但他們從未真正建立過一個持久的殖民地。他們的船是圓盤形的，與 Ahel 船非常相似。這三個種族，Noor、Ahel 和 Taal，在 Ashara 星系中共享相同的技術和工程。

仙后座 Cassiopeia

星座基本資料：

赤經：1

赤緯：60

面積：598 平方度（排名第二十五）

代表物：皇后

星座內最亮的一顆恆星（絕對星等）：王良增一

星座內肉眼可見最亮的一顆恆星（視星等）：策

星座內距離地球最近的一顆恆星：王良三

出現的外星物種：類昆蟲、未知

天球星空圖 ↓

天球赤經緯圖 →

星座背景故事：

仙后座——自大的皇后

王良增一星空圖

凱西奧佩婭（Cassiopeia）是一位自大又驕傲的人。她是衣索比亞（Ethiopia）之王克普斯（Cepheus）的妻子。克普斯星座的位子就在她旁邊。他們是唯一一對同時被列在星座裡的夫妻檔。

某一天，當凱西奧佩婭在梳理長髮時，她竟膽敢聲稱她比海上的仙女寧芙們（這些人被稱為涅瑞伊得斯）都還要漂亮。區區一個凡人如此囂張跋扈，怎麼能夠不處罰她呢？於是涅瑞伊得斯們就去尋求報復的方法。涅瑞伊得斯總共有 50 位，他們都是大海長者涅羅斯（Nereus）的女兒。而其中一位名為安菲特里忒（Amphitrite）的女子嫁給了大海之神波賽頓（Poseidon）。安菲特里忒和她的姐妹們呼籲波賽頓懲治凱西奧佩婭的虛榮心。

策星空圖

海神順從了他們的請求，便派了一個怪物去蹂躪克普斯王城市的海岸。這隻怪獸就是所謂的賽特斯（鯨魚座）。為了安撫怪獸，克普斯和凱西奧佩婭便把他們的女兒安朵美達（Andromeda）鍊在一塊岩石上，作為祭品。但安朵美達最後被英雄柏修斯（Perseus）從怪物嘴裡救了出來。

王良三星空圖

起源地為仙后座的外星種族：

A. 仙后星人 Draconians（接觸者亞歷克斯 Alex）

🕮 來自：銀河系仙后座

🕮 種類：類昆蟲

🕮 外觀：他們被描述為光之神。現身時身體周遭有光環。或是以維度能像形式出現，被光所包圍。

艾力克斯（Alex Collier）曾提及一個種族，他稱之為仙后星人。仙后星人是一個有情感的類昆蟲族。據信，他們曾在60萬年前，在北非的阿爾及利亞建立殖民地。

仙后座的一個星雲：心臟星雲

B. 仙后星人 Draconians（接觸者勞拉 Laura）

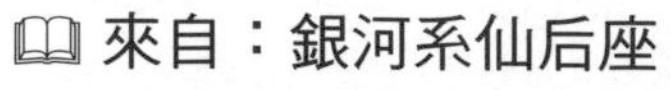

🕮 來自：銀河系仙后座

🕮 種類：未知

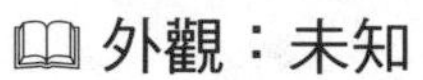

🕮 外觀：未知

仙后星人是一位名為勞拉的接觸者所命名，他花了兩年的時間接觸與研究。對方稱呼他們自己就是「未來的人類」。

仙后座的一個星雲：靈魂星雲

Dorsay

他們最高長至 0.5 英尺（約 16 公分）。

他們已經拜訪地球至少超過 250 次。

他們來自仙后座，在該地他們有兩顆母星球。

他們會以其他外星人或人類為食。

他們種族已經存在至少 40 億年。

他們已經與其他外星種族打了長達 20 億年的星際戰爭。

最後被目擊的時間點為 2001 年 11 月，位於義大利的阿爾卑斯山。

網罟座 Reticulum

星座基本資料：

赤經：4

赤緯：－60

面積：114 平方度（排名第八十二）

代表物：網

星座內最亮的一顆恆星（絕對星等）：網罟座 R

星座內肉眼可見最亮的一顆恆星（視星等）：夾白二

星座內距離地球最近的一顆恆星：網罟座 ζ2

出現的外星物種：基因混和、未知

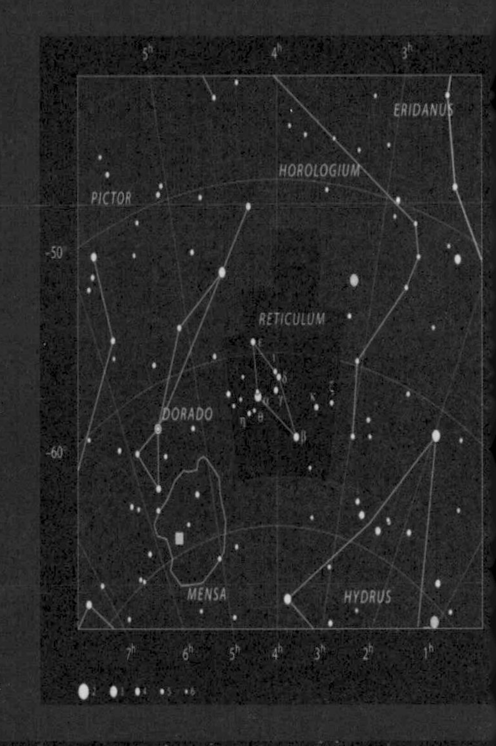

天球星空圖 ↓

天球赤經緯圖 →

星座背景故事：

網罟座——新進之秀

由於這個星座是最近才發現的，因此它與希臘或羅馬的神話逸事沒有關聯。這是因為古代的一位學者托勒密（Ptolemy）未能看到位於南半球的網罟座，也因此，他並沒有將這個星座列入他當時已知的 48 個星座中。網罟座最早是由 17 世紀來自德國的天文學家艾薩克・哈勃雷赫特二世（Isaac Habrecht II）所描繪的。後來，一位知名的法國天文學家尼可拉（Lacaille）介紹了這個星座。他用了望遠鏡裡的計數線來命名這個星座。在 18 世紀中，他經常用這個望遠鏡測量星體的位置。這個星座現已正式被國際天文學聯合會接受，並被列為 88 個現代星座之一。由於它的星體大小和亮度的關係，沒有望遠鏡的話就無法看到這個星座。

網罟座 R 星空圖

夾白二星空圖

網罟座 ζ2 星空圖

起源地為網罟座的外星種族：

A. 澤塔星人 Zetas

🕮 來自：銀河系網罟座

🕮 種類：基因混和

🕮 外觀：與人類相似、大頭蓋骨、灰皮膚、大眼睛。看起來像小灰人。平均身高為 350-400 公分。

澤塔（Zetas）通常被用來當作小灰人的同義詞，但這不一定精確。嚴格來說，澤塔人是指居住在網罟星座兩顆澤塔星的外星人。

澤塔人有類人的外星文明，熟稔基因工程。有許多的亞基因型現今從事基因實驗和綁架地球人民，但他們是為了幫助地球人民發展。

他們的祖先，阿帕希恩（Apexian），由於心態和智力的發達，他們顱骨的大小隨著世代逐漸變大。他們在地下生活了好幾代，這使他們皮膚的色調變成灰色，並迫使他們的眼睛長得相當大，以便能夠在黑暗中看到。

這使得他們看起來像小灰人。他們的平均高度是 3.5 到 4 英尺。

網罟座的一個星系：代號 NGC1313

B. 艾本星人 Eben

🕮 來自：銀河系網罟座

🕮 種類：未知

🕮 外觀：未知

這個匿名的公開郵件聲明在 2005 年 11 月被發送給幽浮討論團體，這個團體由前美國政府雇員維克多・馬丁內斯（Victor Martinez）所協調。這封電子郵件揭漏了塞爾波（Serpo）專案的存在。這是美國政府和來自塞爾波的外星人之間的一個交換計畫。塞爾波是網罟星系的一顆星。

據稱，該計劃的起因始於 1947 年兩架幽浮在新墨西哥州羅斯威爾和科羅納墜毀後。科羅納墜毀的倖存者由美國軍方協助與他的同胞依邦人（Ebens）建立聯繫。這溝通最終促成了 1965 年的交換計劃。12 名受過專門訓練的美國軍事人員乘坐依邦人的太空船前往塞爾波。任務為期 12 年，為了要對塞爾波的地質學、生物學以及依邦人有更深入的了解。

目前還不清楚當談到「外星生物實體」時，這是他們的名字，還是他們一般的表達方式。後者似乎更有可能，但這使人們對小灰人的名字產生質疑。多數人不相信塞爾波計畫的真實性。

網罟座的一個恆星：網罟座 TT

牧夫座 Bootes

星座基本資料：

赤經：13h 36.1m 至 15h 49.3m

赤緯：+7.36° 至 +55.1°

面積：907 平方度（排名第十三）

代表人 / 物：阿卡斯（Arcas）

星座內最亮的一顆恆星（絕對星等）：

HD 122443（尚未命名）

星座內肉眼可見最亮的一顆恆星（視星等）：

大角星

星座內距離地球最近的一顆恆星：左攝提增一

出現的外星物種：類人、灰人

天球星空圖 ↓

天球赤經緯圖 →

星座背景故事：

牧夫座——身世坎坷的兒子

HD122443 星空圖

根據其中一個神話故事，這個星座代表了宙斯和他情婦卡利斯托（Callisto）所生的兒子－阿卡斯（Arcas）。某一天，宙斯與卡利斯托的父親萊卡翁（Lycaon）國王共進晚餐。為了要驗證他的客人是否真的是那名偉大的宙斯，萊卡翁把阿卡斯剁成肉醬，當做佳餚作供他食用。宙斯一眼就認出那是自己兒子的肉。盛怒之下，宙斯隨即掀翻了桌子、打翻了美食，用雷霆之力殺害了萊卡翁的兒子，並把萊卡翁變成了一隻狼。然後宙斯把阿卡斯的身體各個部分都收集起來重組，讓阿卡斯重新變回原本的身軀後，便把阿卡斯交給邁亞扶養。同時，卡利斯托也被變成了一隻熊。隨著時間流逝，阿卡司成長為一名身材魁梧的少年。當他在樹林裡打獵時，他碰到了一隻熊。卡利斯托認出了自己的兒子、竭盡所能地想讓兒子認出她來。雖然她想熱情地打招呼，卻只能咆哮起來。

大角星星空圖

不出所料，阿卡司沒能理解這種母愛的表達，變開始追逐這隻熊。在阿卡斯的追擊下，卡利斯托逃進了宙斯神廟。這個地方是一個偷渡者被處死的禁區。宙斯隨即捲起阿卡斯和他的母親，把他們放到了天空中，成為了兩個星座。

左攝提增一星空圖

起源地為牧夫座的外星種族：

A. 大角星人 Arcturians

🕮 來自：銀河系牧夫座

🕮 種類：類人

🕮 外觀：他們每個人看起來都非常相似。他們只有三根手指，身材矮小，約 300-400 公分高，體型細長。皮膚為綠色。眼睛為杏仁狀的大眼睛，深褐色或黑色的。

艾德格（Edgar Cayc）大角星人為宇宙中最先進的文行，像神一樣的文明。

大角星是那些致力於服務和醫療的高維度生命體家鄉。他們已經專精了情感和精神上的癒合，並掌握了遠遠超乎我們想像的技術。這就是為什麼很多精神治癒者和大角星有特別的關聯。

大角星人與天狼星人合作並設立了網絡。一個消息來源提到他們在月球上應該有一些基地。

大角星也是人類在死亡和出生時通過的能量閘道。它作為一個從非物質意識到習慣肉體的轉換站。大角星人就像天使一般。事實上，很多遇到天使的人其實是遇到大角星人。

大角星人壽命為350-400年，他們的社會是由年長者統治。年長者是從大角星人裡挑選出那些淵博的知識、智慧以及高震動的頻率的人。振動頻率越高，越接近光、精神或是神。

大角星人飛船是全宇宙最精美的飛船。他們是由晶體所推動的，這些晶體不是來自那個星球，而是來自銀河系中的另外一顆星球，而地球科學家尚未發現。這些晶體有一種能從大中樞太陽傳導光能的方法。大角星人說，他們不再使用電腦，因為他們很久以前就不再需要電腦了。他們有其他更先進的系統。

牧夫座的一個星系：NGC5248

B. 柯倫多星人 Korendrians

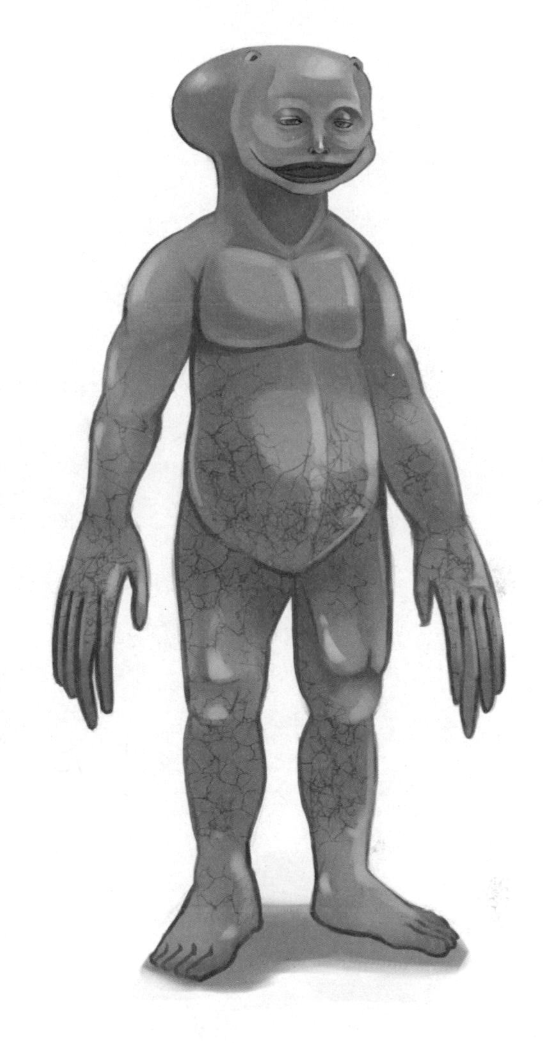

🕮 來自：銀河系牧夫座

🕮 種類：類人

🕮 外觀：他們有著類人的文明。比人類略矮，約 120-150 公分高。身材非常矮小，身體的構造是是地球重力的 3.2 倍。眼睛和頭部的大小比例和我們差不多，在臉上也大約是同一位置。眼睛為深藍色，幾乎可以說是靛藍。由於科倫納星球（Korena）地表的光線亮度是地球上的 1/6 倍左右，所以他們瞳孔比較小。相對於我們，他們的耳朵比我們的小，且在頭頂很明顯地突出。他們的頭幾乎感覺被壓扁。鼻子很小，有裂開的鼻孔。嘴巴也像裂開狀，嘴唇比我們還要少發聲。與下巴的比例稍微窄一點。嘴巴蜷曲向上，就像他們微笑時一樣。頭部呈圓狀，顱腔相對比人類大。臉頰從下顎開始凹陷，最後落於耳前。脖子又粗又發達，一樣是重力增加的結果。軀幹緊實有力。手臂和腿的長度和身體高度差不多，但是比較重，而且非常發達。兩隻手與我們的手相稱，但手指略長一些，且拇指和手掌之間有清晰的網狀結構。其他的身體部位也一樣，看起來相當結實。皮膚很光滑。我們稱之為「白」。外表像「被曬過的」。但並不像在加利福尼亞海灘上看到的那種。

加百利（Gabriel Green），幽浮國際雜誌的編輯，發行了有關於鮑勃（Bob）的故事。鮑勃是一個美國電台業餘愛好者。1961 年他在他的電臺上被一個來自柯倫多（Korendor）星球的柯倫狄亞（Korendrians）種族聯繫。後來他的名字被證實為鮑勃·雷納德（Bob Renaud）。他的故事被出版在「與柯倫多的幽浮接觸」。包括溫德爾在內的幾位研究人員已經調查了他的說法，並已確信這些說法的真實性。

1961 年 7 月，柯倫多人與鮑勃取得了聯繫。當時他正在他的短波頻率上接收 BBC（英國廣播）電臺的訊號。他在他改裝成工作實驗室的地下室，接收到了一個位於 25 頻、掩蓋過 BBC 的嘟聲。當他收聽該頻率時，嘟聲停止，一個清晰柔和的女性聲音從柯倫多星球的宇宙飛船上和他打招呼。這類接觸持續並發展成面對面的碰面，甚至發展到與他們一起旅行，在他們的飛船待上好幾年。他很仔細的把這些都記錄下來。

至少還有兩名無線電業餘愛好者隨後站出來聲稱，柯倫狄亞人也聯繫過他們。但鮑勃不相信。他主要的接觸者叫做 Lin-Erri，他最後終於有機會見到她和其他的柯倫狄亞人。

牧夫座的一個球狀星團：NGC5466

C. 伊薩星人 Izar

🕮 來自：銀河系牧夫座

🕮 種類：灰人

🕮 外觀：與蜥蜴相似

梗河一（Izar）曾被布蘭登（Branton）和馬修（Matthew）提及為天龍 / 獵戶聯邦的成員之一。

其他消息來源也指出，梗河一（Epsilon Bootes）是蜥蜴族的主星球之一。

牧夫座為一星座名。兩顆主要的星體，大角星和梗河一，在這些接觸故事裡扮演著重要的角色。第三個名為柯莉娜（Korena）的星體也有舉足輕重的地位。它有十二顆星，其中一個為柯倫多。一些電臺業餘愛好者聲稱與柯倫狄亞人有過多次交談。

牧夫座的一個恆星：右攝提一

D . 高白人 Tall Whites

🕮 來自：銀河系牧夫座

🕮 種類：類人

🕮 外觀：這些外星人一般大約是 160-180 公分高，年長一些的會更高，約 196 公分。他們身體瘦弱，粉筆白的皮膚、藍色的大眼睛，以及幾乎透明的白金髮。他們的眼睛大約是人類眼睛的兩倍大，且能夠往頭的反方向兩側延展，人類的眼睛無法做到。隨著年齡的增長，他們會長得更高，眼睛的顏色也會從藍色轉成粉紅色。

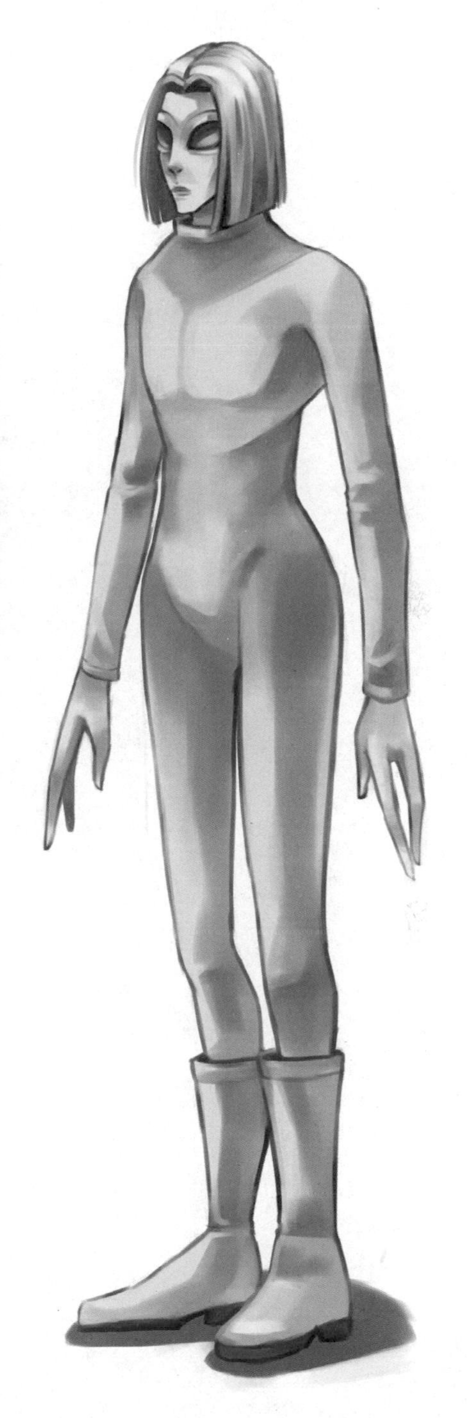

查爾斯（Charles Hall）的書（Millennial Hospitalit）裡描述到在1965-1967年間，在尼爾空軍基地（Nellis Air Force Base）擔任兩年期職務時，他與類人外星生物—高白人—的邂逅。

他們的壽命約我們的十倍。他們並不會像我們一樣老化，但大約400個地球年後，他們會經歷了第二階段的生長，最終達到約九英尺的高度。約800歲時，他們會因器官衰竭而死亡。

他們正常的語言聽起來像「狗吠聲」或是「草地鷚唱歌」。然而，一些高白人可以模仿人類說話。事實上，他們與人類可以進行正常的對話。一些高白人已經展現出如此高的模仿技巧，以至於在電話的另一頭無法被偵測到是高白人的聲音。

雖然他們可以很友好，但有時他們也滿高傲和無理。他們似乎對我們的社會結構很敏感。比如說，與一些共同工作的高級軍事官員培養關係同時，又看不起低階位的人。霍爾（Hall）和他們相處得非常融洽，即使他們把他當作「寵物」，這是他們在他面前使用的詞。

他們沒有告訴霍爾他們的起源地，但他們可能和大角星人有關。霍爾常與他們建立心靈感應的聯繫，因此他能夠感知到大角星或是與大角星有關的事物對他們來說非常重要。

他們擁有高度先進的技術，有一個位於尼爾空軍基地旁的基地。霍爾能夠精準地指出所在地。

牧夫座的一個恆星：招搖

半人馬座 Centaurus

星座基本資料：

赤經：13

赤緯：– 50

面積：1060 平方度（排名第九）

代表物：半人半馬

星座內最亮的一顆恆星（絕對星等）：

半人馬座 V766

星座內肉眼可見最亮的一顆恆星（視星等）：

南門二

星座內距離地球最近的一顆恆星：比鄰星

出現的外星物種：類人

天球星空圖 ↓

天球赤經緯圖 →

星座背景故事：

半人馬座——知識淵博的半人馬

半人馬座 V766 星空圖

其中一個著名的故事與喀戎（Chiron）有關。半人馬通常都與瘋狂、野蠻和好色的形象有關。但喀戎與眾不同，他不只聰明、還很有智慧。事實上他還將他所學的知識技能通通教授給了他的學生赫拉克勒斯（Heracles）。某一天，赫拉克勒斯前去拜訪他好朋友福洛斯（Pholus）、並與他共進晚餐。吃完晚飯後，赫拉克斯口渴，於是就自己去拿點酒來喝。結果他喝到的是半人馬的神酒。這酒只有在特殊的場合才會喝、也只有半人馬才能喝。福洛斯看到了，但他卻鼓不起勇氣告訴他強壯的好友不許喝那酒。沒多久，這股神聖的酒香就被其他半人馬聞到了。怒氣衝天的半人馬們便拿起武器、跑到福洛斯家。膽小的福洛斯幾乎是立刻就逃跑了，留下了赫拉克勒斯獨自面對。由於赫拉克勒斯力量強大，不久就殺死了好幾個半人馬。

南門二星空圖

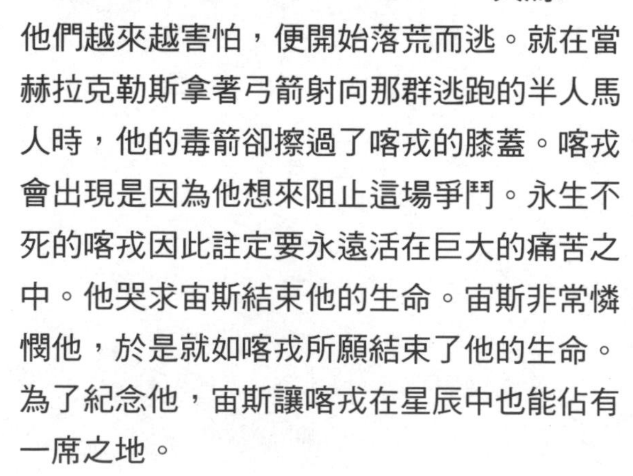

他們越來越害怕，便開始落荒而逃。就在當赫拉克勒斯拿著弓箭射向那群逃跑的半人馬人時，他的毒箭卻擦過了喀戎的膝蓋。喀戎會出現是因為他想來阻止這場爭鬥。永生不死的喀戎因此註定要永遠活在巨大的痛苦之中。他哭求宙斯結束他的生命。宙斯非常憐憫他，於是就如喀戎所願結束了他的生命。為了紀念他，宙斯讓喀戎在星辰中也能佔有一席之地。

比鄰星星空圖
（圖正中間黃色位置）

起源地為半人馬座的外星種族：

A. 半人馬星人 Centaurian

- 📖 來自：銀河系半人馬座
- 📖 種類：類人
- 📖 外觀：典型的金髮人，也屬於天琴的高加索族。

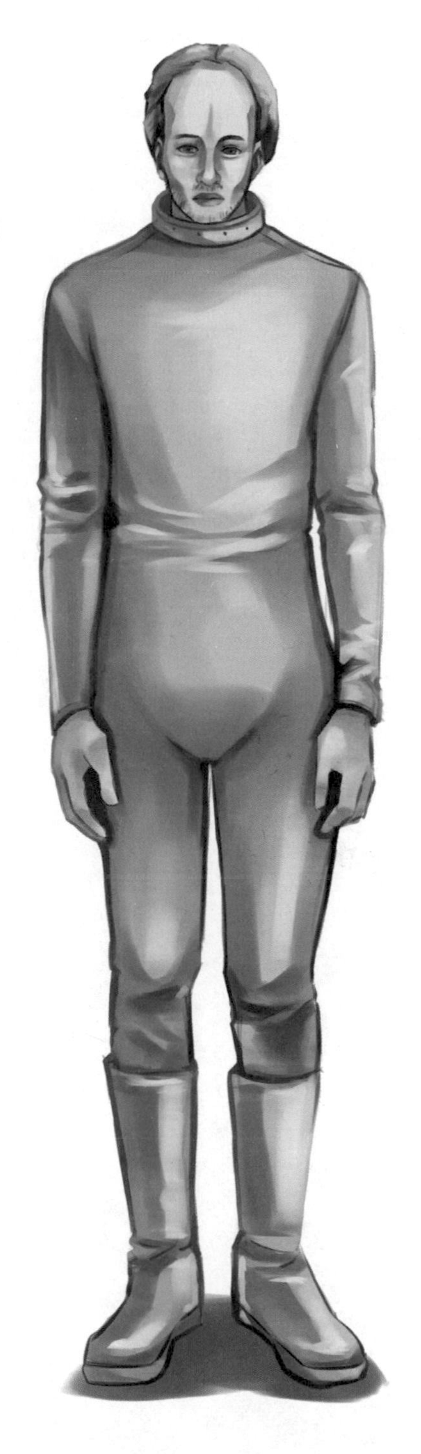

在巴威星球上，人類活動範圍被集中在都市區，剩餘的地方都留給了自然界和動物居住。男人和女人處於絕對平等的基礎，壽命上雖然也不受限制，但可以持續好幾個世紀。可以這麼說，他們到年長時就停止老化了。

在完全成為社會的一份子前，年輕人一旦達到適當的年齡，就被預期要作出基因貢獻，無論他們是女性還是男性，之後，他們就會被絕育。巴維人之間沒有婚姻，愛在物質意義上是自由的。但不論每天沉溺於一個或好幾個女人，都不意味著任何特別的感情。巴維人都彼此相愛，沒有任何特殊偏好。例外是罕見的一是我們很難設想的事。他們預言地球短期內將有大災難，並想要保護部份的人類，可能是為了進行再繁衍。

半人馬座的一個星系：NGC5128

B. 巴維星人 Baavi

🕮 來自：銀河系半人馬座

🕮 種類：類人

🕮 外觀：與人類相似

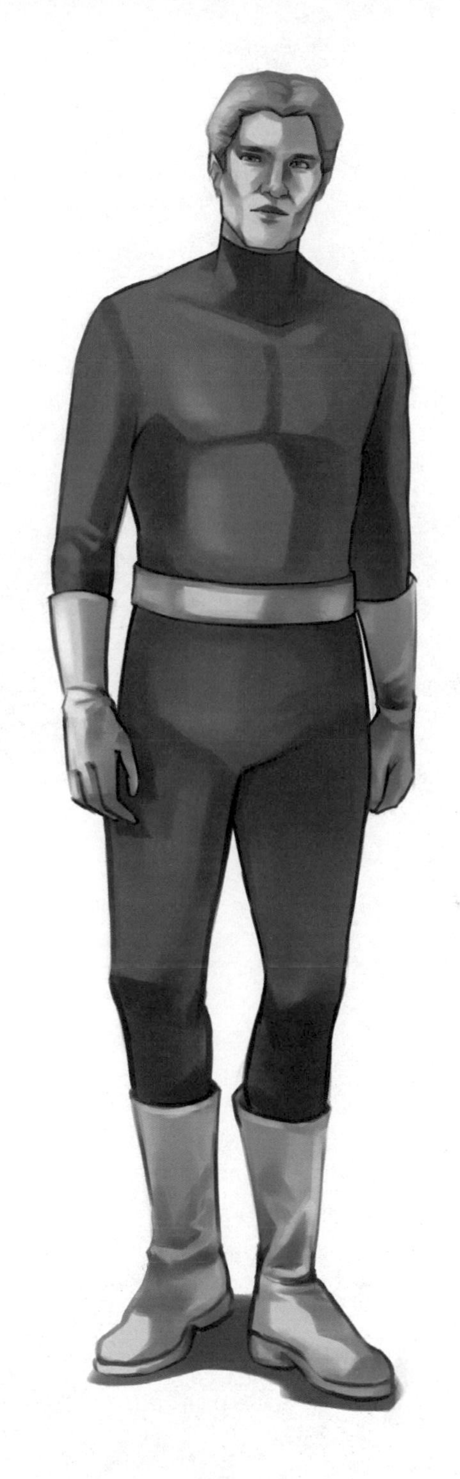

聖塔尼亞人（Santinians）是一個居住在南門二星系的類人族。南門二星系是最靠近的星系。聖塔尼亞人可以說是我們銀河上的鄰居，生活在僅僅四年半光年之外。他們源自於織女祖先。他們和天狼人、金星人和昴宿星人有緊密的接觸。他們是銀河聯邦阿斯塔（Ashtar）艦隊的成員。

所有聖塔尼亞人都能夠和諧地度過一生。任何事物都是共享的，沒有人會有所保留，甚至是有意的拿走他物。因為每個人都知道誰是唯一真正的主：上帝，造物主。和諧是聖塔尼亞人生活與發展最重要的基本條件。

聖塔尼亞人的科技技術遠遠超乎我們想像。巨大太空船的建造－可能長達數公里－和超越光屏障的星際探險，只能通過具體化和非物質化。地球上，這種技術只有少數人掌握。

半人馬座的一個星團：NGC5139

C. 桑提尼星人 Santinians

📖 來自：銀河系半人馬座

📖 種類：類人

📖 外觀：典型的金髮人

伊莉莎白（Elizabeth Klärer）出生於南非，聲稱他曾與來自 Meton 星球的生命體接觸過。在讀完一些與不明飛行物相關的書之後，她回想起她從小就偶爾會收到一個友好外星人傳送的心電感應，他名叫艾爾（Akon）。

1956 年 4 月 7 日，她呼叫艾肯和他的偵察船。她被帶到地球軌道上的母船，最終於 1957 年被送到艾肯的星球。她和艾肯發生了關係、懷孕並產下了一個男孩。他的名字叫艾麟，留在 Meton 星上接受教育，而伊莉莎白則回到地球。她在 1980 年出版有關於她外星冒險的故事「Beyond the Light Barrier」。

半人馬座的一個星團：NGC5460

D. 梅頓星人 Meton

🕮 來自：銀河系半人馬座

🕮 種類：類人

🕮 外觀：其中特定的一些人為金髮，約 170 公分高

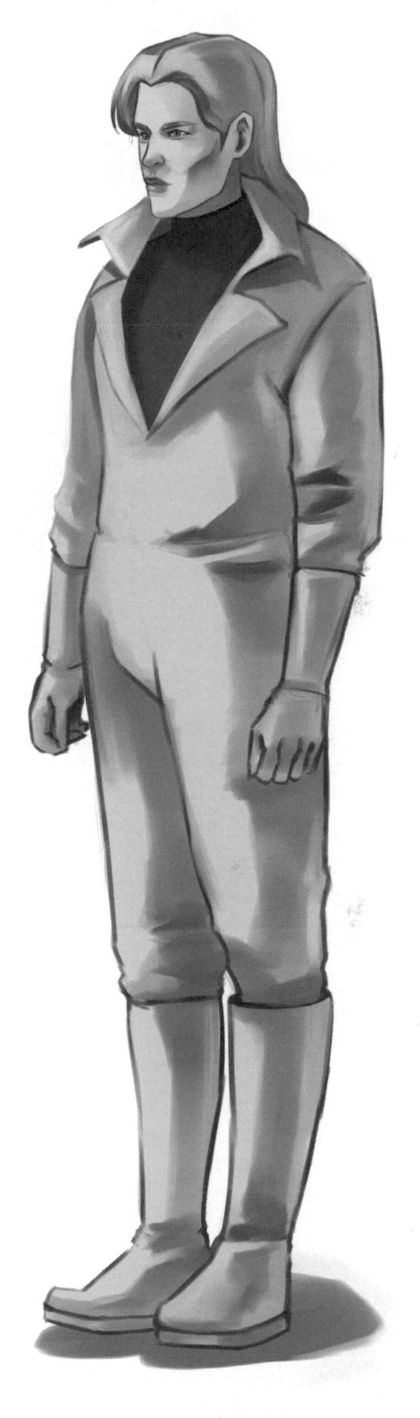

來自半人馬座雙星系統半人馬座阿爾法星 A 和 B 中的比鄰星；相對於地球的距離為 4.22 光年；它的行星叫做 Meton。它的文明存在於這個星系的七顆行星上；梅頓星球與我們的星球相同，時間受控制；Metoni 屬於「Noor」天琴屬物種群；他們是高大的、非好戰的類人生物；他們的壽命可達 2000 歲；他們有一個基於道德準則而非法律的自由社會；他們發展藝術作為他們崇拜的重要基礎：他們的都市主義非常有趣，使用半透明的有機材料；他們在許多領域大量使用可靠的科學；他們透過心靈感應進行交流，但仍保留語言的使用，以便能夠與聯邦的其他成員交談；他們並不是非常渴望旅行，而是出於科學的好奇心。因此，科學的好奇心引導他們來到地球進行觀察。他的船是金屬的，呈盤狀，有一個低矮的圓頂，周圍有三組窗戶；中殿寬約 60 公尺。船體周圍明亮的光輝是由於扭曲力場的點燃，以便在兩點之間瞬間移動，使空間連續體產生扭曲，躍入「乙太」；這與你們所說的量子旅行有點不同。為了經歷這種跨維度的轉變，無論你在多元宇宙中的任何地方，這都是慣例，船上的乘客需要將他們的存在作為頻率與船本身合併；這就是所謂的「乙太旅行」；許多使用乙太流動性的物種，當遇到行星的大氣層時，他們的船會被雲層包圍。這是由於船舶周圍的空間扭曲場產生的熱量而在船舶周圍產生的大氣中的分子凝結的過程；母艦非常大，永遠不會著陸，有一個帶有圓形末端的長圓柱形形狀（這與帶有扁平末端的昴宿星人不同）。他們最多可承載 24 艘船。

半人馬座的一個星雲：NGC3918

E. 阿卡特星人 Akartian

📖 來自：銀河系半人馬座

📖 種類：類人

📖 外觀：阿卡特人看起來非常像人類，但更蒼白些。他們這一族有著白皙的身體，以及草色和深色的頭髮。他們的體型中等，但體型比人類大。他們的血是藍色的，不是紅色的。

1958 年時，一位名為阿圖爾．貝雷特（Artur Berlet）的人從城市消失。11 天後，他帶著驚人的故事回到地球，這是關於他被綁架以及到其他星球旅遊的故事。在阿卡特（Acartin）星球沒有錢也沒有城市。在他們的歷史裡，很多國家有自己的貨幣。這一制度產生了非常富有的少數人（10%），而大多數人（90%）非常貧窮。這種分層導致窮人犯下許多罪行，因為他們很痛苦。然後，一位科學家發明了一種能夠利用太陽能量生產能源的機器，這種能量可以用作武器。他展示了它的力量，然後他要求所有國家聯合起來，並放棄使用金錢和追求利潤。所有人都同意了，他們要求他管理新的，統一的阿卡特（Acartin）。
但他們遭遇了人口過剩的窘境，人口數高達 200 億，至少當阿圖爾被綁架時（1975 年），是為了麵包。他們告訴阿圖爾，他們希望他教他們如何種植穀物麵包。他們的麵包生長在樹上，味道不是很好。他們想學習如何種植小麥。
Billy 的消息來源說到：「阿卡特是比鄰星系的一個星球，離地球五光年遠，在另一個時空中。直到 2007 年為止，已經居住了超過 340 億人類。在 2007 當年，人口過剩導致大自然和氣候被完全摧毀，最後大氣整個塌陷。只有 1.16 億人被宇宙七重規律星人拯救，爾後被安置到其他世界。他們有能力進行太空旅行，並經常造訪地球收集水果，穀物和蔬菜，拿回阿卡特種植。」

半人馬座的一個星系：NGC4622

F. 阿布星人 Apuians

📖 來自：銀河系半人馬座

📖 種類：類人

📖 外觀：他們的雙肩傾斜度不同，臉蛋和阿拉伯人相似；眼睛和蒙古人相似；鼻子和北歐人相似；鬍鬚與印度人相似，膚色是玫瑰白；他們大部分的五官與蒙古族相似。約 240-270 公分高，有著北歐人的特色，纖瘦。頭髮偏短偏白。

顯然，或者用「據稱」更合適，有兩個獨立的星球被稱為阿普（Apu）。

據說阿普星球是弗拉多（Vlado Kapetanovic）生命體的家園。1960 年，他們在祕魯被發現。這顆星球位於銀河系之外，該星球的居民看起來和人類非常相似。

拉馬特派團（The Mission Rahma）的聯繫裡也提到阿普星。謠傳這顆行星環繞著南門二轉。其居民在外表上是人，約 8-9 英呎高，比人類要高。

半人馬座的一個星系：NGC3766

蛇夫座 Ophiuchus

星座基本資料：

赤經：17

赤緯：0

面積：948 平方度（排名第十一）

代表人 / 物：阿斯克勒庇俄斯（Asclepius）

星座內最亮的一顆恆星（絕對星等）：宗人二

星座內肉眼可見最亮的一顆恆星（視星等）：候

星座內距離地球最近的一顆恆星：巴納德星

出現的外星物種：類人、灰人

天球星空圖 ↓

天球赤經緯圖 →

星座背景故事：

蛇夫座——能夠治癒百病的神醫

宗人二星空圖

其中一個故事提及阿斯克勒庇俄斯（Asclepius）從雅典娜（Athene）女神那獲取了戈爾貢族（Gorgon）美杜莎（Medusa）的血液。據說美杜莎身體裡流淌的血液分為左右兩側。兩側血液的功能各不相同。流淌在她左身的血液是毒藥，但流淌在她右身的血液能把死人給救活。

據推測，其中一個被阿斯克勒庇俄斯復活的人就是忒修斯（Theseus）的兒子－希波呂托斯（Hippolytus）。他從馬車中被丟出時死去。阿斯克勒庇烏斯伸手拿了藥草、往希波呂托斯的胸膛碰觸了三次、重複了幾遍治療的話語，希波呂托斯就能夠抬起頭來了。冥界之神黑帝斯開始意識到如果這種技術被廣為人知話，進入他領地的死亡者數量很快就會枯竭。黑帝斯便向他的弟弟宙斯抱怨此事，於是宙斯就用雷霆之力擊倒了阿斯克勒庇烏斯。

候星空圖

阿波羅對他兒子被如此苛刻的對待感到憤慨，作為報復殺死了那三名為宙斯鍛造宙斯的雷霆之力的獨眼巨人。為了安撫阿波羅，宙斯讓阿斯克勒庇烏斯長生不老，並把他作為星座放在星空中。

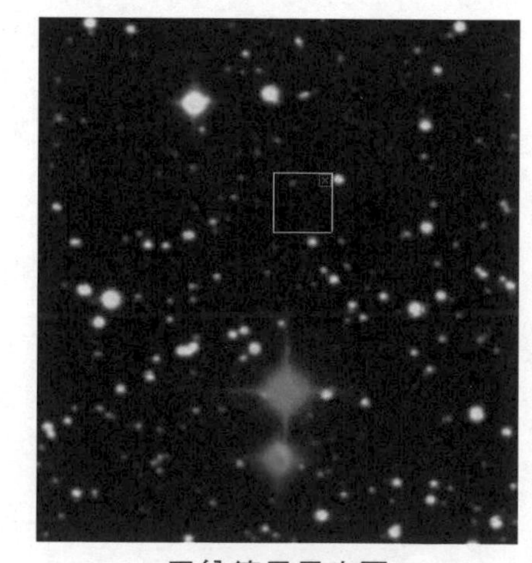

巴納德星星空圖

起源地為蛇夫座的外星種族：

A. 伊納納星人 Inannans

🕮 來自：銀河系蛇夫座

🕮 種類：灰人

🕮 外觀：與蛇人相似

據黛安娜（Deanna Emerson）所述，宗人四（黛安娜稱為伊南娜）是蛇人族起源的星系。他們通過基因工程創造出人類。黛安娜分析了西琴（Sitchin）的材料得出的結論是，蘇美並不是第一個出現的文明。比這更早出現的是歐貝德文明（Ubadians），一個膜拜母神的文明。除了尼比魯（Nibiru）之外，還有另一個人類原始創造者真正的家鄉：星球 X。

牧夫座的一個球狀星團：NGC6333

B. 奧提瑪星人 Altimarians

🕮 來自：銀河系蛇夫座

🕮 種類：類人

🕮 個性：友善

博蘭（Boylan）聲稱，一隊阿爾蒂馬人（Altimarian）會來到地球。據稱，他們的任務是補救我們許多生態系統中發生的環境損害。他們還期待最終與頂尖的人類環境科學家合作，共同致力於清理環境和恢復地球。他們將傳授給我們的科學家，以及向科學家們展示他們用於清理地球的先進技術。這比我們自己做的還要快，因為我們缺乏先進的環保知識和設備。

這些人是混種，就像是阿爾蒂馬人（Altimarian）就是多了人類的DNA，才能夠如此的適應地球。

牧夫座的一個鬆散星團：NGC6633

C. 巴納德星人 Barnard's Star People

📖 來自：銀河系蛇夫座

📖 種類：類人

📖 個性：友善

大多數的消息來源都有提到類人族。據布萊登述，如同地球，他們尚未選擇銀河戰爭的任何一個陣營。據說他們也是大鼻灰人的家鄉，伊邦（Eban）。接觸者霍爾（Hal）提到他們是來是這個星系的「正常」人類。

另一個一樣在布萊登的消息裡有提到「有著紅色頭髮人類」，他稱呼為「橘人」。

牧夫座的一個球狀星團：NGC6402

天鷹座 Aquila

星座基本資料：

赤經：18h41m 至 20

赤緯：－11.9° 至 +18.7°

面積：652 平方度（排名第二十二）

代表物：老鷹

星座內最亮的一顆恆星（絕對星等）：右旗四

星座內肉眼可見最亮的一顆恆星（視星等）：牛郎星

星座內距離地球最近的一顆恆星：牛郎星

出現的外星物種：類人、灰人、蜥蜴人

天球星空圖 ↓

天球赤經緯圖 →

星座背景故事：

天鷹座——跋山涉水的老鷹

在希臘神話中，老鷹通常都與宙斯有關聯。其一是當作宙斯的信使、把宙斯的訊息傳遞給地球人類的手中，其二是攜帶著宙斯的雷電、其三是當宙斯想做一些頑皮的事情時、為了躲避他的妻子赫拉（Hera）而採取的偽裝。

其中一個天鷹為宙斯效力的故事與一位名叫蓋尼米德（Ganymede）的人有關。蓋尼米德是一名特洛伊王子、同時也是一位牧羊人。他為人非常溫和、品行非常善良、也是眾神見過最英俊的凡人。據說宙斯一見到他即迷戀上他。於是他想盡辦法打算擄走蓋尼米德。某一天，當蓋尼米德在替他父親看羊的時候，不知從哪裡冒出來的老鷹突然從天而降、直接降落到蓋尼米德旁。蓋尼米德剛開始時嚇了好大一跳，但隨後他就發現這隻老鷹很特別。牠透露出一股氣宇不凡的味道、卻十分的溫馴，模樣也十分的可愛，很討人歡喜。不一會，蓋尼米德就漸漸地被這隻老鷹吸引、開始與牠互動。最初，蓋尼米德伸出手拍拍牠、撫摸牠柔順的羽毛。見老鷹不懼怕，蓋尼米德便與牠玩了起來。最後蓋尼米德甚至坐到了老鷹的背上。老鷹當然不會放過這個機會，隨即一展雄翅、翱翔於天際。蓋尼米德就被帶到奧林匹斯山（Mount Olympus）、也就是傳說中眾神所居住的地方。在被帶到這個地方後，蓋尼米德便被任命為倒酒僮，負責替眾神倒水。另一說是老鷹即是宙斯換化而成、親自去擄走蓋尼米德。

右旗四星空圖

牛郎星星空圖

起源地為天鷹座的外星種族：

A. 牽牛星人 Altairians

🕮 來自：銀河系天鷹座

🕮 種類：類人、灰人、蜥蜴人

🕮 個性：和平思想的種族

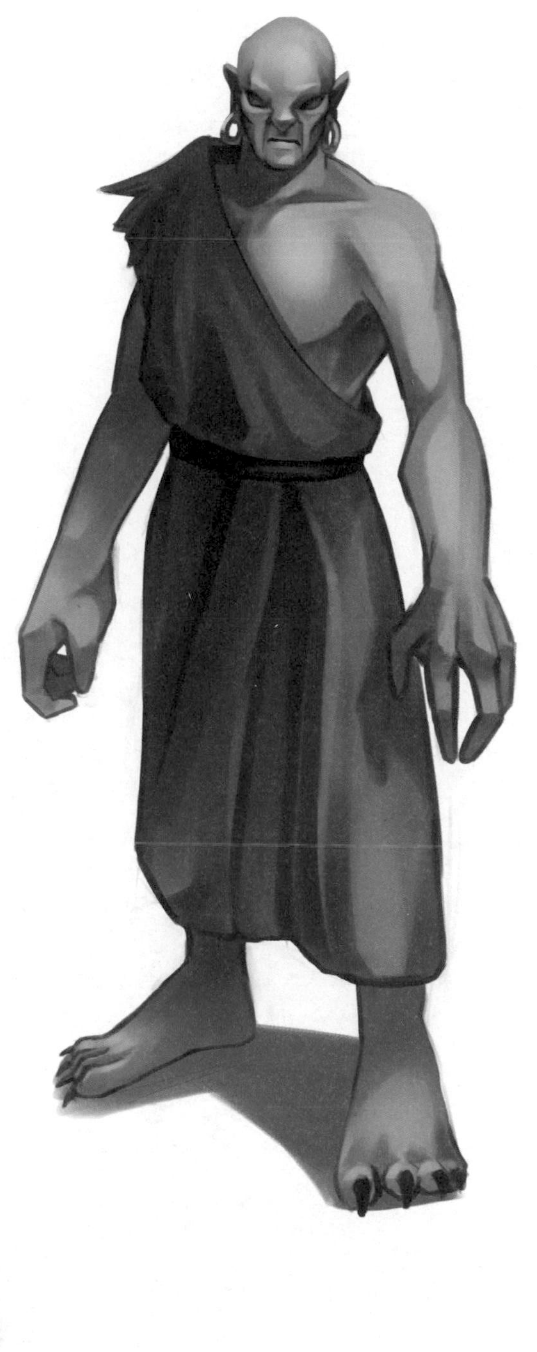

河鼓二（Altair）在類人銀河歷史中扮演了一個重要的角色。河鼓二文明曾被織女人統治。鑒於和平的哲學取向，阿爾泰文明相對是安靜而沉穩的。他們目前沒有參與空間探索。

但其他來源將其歸於更積極的角色：據查克（Chuck Roberts）和其他幽浮資料來源顯示，河鼓二星系居住著從天龍帝國來的爬蟲族。這符合古代地球教義，也把河鼓二星系與爬蟲族聯繫在一起。

布萊登（Branton）也一直持續地證實「小灰人集體主義制」的存在。但在杜爾斯（Dulce）的資料裡，他還提到了在第四星球上的一個混合居民群體，叫做河鼓二人。這個星球居住著一個和小灰人有合作關係的「北歐」（或金髮）種。他聲稱這些不是天龍帝國的一部分，但他們積極參與綁架和混種交配計劃（在這些北歐人和人類之間）。

另一個來源（late Dr. Michael Wolf）也提到，來自河鼓二的類人外星種族和美國政府有聯繫。他還提到河鼓二人，但聲稱這將是一個名為「聯盟」的組織成員，是北歐金髮種族聯盟。目前還不清楚這個聯盟是否是鮑勃（Bob Renaud）所談論，也就是科倫多（Korendor）為成員的「聯合世界聯盟」。

天鷹座的一個行星狀星雲：NGC 6781

B. 克萊恩星人 Clarion

🕮 來自：銀河系天鷹座

🕮 種類：類人

🕮 外觀：與人類相似

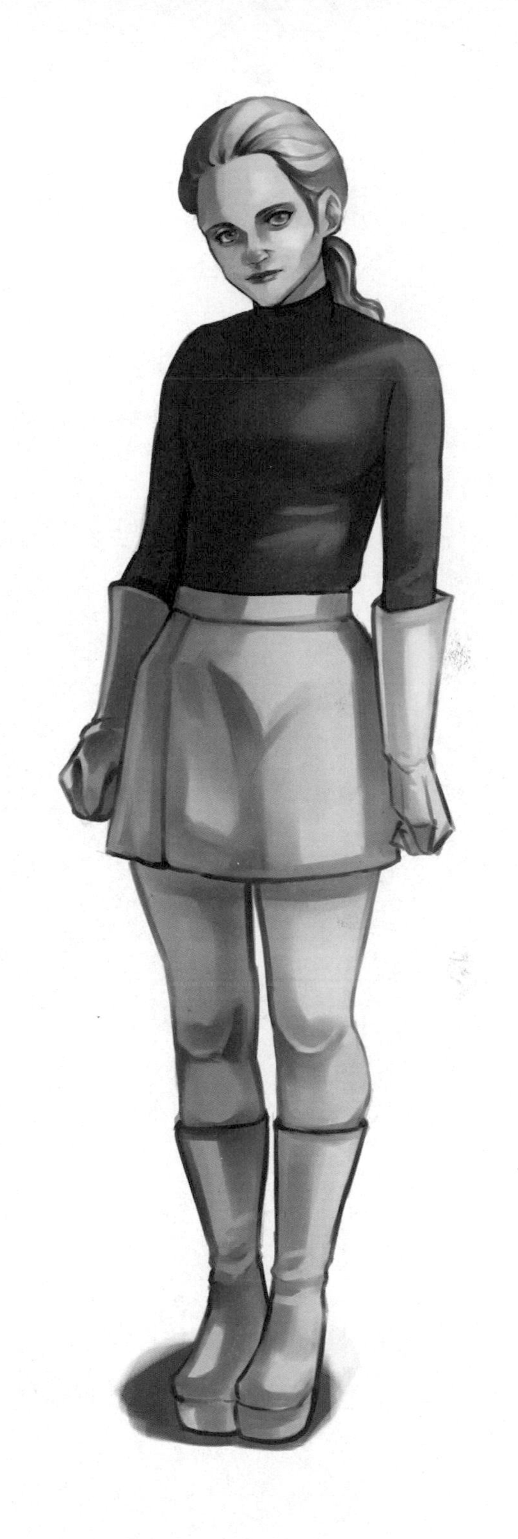

在他的書裡天堂之外（Beyond Heaven），莫瑞吉奧（Maurizio Cavallo）談到了他從 1981 年起，與住在義大利外星人的遭遇。他們看起來跟正常人沒兩樣，據稱來自天鷹座，一個叫「克拉里安」（Clarion）的地方。莫瑞吉奧有他們和他們飛船的照片。他聲稱他們是「聯盟的一員」。這個案例仍在調查中。

天鷹座的一個行星狀星雲：NGC 6760

鯨魚座 Cetus

星座基本資料：

赤經：1.42

赤緯：－11.35

面積：1231 平方度（排名第四）

代表物：鯨魚

星座內最亮的一顆恆星（絕對星等）：八魁四

星座內肉眼可見最亮的一顆恆星（視星等）：土司空

星座內距離地球最近的一顆恆星：HD 166

出現的外星物種：類人、類哺乳動物

天球星空圖 ↓

天球赤經緯圖 →

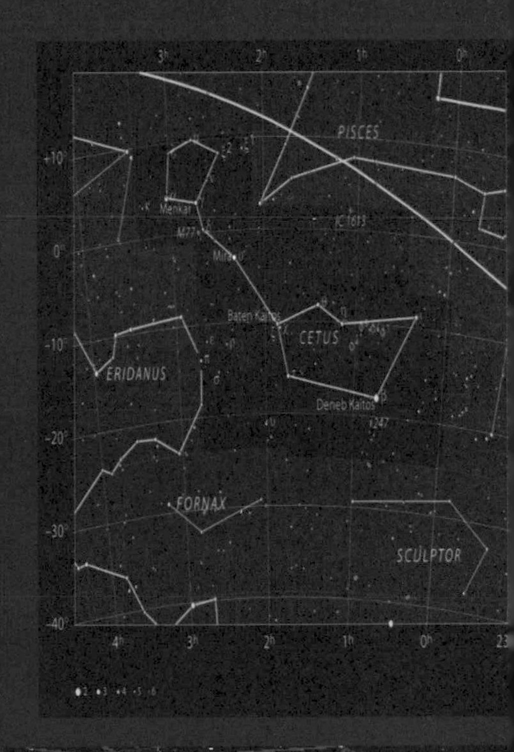

星座背景故事：

鯨魚座－為別人而戰的怪物

八魁四星空圖

衣索比亞（Ethiopia）王克普斯（Cepheus）之妻凱西奧佩婭（Cassiopeia）自誇她比稱為涅瑞伊得斯（Nereids）的海仙女寧芙還要美。為了報復凱西奧佩婭對涅瑞伊得斯的侮辱，海神波賽頓派了一個可怕的怪物去蹂躪克普斯的領土。那個怪物便是大海之龍－賽特斯（Cetus）。

為了要擺脫怪物，克普斯請示神諭。神諭表示他必須奉獻自己的女兒安朵美達（Andromeda）給海怪當作祭品。為了保護自己的領土不再遭受破壞，安朵美達便被鍊在雅法城（現今的特拉維夫市）的懸崖邊，迎向她即將到來的悲慘命運。

土司空星空圖

安朵美達只能顫抖著眼看怪物乘風破狼而來，就像一艘巨大的船一樣。幸運的是，這時英雄柏修斯（Perseus）碰巧經過。柏修斯估量了一下形勢，隨即像鷹一樣地撲向了那生物。他騎到了怪物的背上，用他那把堅硬如鑽石的劍，深深地刺入了怪物的右肩。

怪物怒不可遏、疼痛不堪，便仰起身子扭來扭去，試圖用牠的下顎向攻擊者發出攻勢。柏修斯不受影響，一次又一次地把劍刺進怪物的肚子裡，從牠的肋骨、藤壺般的背和尾巴一一劃過。那怪物最終敵不過柏修斯，最後噴着血倒下，沉入海中。

HD 166 星空圖

起源地為鯨魚座的外星種族：

A. 陶森帝星人 Tau Cetians

- 來自：銀河系鯨魚座
- 種類：類人、類哺乳動物
- 外觀：臉孔與地中海人或美洲人相似，皮膚呈褐色。髮色有兩種：淺棕色漸層至銅色或是黑色漸層至橘紅色。耳朵略尖、鼻子略寬。
  男性通常約 213 公分至 259 公分高
  女性通常約 198 公分至 240 公分高

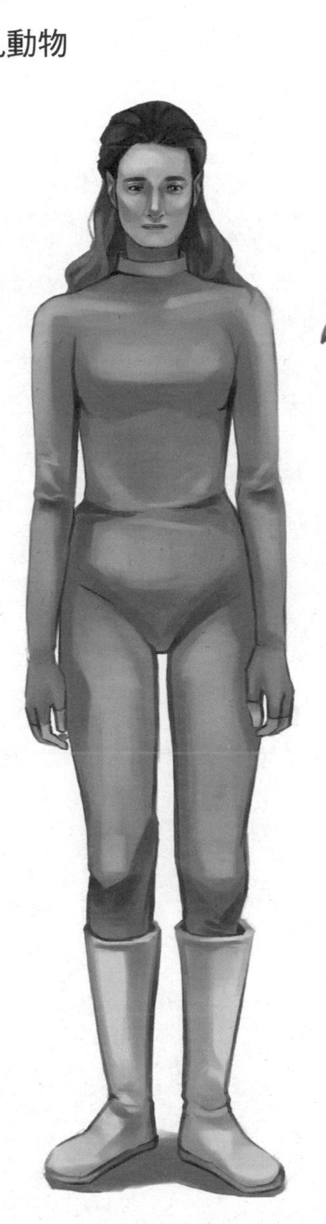

據說他們是星球聯盟的成員，也被認為是與美國政府聯繫以表達他們擔憂的種族之一。他們居住的星球天倉五（Tau Ceti）捲入了與爬蟲族劇烈的戰爭。

偵查員非常巨大，200-250 公分高，身體為鑽石型、電漿體。母艦通常是銀河星際聯盟的指揮艦。他們看起來像是一系列數層血細胞所組成。每層有 20 到 50 個細胞，直徑從 4 英里到 44 英里（6.44 到 70.84 公里）不等。

天倉五也是其中一個現今科學家能從中接收到清晰無線電信號的星系之一，這些信號被認為是智慧生命的跡象。離地球只有 11.8 光年。

鯨魚座的一個行星狀星雲：NGC 246

B. 諾肯星人 Norcans

🕮 來自：銀河系鯨魚座

🕮 種類：類人

🕮 外觀：與典型的金髮人相似

諾卡（Norca）據說是一個環繞天倉五星球的名字，現今無人居住。大約 1 萬 4 千年前，當星球慢慢變得不適宜居住時，有一些居民遷移到了我們的太陽系。這個故事是由阿爾伯特（Albert Coe）所講述的，他解釋了在 1920 年，他是如何救了一個自稱是諾卡人的年輕金髮男子。然後那位金髮男子講述了有關於他種族的故事。諾卡人在火星、地球和金星上有建立基地。他們是一個金髮的種族，很顯然是屬於天琴高加索人。

鯨魚座的一個星系：NGC 1042

波江座 Eridanus

星座基本資料：

赤經：3.25

赤緯：－29

面積：1138 平方度（排名第六）

代表物：流水

星座內最亮的一顆恆星（絕對星等）：玉井一

星座內肉眼可見最亮的一顆恆星（視星等）：水委一

星座內距離地球最近的一顆恆星：天苑四

出現的外星物種：類人

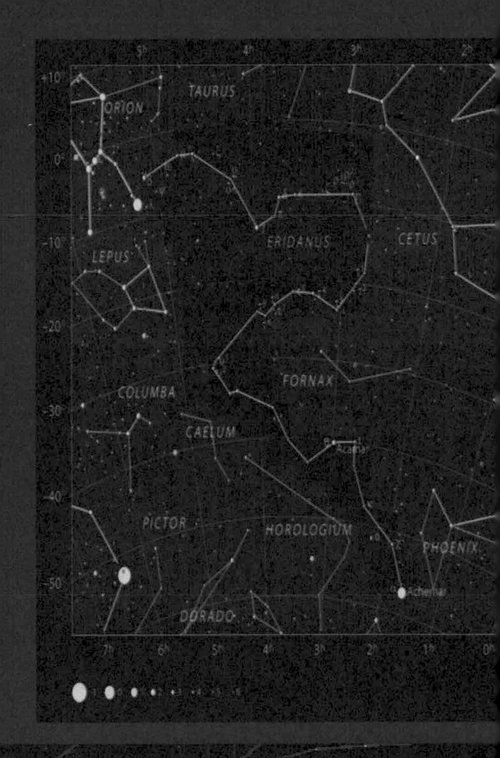

天球星空圖 ↓

天球赤經緯圖 →

星座背景故事：

波江座——不自量力的後果

玉井一星空圖

在希臘神話中，波江河據說在現今的中歐某處，它的故事與太陽神海利歐斯（Helios）之子－法厄同有關。據說，太陽神每日都會乘坐四馬金車，在天空中奔馳，由東到西、晨出晚沒，用光明普照世界。某天，法厄同也想嘗試看看，於是他就拜託爸爸讓他騎乘馬車。雖然非常的不情願，但海利歐斯還是答應了兒子的請求，並嚴厲的告誡他路上可能會面臨的危險。「只要跟隨天空中我之前留下的輪子痕跡就可以了」海利歐斯建議道。當黎明從東方升起時，法厄同興高采烈地登上了太陽神的金色馬車，上面還鑲着閃閃發亮的寶石。這四匹馬感覺到了車子的重量，隨即駛向了天空。但因駕駛者的重量與之前不同，馬車逐漸地偏離了軌道，而且還像是在海上遇到急浪的船一樣晃來晃去。縱使法厄同知道真正的道路在哪裡，他也缺乏控制韁繩的技巧和力量。馬車先後越過了原本不該經過的地區，造成了大混亂。不只北斗七星變的越來越熱、原本一直因為寒冷而行動緩慢的巨龍（天龍座）也因為溫度越來越高而開始咆哮。馬車還一度駕駛過低，導致地球表面著火。這也就是傳說中為什麼利比亞變成了沙漠、海水都被蒸發。最後宙斯看不下去，為了結束這場災難，宙斯用雷霆之力將法厄同擊倒，法厄同因此閃著火光，從天空中墜落到波江裡。

水委一星空圖

天苑四星空圖

起源地為波江座的外星種族：

A. 波江星人 Eridanians（接觸者溫德爾 · 史蒂文斯 Wendelle Stevens）

🕮 來自：銀河系波江座

🕮 種類：類人

🕮 外觀：約 70-75 公分高，全身覆蓋著皺褶的皮膚，有非常大的手臂，以及三個在末端的粗手指。皮膚有盤狀的皺紋，有點像鱷魚皮。他們有奇特的臉，一張大嘴巴和非常大的耳朵。

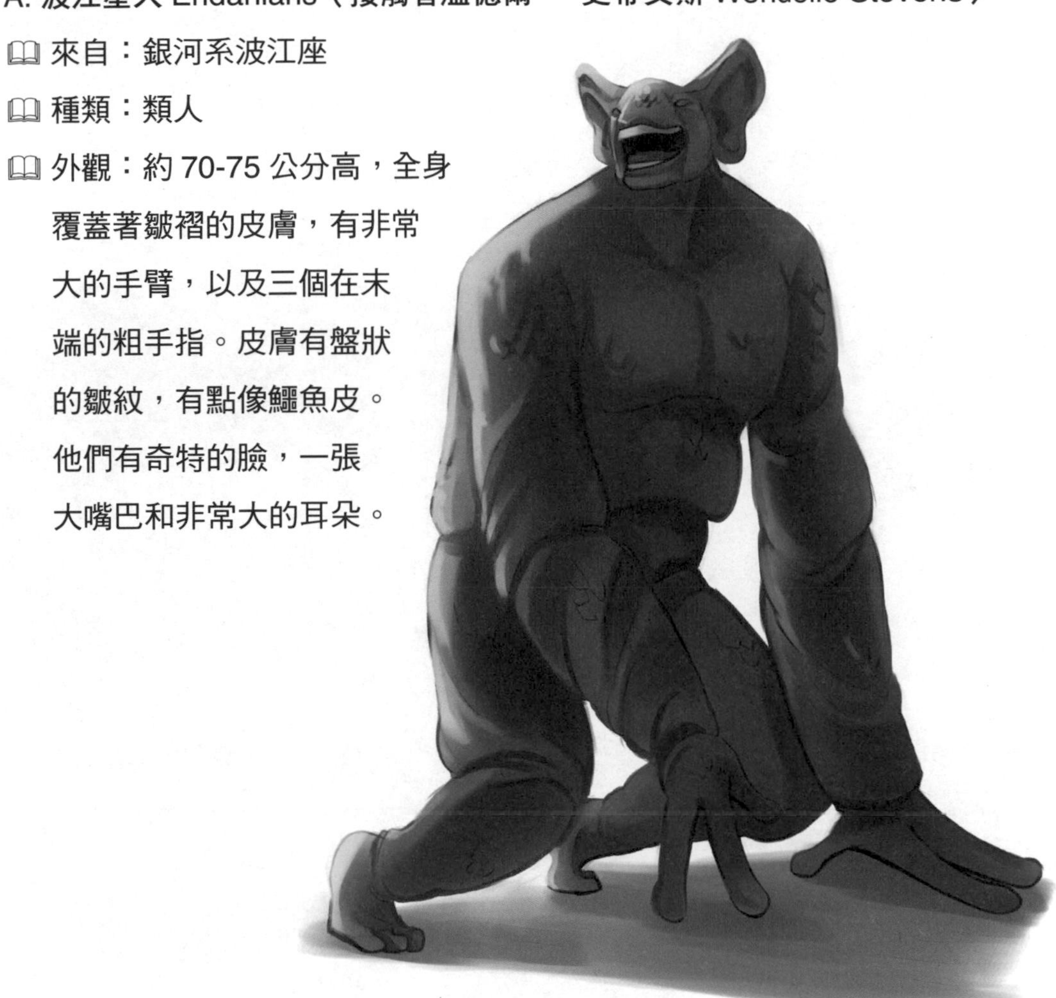

另一個自 1969 年 10 月以來一直持續的接觸（到現在還在繼續）涉及了另一顆大氣星球上的生命形態。這顆圍繞著太陽運轉、約 20 光年外的星球，被稱為天苑四（Epsilon Eridani）。我們相信這顆星球就是天園增三（82 Eridani）因為這是一個非常類似於我們自己太陽的 G5 星，大約 20 光年的距離。
這些生命非常巨大，高 7-7.5 米，全身覆蓋著皺褶的皮膚，有非常大的手臂，以及三個在末端的粗手指。皮膚有盤狀的皺紋，有點像鱷魚皮。他們有奇特的臉，一張大嘴巴和非常大的耳朵。但他們展現出了先進的技術。

波江座的一個星雲：IC2118

B. 波江星人 Eridanians（接觸者佛瑞斯 · 克勞福德 Forest Crawford）

🕮 來自：銀河系波江座

🕮 種類：類人

🕮 外觀：皮膚呈青銅色，會令人聯想到地中海或南美文化。他的髮型呈小平頭，髮色非常接近褐色。與地球人類外表唯一真正有區別的是，他的耳朵稍嫌尖了點。

布萊登消息來源（The Branton material）提到一個有著地中海或拉丁美洲樣子的外星人，從墜毀的飛船中恢復的故事。他的皮膚呈青銅色，會令人聯想到地中海或南美文化。他的髮型呈小平頭，髮色非常接近褐色。與地球人類外表唯一真正有區別的是，他的耳朵稍嫌尖了點。他們被證實來自天苑。

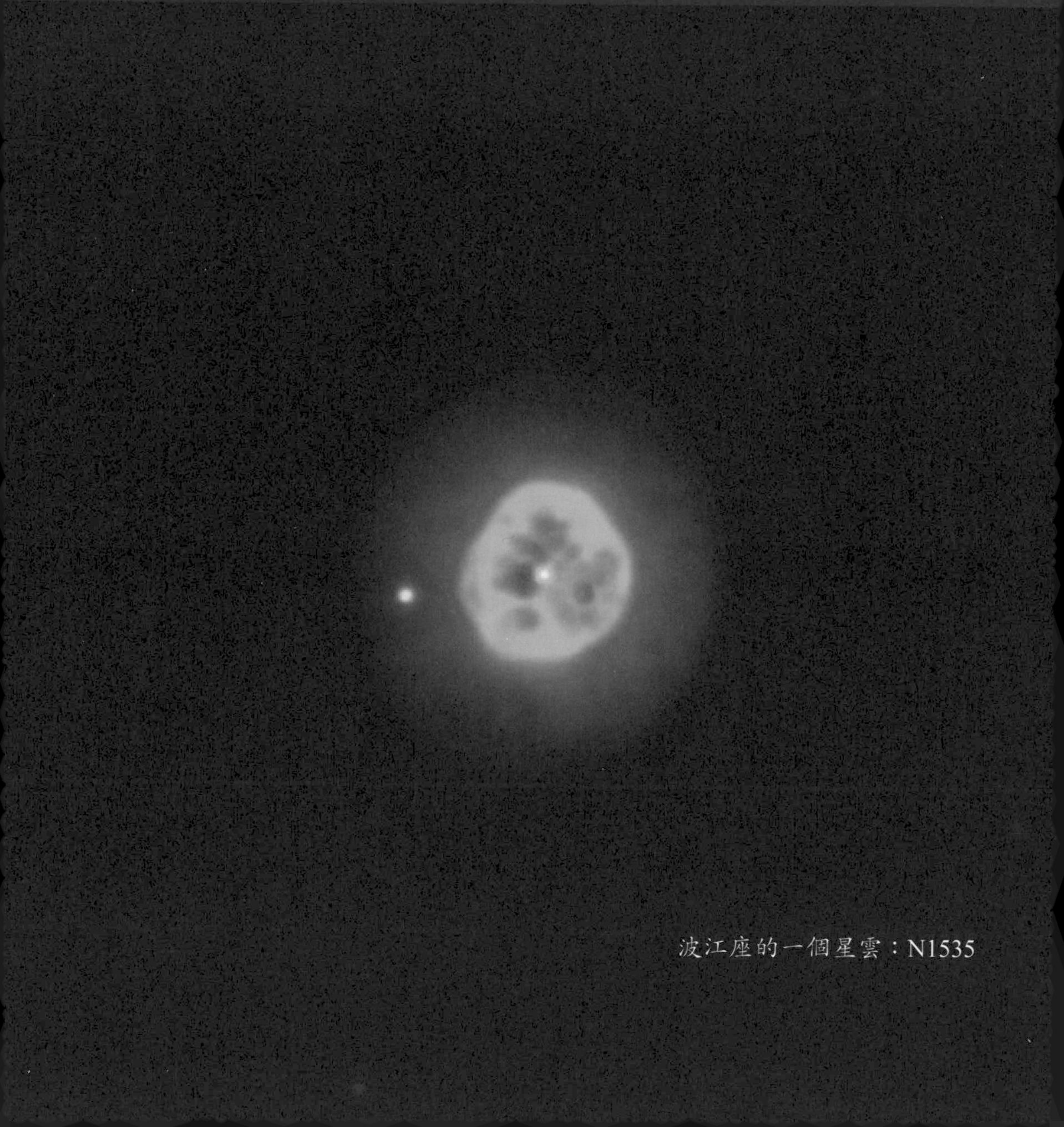

波江座的一個星雲：N1535

長蛇座 Hydra

星座基本資料：

赤經：10

赤緯：－20

面積：1303 平方度（排名第一）

代表物：蛇

星座內最亮的一顆恆星（絕對星等）：HD 72561

星座內肉眼可見最亮的一顆恆星（視星等）：

星宿一

星座內距離地球最近的一顆恆星：葛利斯 433

出現的外星物種：灰人、未知

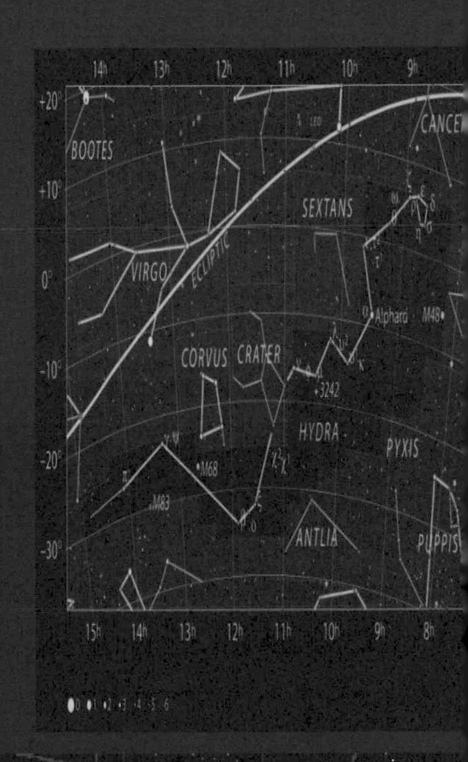

天球星空圖 ↓

天球赤經緯圖 →

星座背景故事：

長蛇座——經典的反派怪獸

HD 72561 星空圖

其中一個著名的故事與海克力斯（Heracles）有關。長蛇怪是一隻多頭生物，牠是堤豐（Typhon）與一名半人半蛇、名為艾奇德娜（Echidna）女子所生的後代。據說長蛇怪擁有九顆頭，最中間的那顆頭是永生不朽的。但天空中長蛇座只有顯示出一顆頭，可能就是那顆永生不朽的頭。

星宿一星空圖

長蛇怪住在勒拿湖城（Lerna）附近的一個沼澤。以這為中心，牠蹂躪了周圍的平原和農村、吞食了許多家畜。據說牠的呼吸，以及足跡上的氣味都含有劇毒，凡是呼吸道的人都會痛苦地死去。

海克力斯駕着馬車來到了長蛇怪的巢穴，向沼澤射出燃燒的箭來迫使牠進入寬闊的地帶。在這個地區他們進行了搏鬥。長蛇怪纏繞着他的一條腿。海克力斯用棍子擊碎了牠的腦袋，但一顆腦袋才剛被砸下來，隨即就長出了兩個腦袋。赫然間，一隻大螃蟹（巨蟹座）從沼澤裡竄了出來，攻擊他的另一隻腳。但海克力斯沒多久就用腳把螃蟹踩死了。海克力斯向他的車夫伊奧勞斯（Iolaus）求救。當海克力斯每砍掉一顆頭顱時，伊奧勞斯就把那斷頭處燒掉，以免其他頭顱長出來。最後，海克力斯終於砍下了長蛇怪的不朽之首，並把頭埋在路旁一塊厚重的岩石下。

葛利斯 433 星空圖

起源地為長蛇座的外星種族：

A. 長蛇星人 Hydra

📖 來自：銀河系長蛇座

📖 種類：未知

📖 外觀：未知

據說長蛇星系的居民曾是拜訪過地球的種族之一。根據 JD Stone，他們不只擅長農業和考古學，還能僅靠雙手，就有辦法從地球的物質中創造出東西。

長蛇座的一個星系：NGC 2865

B. 蜥蜴族長蛇星人 Hydra Reptilians

🕮 來自：銀河系長蛇座

🕮 種類：灰人

🕮 外觀：外觀貌似人形的海蛇，約 150-180 公分高。鱗片狀的皮膚、鰓、蹼趾和腳趾。他們是生活在水中或臨近水域的物種。手腳上有鱗片。

在希臘神話裡有長蛇（the dragons Hydra）、培冬（Python）和堤豐（dragon Typhon），都和蛇類似。在各大洲，都有許多蛇神和蛇女神的名字。包含了無論是刻在墓碑上，還是從中東出土的古城牆上的混種。

長蛇座的一個球狀星團：NGC 6535

天鵝座 Cygnus

星座基本資料：

赤經：20.62

赤緯：+42.03

面積：804 平方度（排名第十六）

代表物：天鵝

星座內最亮的一顆恆星（絕對星等）：天鵝座 68

星座內肉眼可見最亮的一顆恆星（視星等）：

天津四

星座內距離地球最近的一顆恆星：天鵝座 61

出現的外星物種：類兩棲動物

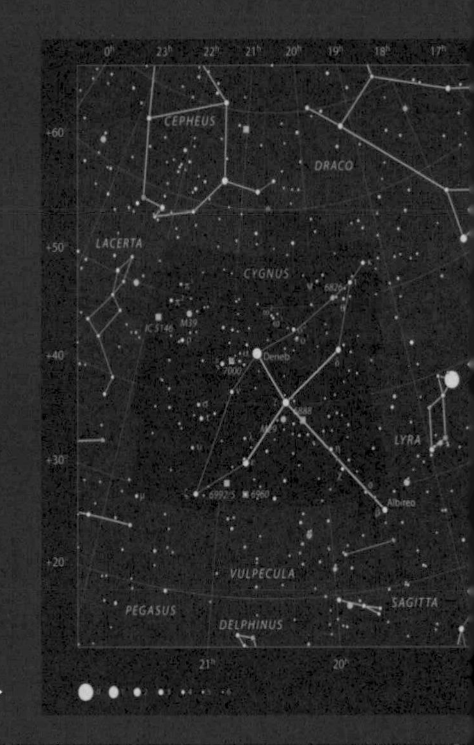

天球星空圖 ↓

天球赤經緯圖 →

星座背景故事：

天鵝座——窮追不捨的天鵝

天鵝座 68 星空圖

其中一個著名的故事是有一天，宙斯迷上了復仇女神涅墨西斯（Rhamnus）。她住在雅典城（Athens）東北方的拉姆諾斯（Rhamnus）。為了躲避宙斯各種不受歡迎的追求，她化身為各種動物的樣子。她先後躍入了河中、跑過了整個大地、最後還變成雁子的型態飛行。這種種的方法都是為了擺脫宙斯。但宙斯不是省油的燈。宙斯不甘示弱，他也在追涅墨西斯的途中化成了與她一樣的生物。每次宙斯幻化的生物都比涅墨西斯還要大、還要強壯。直到最後他變成了一隻天鵝，並用天鵝的形體抓住了涅墨西斯。另外一個故事一樣和宙斯和涅墨西斯有關，但天鵝是宙斯化身而成的。如同上一個故事，宙斯為了追求涅墨西斯，宙斯把自己變成了天鵝，並命令愛神阿芙羅狄忒（Aphrodite）化成一老隻鷹追捕自己，來博取涅墨西斯的同情。涅墨西斯不忍心，提供給這隻天鵝庇護所後，她才發現了自己犯了大錯。在這兩個故事版本中，結尾都是涅墨西斯產出了一顆蛋。這顆蛋最後孵化出了斯巴達（Sparta）女皇勒達（Leda）。有一個比較不一樣的故事是宙斯曾變成天鵝，在埃夫羅塔斯河（Eurotas）畔引誘斯巴達女皇勒達。在這個版本中，勒達生下了一顆蛋，這顆蛋孵出了一對雙胞胎卡斯托爾（Castor）、波呂杜克斯（Polydeuces）和海倫（Helen）。

天津四星空圖

天鵝座 61 星空圖

起源地為天鵝座的外星種族：

A. 天鵝星人 Cygnusians

🕮 來自：銀河系天鵝座

🕮 種類：類兩棲動物

🕮 外觀：有一雙巨大的凸眼睛，非常寬的鐵鍬嘴，沒有毛髮，暗沉油膩且濕潤的皮膚。

據溫德爾（Wendelle Stevens），天鵝星人是一個隸屬於「仙女座高階理事會」管轄的外星種族，但與類人族非常的不同。據稱，他們有大大凸起的眼睛、寬寬的鐵鍬嘴以及一身的深色油性皮膚，有可能看起來還濕濕的，但他們沒有毛髮。「仙女座高階理事會」與「星球聯邦」有關。

天鵝座的一個星雲：北美洲星雲

B. 德內卜星人 Denebian

🕮 來自：銀河系天鵝座

🕮 種類：未知

🕮 外觀：與半人半蛙相似，手指長度是人類的兩倍。

曾在 5 萬 3 千年前拜訪過雷姆利亞大陸。據說他們是星球聯邦的成員之一。艾力克斯（Alex Collier）提到天津四（Deneb）的居民與仙女星人和天倉五星人關係密切。他們在聲學技術上頗有成就，其中幾個在地球上有出現。他還提到，現今地球上的海豚是一種源於天狼星系和天鵝星系的哺乳混種動物阿席納（Asina）是天津四人。據聯繫資料統計，他曾聯繫比利（Billy）兩次。1977 年，阿席娜和她的船員第一次拜訪地球進行科學考察，可能也是探索的同時，損壞了他們的飛船。比利能夠與宇宙七重規律星系人聯繫，並請他們幫忙修好飛船。第二次是在 2000 年，他們前來感謝比利 23 年前的幫忙。後來他們後來加入了宇宙七重規律聯盟。

天鵝座的一個星團：M39

水瓶座 Aquarius

星座基本資料：

赤經：23

赤緯：－15

面積：980 平方度（排名第十）

代表物：

星座內最亮的一顆恆星（絕對星等）：羽林軍二

星座內肉眼可見最亮的一顆恆星（視星等）：

虛宿一

星座內距離地球最近的一顆恆星：寶瓶座 EZ

出現的外星物種：類人

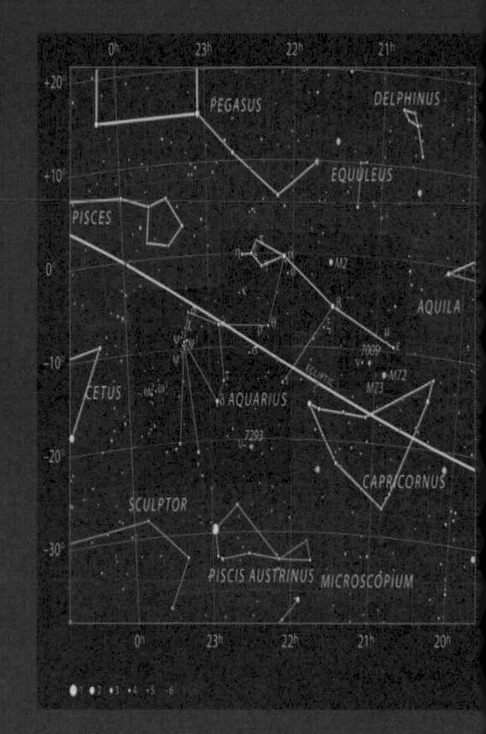

天球星空圖 ↓

天球赤經緯圖 →

星座背景故事：

水瓶座——傾城的男子

羽林軍二星空圖

水瓶星座圖顯示的是一位年輕男子拿著罐子或是有兩個把手的陶瓷在倒水。這液體是水和花蜜的混合物，是神的飲料。其中一個著名的故事是與蓋尼米德（Ganymede）有關，據說他是世界上最美麗的男孩，是特洛伊（Troy）國王特雷斯（Tros）的兒子。有一天，當蓋尼米德在幫他父親看管羊的時候，宙斯一見到他就迷戀上他，便幻化成鷹，以鷹的型態向特洛伊平原猛撲過去、抓走了蓋尼米德，把他帶到了奧林帕斯山（Olympus）。另一說則表示，這隻鷹是宙斯派過去的，不是他親自幻化而成的。無論哪個版本，蓋尼米德最後只能待在奧林帕斯山，替神靈送水。因宙斯把特雷斯的兒子給帶走，為了補償他，宙斯就送了一對駿馬、或是一株金藤給他。而這隻鷹也就是所謂的天鷹座。

虛宿一星空圖

寶瓶座 EZ 星空圖（肉眼不可見）

起源地為水瓶座的外星種族：

A. 雷努洛斯星人 Lanulos

🕮 來自：銀河系水瓶座

🕮 種類：類人

🕮 外觀：正常人，身高約 180 公分，
膚色黝黑，沒著任何衣服。

心宿二是高維度生命體的家鄉，包含物質型態與非物質型態。

拉努洛斯（Lanulos）星球在一個在接觸案例裡有被提到。這個案例始於 1996 年 11 月 2 日，在俄亥俄州，瑪麗埃塔（Marietta）與帕克斯堡（Parkersburg）交界的 77 號公路上。縫紉機銷售員伍德羅（Woodrow Derenberger）在大約 7 點駕著車從瑪麗埃塔往帕克斯堡時，他看見一種金屬球體的東西在他旁邊飛行，然後在他的面前降落。一個男人走出，他自稱英格麗德・寇德（Ingrid Cold），從拉努洛斯星球來。他們談了一會兒，然後那人就搭著飛船飛走了。

這名外星人說，拉努洛斯最初是由乘坐宇宙飛船到那裡旅行的地球人定居的。他們的新星球與地球非常相似，但只有三個季節。他們的壽命約為 125 至 175 年，信仰一個神，萬物之父、萬物之創造者。他們有語言，但也有心靈感應的交流。他們也是裸體主義者。他們自稱是「時間旅行者」，訪客們不能在地球上停留太久。因為在地球上的時間對他們來說是逆流。他們會變得太年輕，以至於會不記得如何控制他們的船隻。

他們不好戰，而是從事商業活動，希望與地球建立貿易關係。然而，他們發現他們遭到了拒絕。他們曾經與美國政府接觸，但發現官員們不願意保證他們的安全。

但是 Billy 的聯繫者認為這是個虛構的故事。

水瓶座的一個星系：土星狀星雲

天蠍座 Scorpius

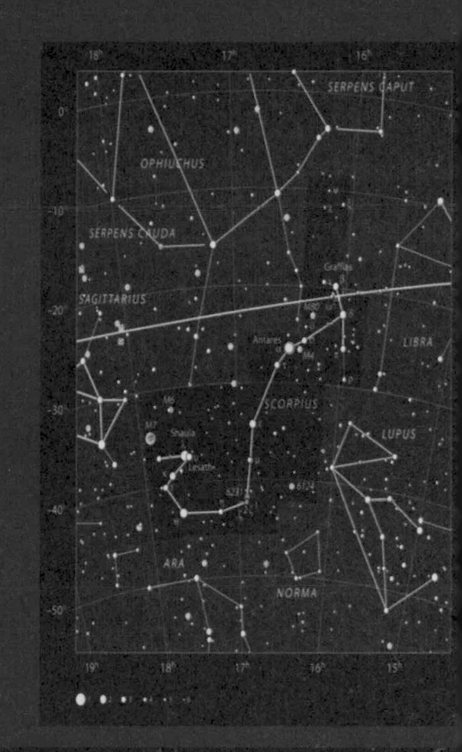

星座基本資料：

赤經：17

赤緯：－40

面積：497 平方度（排名第三十三）

代表物：蠍子

星座內最亮的一顆恆星（絕對星等）：Wray 17-96

星座內肉眼可見最亮的一顆恆星（視星等）：

心宿二

星座內距離地球最近的一顆恆星：葛利斯 667

出現的外星物種：類人

天球星空圖 ↓

天球赤經緯圖 →

星座背景故事：

天蠍座——使命必達的蠍子

一個說法是俄里翁（Orion）意圖對狩獵女人阿提米絲（Artemis）不軌，於是阿提米絲就派了一隻蠍子去螫他。另一個說法是俄里翁自誇說沒有什麼動物是他狩獵不到的，天后希拉（Hera）為了逞罰他，就派毒蠍子去咬傷他的腳，使他中毒而亡。無論是這兩個版本中的哪一個，一件無庸置疑的事情是，俄里翁都是被追殺的那一個。無論哪種情況，他傲慢的態度總是會遭受到報應。這兩則故事似乎是希臘神話中最古老的，因為從天空中星座的位置就可以看出來，這兩個星座的位置被排列在相對面的位置。意指為每當俄里翁要征服某一件事物，蠍子總是會出現干擾他。

Wray 17-96 星空圖

心宿二星空圖

葛利斯 667 星空圖

起源地為天蠍座的外星種族：

A. **安塔瑞斯星人** Antarieans

🕮 來自：銀河系天蠍座

🕮 種類：類人

🕮 外觀：金髮，倉白的皮膚。與普通的瞳孔不同，眼部顏色從淡黃色到亮綠色都有，更像是貓或蛇的眼睛。

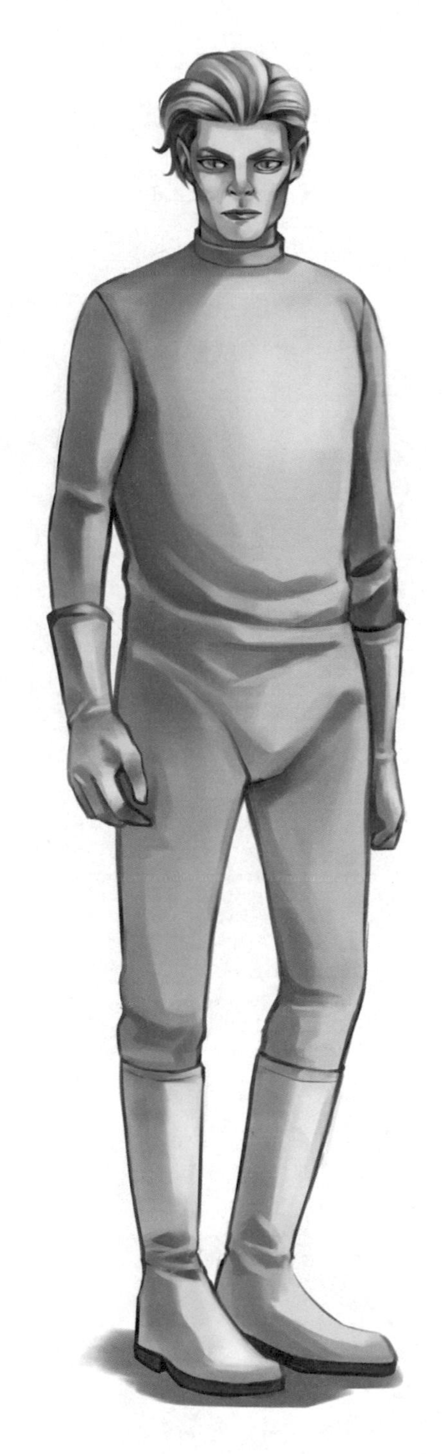

心宿二是高維度生命體的家鄉，包含物質型態與非物質型態。

人們也常常提到心宿二閘道。心宿二是通往其他星系和宇宙的重要閘道。這是一個跨維度、從我們銀河系通往仙女座的橋梁。一些靈魂在化身成肉體後，選擇經過這個閘道以致於能重啟靈魂記憶。

地球上，那些許多被稱呼為「星子」的人，事實上就是來自心宿二（或大角星）。他們極其敏感、聰穎、孤僻、內向，也時常富有同情心。

Al Bielek 和 V. Valerian 提到：看起來跟正常人類無異的心宿二人被駐紮在蒙托克（Montauk）基地當「觀察者」。

天蠍座的一個星團：NGC6321

室女座 Virgo

星座基本資料：

赤經：13

赤緯：0

面積：1294 平方度（排名第二）

代表物：春天之神

星座內最亮的一顆恆星（絕對星等）：角宿一

星座內肉眼可見最亮的一顆恆星（視星等）：角宿一

星座內距離地球最近的一顆恆星：羅斯 128

出現的外星物種：類人

天球星空圖 ↓

天球赤經緯圖 →

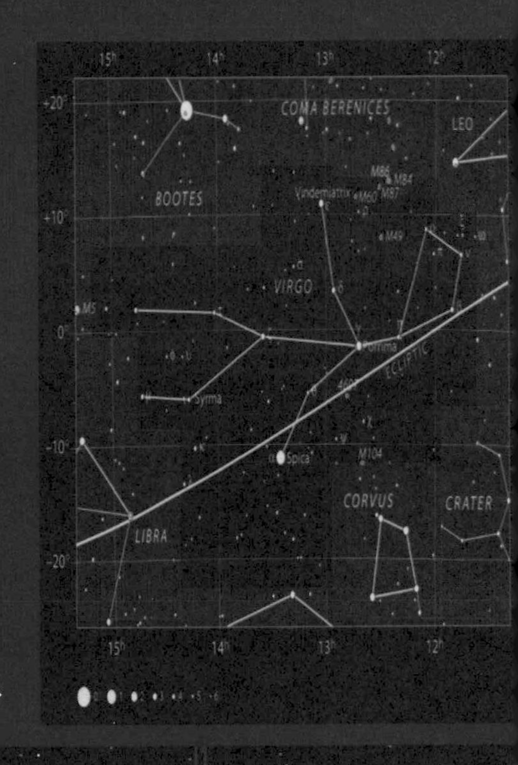

星座背景故事：

室女座——被綁架的女神

其中一個故事與大地女神狄蜜特（Demeter）有關。狄蜜特是克洛諾斯（Cronus）和雷亞（Rhea）的女兒，也是宙斯的姊姊。狄蜜特有一個女兒名為珀耳塞福涅（Persephone）。據說她輕輕踏過的地方，都會開滿鮮花。珀耳塞福涅一直以來都保有純潔之身。直到某一天她在西西里（Sicily）採花時，被冥界之神黑帝斯（Hades）綁架。原因是黑帝斯覬覦她的美色很久了。黑德斯從冥界駕著一輛四匹黑馬拖着的戰車而來，把她捲上了車後，便與她一起飛馳地進了黑帝斯的地下王國。在那裡珀耳塞福涅不情願地成了黑帝斯的王后。狄蜜特為了他女兒，搜尋了整個地球表面都無果，因此詛咒了西西里上的田地，導致作物都枯萎。狄蜜特得知真相後，狄蜜特便找了女兒的爸爸（也就是宙斯）對峙，要求他命令他哥哥黑帝斯把女兒還來。宙斯答應一試，但已經為時已晚了。珀爾塞福涅在冥界時已經吃過了地獄石榴，這意味著她無法永遠待在地球表面上。他們眾神最後達成了一個協議。珀爾塞福涅在一年中有四分之三的時間可以回到土地上，和她媽媽待在一起，另外四分之一的時間得待在冥界，與他的丈夫黑帝斯一起。這也就是四季的由來。

角宿一星空圖

羅斯 128 星空圖

起源地為室女座的外星種族：

A. 宇莫星人 Ummo

- 來自：銀河系室女座
- 種類：類人
- 外觀：未知

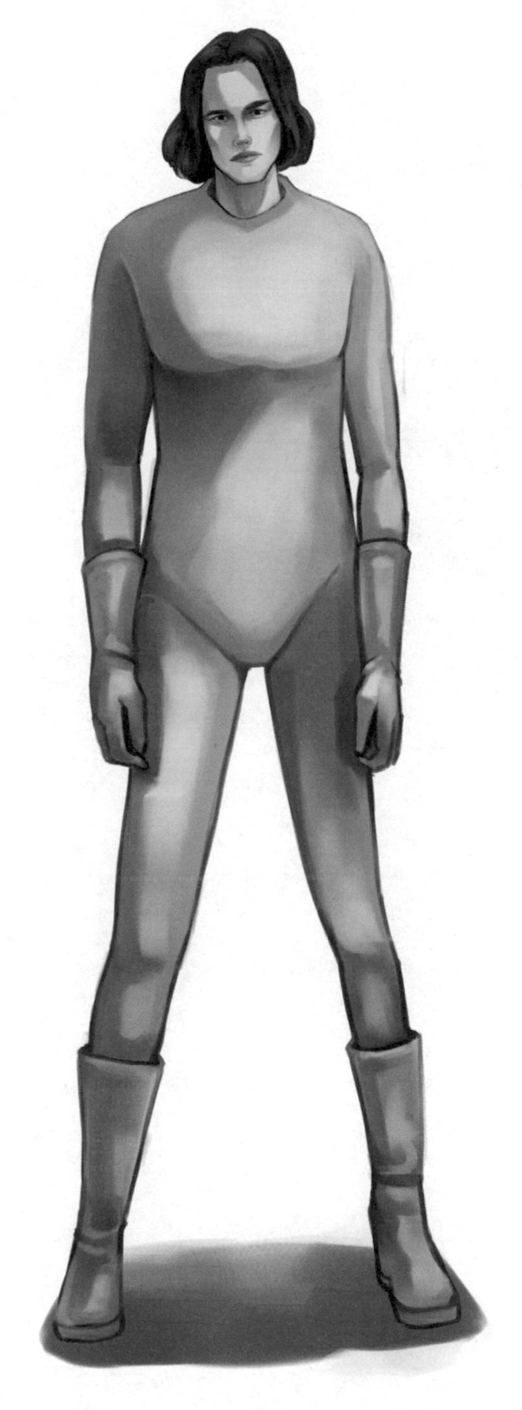

雲母星人（The Ummites）曾與很多人聯繫，其中最著名的聯繫者是著名的UFO研究員安東尼奧（Antonio Ribera）、「UFO：與雲母星人的接觸」的作者。雲母星人告訴安東尼奧，他們的星球環繞著一顆恆星運行。天文學家稱呼這顆恆星為沃夫424，在距離地球14個光年外。天母星球與地球非常相似。天母星人心靈感應能力極強。他們非常相信靈魂的存在和造物主的神。在13.7歲時，雲母星人兒童會離開他們的家庭到教學中心，在那裡他們會為了成年生活做準備。他們能夠實際運用至少十個維度，而且他們還知道更多。他們能夠在這麼短的時間內就能夠在飛船上旅行這麼遠的原因之一是因為，他們在時空中使用摺疊（fold）和包裹（wrap）的技術。也因為有著先進的技術，他們的飛船可以超越光速。

雖然在外觀上和

室女座的一個星系：闊邊帽星系

御夫座 Auriga

星座基本資料：

赤經：6

赤緯：+40

面積：657 平方度（排名第二十一）

代表物：

星座內最亮的一顆恆星（絕對星等）：柱一

星座內肉眼可見最亮的一顆恆星（視星等）：

五車二

星座內距離地球最近的一顆恆星：HD 37394

出現的外星物種：灰人

天球星空圖 ↓

天球赤經緯圖 →

星座背景故事：

御夫座——多才的男子

其中一個最廣為流傳的說法是御夫座與雅典（Athens）國王厄裏克托尼俄斯（Erichthonius）有關。他是火神赫菲斯托斯（Hephaestus）的兒子。赫菲斯托斯在鍛冶事務上忙得不可開交，沒有時間去照顧自己的兒子。於是厄裏克托尼俄斯都是交由女神雅典娜（Athene）扶養長大。厄裏克托尼俄斯長大後，赫菲斯托斯為他舉辦了一個名為「泛雅典娜節（Panathenaea）」的慶典。雅典娜傳授許多技巧給厄裏克托尼俄斯，包含如何馴服馬匹。他成為了第一個把四匹馬套上戰車的人，與太陽的四馬戰車相似。這個舉動贏得了宙斯的讚賞，使他在星辰中能夠佔有一席之地。

柱一星空圖

五車二星空圖

HD 37394 星空圖

起源地為御夫座的外星種族：

A. 卡佩拉星人 Capellans

📖 來自：銀河系御夫座

📖 種類：灰人

📖 外觀：淡藍色的皮膚，
女性比男性還要高。

五車二系的居民被認為是天龍帝國的成員，他們被天龍人殖民。喬治（George Andrews）聲稱五車二系的爬蟲族是最早在地球殖民的種族之一。

近期，女性五車二星人－身高通常高於男性－發動了叛變並將自己從小灰人和天龍人中解放獲取自由。之後便加入世界聯盟，致力於封鎖天龍人對太陽系的干涉。

五車二星人原為一個女性主導的戰士社會，他們是有著藍灰色皮膚、類爬蟲動物的前獨立種族。

在幾世紀前，小灰人帶著目的性地接觸五車二星人，請求他們幫忙和協助（小灰人宣稱他們自己是從天龍霸權逃出來的）。五車二星人就被拖下水，被天龍人殖民。實際上，陰險的小灰人早已與天龍人合作。在天龍人的指揮下，小灰人利用他們與五車二星人的合作來背叛、征服五車二星人。

御夫座的一個星團：NGC1893

后髮座 Coma Berenices

星座基本資料：

赤經：12.76

赤緯：+21.83

面積：386 平方度（排名第四十二）

代表物：

星座內最亮的一顆恆星（絕對星等）：五諸侯增五

星座內肉眼可見最亮的一顆恆星（視星等）：周鼎一

星座內距離地球最近的一顆恆星：周鼎一

出現的外星物種：類人

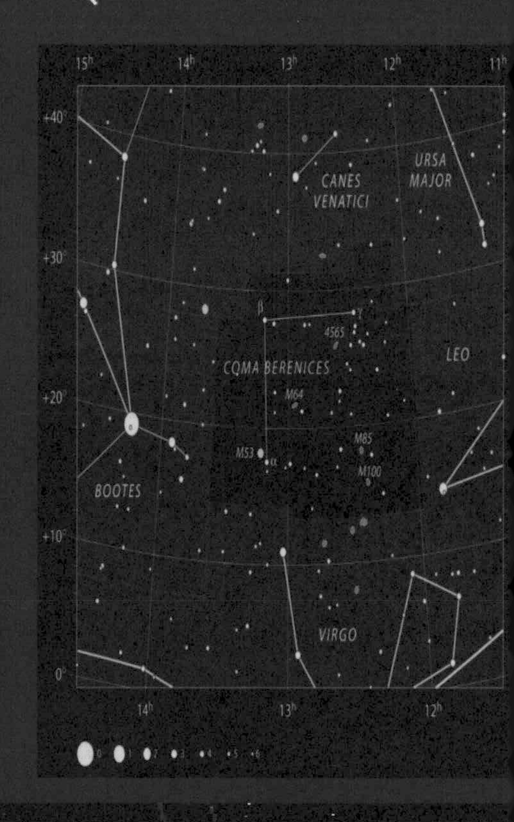

天球星空圖 ↓

天球赤經緯圖 →

星座背景故事：

后髮座——消失的長髮

后髮座原先位於獅子座和牧夫座之間。但在早期的時候，后髮座並沒有一個屬於自己的區塊，它被歸納在師子座的一部份，直到後來才被獨立出來。

后髮座的故事與貝勒尼基（Berenice）有關。她是一個在歷史上真正存在過的人。據說貝勒尼基是一位已經在戰鬥中赫赫有名的的御馬者。她於公元前 246 年嫁給了她表親托勒密三世「施惠者」（Ptolemy III Euergetes）。在他們結婚不久後，托勒密為了襲擊亞洲，發動了第三次的敘利亞戰爭。貝勒尼基向諸神發誓，如果托勒密勝利歸來的話，她將剪去她的頭髮，以示感謝諸神。隔年，托勒密平安歸來了。如釋重負的貝勒尼基履行她的諾言，將頭髮剪去，放在了神殿裡。這座神殿位於現今的亞斯文（Aswan），一個埃及南部城市。這座神殿是建造來獻給她的母親阿爾西諾伊（Arsinoe）。令人感到驚奇的是，隔天她放在神殿的頭髮就不見了。真實發生的狀況沒有被記載下來，但據說她的頭髮被放到了星空上，與其他星座陳列在一起。

五諸侯增五星空圖

周鼎一星空圖

起源地為后髮座的外星種族：

A. 后髮星人 Coma Berenices

🕮 來自：銀河系后髮座

🕮 種類：類人

🕮 外觀：與人類相似

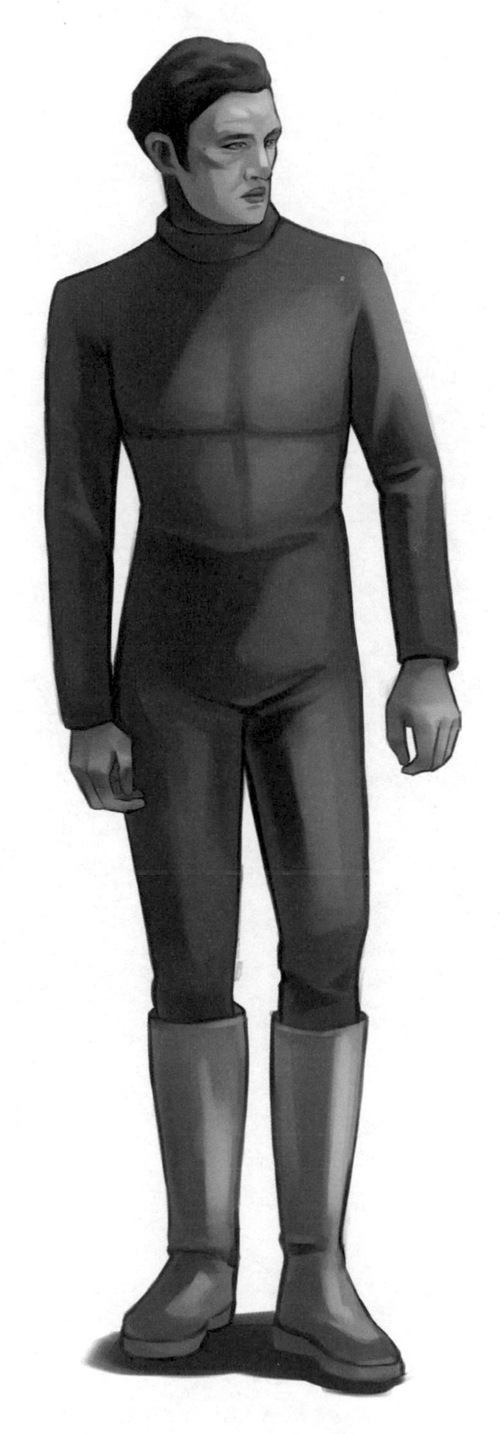

居住在新墨西哥州的接觸者保爾（Paul Villa）聲稱他在 1950 至 1960 年代間與貌似人類的外星人有密切的接觸。他們告訴他，他們來自太陽系的一個星球，位於后法星座內。一些保爾在 1963 年拍攝的照片已成為他們多次調查（和爭議）的主題。

后髮座的一個星系：NGC4321

小犬座 Canis Minor

星座基本資料：

赤經：07h 06.4m 至 08h 11.4m

赤緯：13.22° 至－0.36°

面積：183 平方度（排名第七十一）

代表物：犬

星座內最亮的一顆恆星（絕對星等）：HD 57608

星座內肉眼可見最亮的一顆恆星（視星等）：

南河三

星座內距離地球最近的一顆恆星：南河三

出現的外星物種：類人

天球星空圖 ↓　　　　　　天球赤經緯圖 →

星座背景故事：

在公元 2 世紀，希臘埃及天文學家克勞狄烏斯．托勒密（Claudius Ptolemaeus，又名托勒密）編制了一份當時已知的所有 48 個星座的清單。這份名為《至大論》的書籍在中世紀被歐洲和伊斯蘭的學者使用了長達一千多年，一直以來都是占星學和天文學的經典，直到現代才漸漸地被取代。

其中這 48 個星座之一的就是北半球的小犬座。作為一個相對暗淡的恆星集體，它只包含兩顆特別亮的恆星，其他都是暗淡的深空天體。今日它已是國際天文學聯合會承認的 88 個星座之一，與麒麟座、雙子座、巨蟹座和長蛇星座接壤。

南河三星空圖

HD 57608 星空圖

起源地為小犬座的外星種族：

A. Ginvo

🕮 來自：銀河系小犬座

🕮 種類：灰人

🕮 外觀：與人類一樣高，小鼻子，大眼睛

Ginvo 把他們的恆星取名為 Elevena，把他們的行星取名為 Maru。Gino 是五國會議（The council of Five）的成員之一。一般來說他們與地球人一樣高。有著小巧的鼻子、棕黑色的大眼睛和棕色的皮膚。他們能活到 200 年左右。

他們有兩個性別。他們孩子的頭髮會隨著年齡的增長而脫落，顯示他們的種族正處於基因突變階段，以至於在孩子身上顯而易見。Ginvo 非常重視他們的後代，重視教育。他們同時也是一個愛好和平的種族，不參與任何衝突。

他們崇尚生命和一切生物，並把藝術作為一種精神表現，無論是視覺上還是音樂上。他們掌握著很棒的文化，有足夠的能力把水晶礦物結構地表完美形成他們的棲息地。

Ginvo 曾訪問過地球，但從未登陸過。他們的船看起來是半透明的，有時你會誤以為是「以太船」。

B. Eldaru

🕮 來自：銀河系小犬座

🕮 種類：類人

🕮 外觀：高大金髮類人生物，肌肉發達

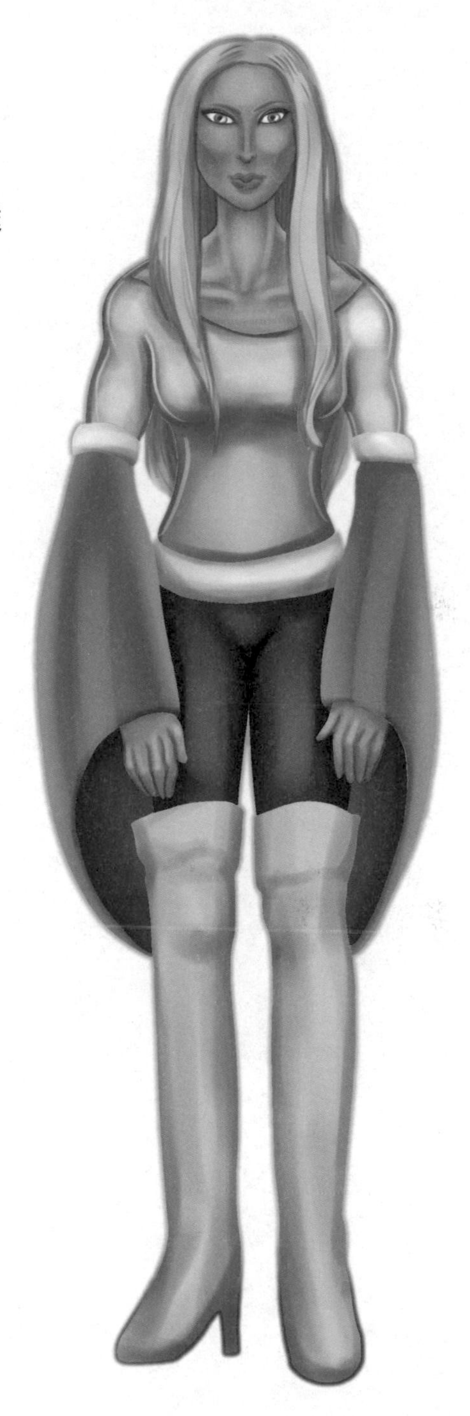

他們是來自 Rigel 的難民殖民地（與 Noor Lyrans 有親緣關係，但不是天琴座戰爭的倖存者）。他們在南河三星系的第四顆行星上建立基地，他們將其命名為「靈族」（Eldar）。他們是高大的金髮類人生物，肌肉發達、皮膚白皙、鈷藍色的眼睛清澈見底。他們與昴宿星人、梅頓 - 半人馬座和海德星人屬於同一物種。由於參宿七灰人（Rigel Greys）的攻擊，他們逃離了獵戶座的參宿七星系。這類灰人是一個非常具有侵略性的物種，名為「Grail」，其強大的文明延伸到參宿七、貝拉特里克斯、參宿四和明塔卡（他們的家鄉世界）的恆星系統中。不幸的是，Grail 再次找到了他們，但這次是作為和平大使抵達的。有意願繼續進行更好的交流，Eldar 對他們表示歡迎。但計謀很快就顯露了出來。在很短的時間內，Grail 就滲透到了 Eldar 社會結構的各個層面。Grail 是爬行類動物物種，使用的技術與他們在地球上使用的技術相同：一種作用於大腦的心靈感應。

Eldar 發現了時間扭曲技術，這是一種通過達到特定的意識水平、切換到另一種維度而開發的技術。只有部分種族可以做到這一點，但 Grail 的靈魂無法做到。利用意識的多維擴張，大量的 Eldar 人能夠逃到另一個維度位面並嘗試從那裡行動以改變事件的進程。的確，在武器不足的情況下，想要用武器來反擊強大的敵人是無法想像的。因此在這些情況下（例如目前在地球上發生的事情），地球人需要了解到最好的前進方式是什麼。作為 Eldar、昴宿星人和所有天琴座後裔，意識的力量必須超越對抗勢力的所有士兵。對抗爬行動物種族的最佳方法，無論是 Ciakahrr、Nagai、Do-Hu、Maytra、Zetan Xrog 還是其他所有種族，都是提升意識水平，從第三維度水平頻率進展到多維意識。這些敵人擁有將地球拋出軌道的技術，但相反地，地球人也擁有一種他們沒有的武器：即將個人思想提升到源頭。這就是獲勝的關鍵。

小熊座 Ursa Minor

星座基本資料：

赤經：08h 41.4m 至 22h 54.0m

赤緯：65.40° 至 90°

面積：256 平方度（排名第五十六）

代表物：小熊

星座內最亮的一顆恆星（絕對星等）：勾陳一

星座內肉眼可見最亮的一顆恆星（視星等）：勾陳一

星座內距離地球最近的一顆恆星：π 1B

出現的外星物種：爬蟲人

天球星空圖 ↓

天球赤經緯圖 →

星座背景故事：

勾陳一星空圖

位於北極圈的小熊座是托勒密列出的 48 個原始星座之一，並且仍然是 IAU 認可的 88 個現代星座之一。小熊座目前是位於北天極的位置，與天龍座、鹿豹座和仙王座接壤。所有位於 +90° 和正負 10° 之間的緯度的觀察者都可以看到它，且在 6 月份最容易見到它。

每年有一個與小熊座有關的流星雨，稱為小熊座流星雨。從每年的 12 月 17 日左右開始，我們能在天空看到流星體，時間一直持續到 12 月底。流星雨本身被認為與塔特爾彗星有關，可能是由威廉・F・丹寧（William F. Denning）在 20 世紀發現的。活動的高峰日期發生在 12 月 22 日，在約 12 小時的時間裡，您平均每小時可以從黑暗的天空位置看到 10 顆左右的流星。

在神話中，小熊座的意思是代表一隻尾巴很長的熊寶寶。這或許是源於卡利斯托（Kallisto） 和她兒子的寓言故事，他們作為熊和兒子被放置在天空中。小熊座的尾巴被認為是從圍繞北極星擺動而拉長的！在某些形式的神話中，北斗七星的七顆星被認為是阿特拉斯的女兒赫斯珀里得斯……但它在其他故事中是形成了「龍翼」。雖然「小北斗七星」星團更暗更難辨認，但一旦你了解了它的圖案，你就會永遠記住它。小北斗末端的星星是北極星。北極星很容易識別，通過在形成北斗七星末端的兩顆恆星上畫一條線並將該線延伸五倍的距離就可以找到北極星。

起源地為小熊座的外星種族：

A. Strom

🕮 來自：

🕮 種類：

🕮 外觀：

他們的恆星系是一個名為斯塔卡（Stakkah）的星系，有六顆星球。Strom 是非常安靜的無脊椎動物跟腔腸動物。他們大約 6 英尺高，頭部很大，看起來有點像某些犬類（非親緣關係）。他們以營養液和植物為食。斯特羅姆（Strom）有三種性別，需要三者一起生育；一個是蛋層，第二個是肥料，另一個是承載者。這是我已經解釋過的，如果你想要多了解一點外生物學，那這就是他們如何做到這一點的：費洛蒙首先由承載者產生，他們認為是時候進入生育的周期了（他們一生有四個週期共 200 年). 他會尋找另外兩種成分中的一對來吸引並繁殖。當他們將所有三種成分聚集在一起時，承載者產生的費洛蒙會刺激另外兩種成分的性功能，後者會轉變為化學反應激活他們的生殖器官。如果這個過程被打斷，兩個生物都會迅速死亡，會被通過交配轉化的化學物質燃燒。一旦交配，化學物質就會從他們身上釋放出來，然後將受精卵基質植入承載者。最後，承載者將闌尾插入基質支架中以抓住受精卵並攝取它。我知道很噁心對吧？歡迎來到這個生物多樣性的宇宙。然後攜帶者通過其下半身後部的孔口排出成熟的標本。不要害怕，他們確實喜歡這個。在任何復製過程中都必須始終保持最低限度的享受；任何物種為生存所必需的。植被對 Strom 文化具有重要意義，也是他們訪問的主要原因（在地球上至少訪問了 200 次）。他們在最後一個冰河時代末期首次發現了地球，當時主要是為了研究植物群而造訪。

山案座 Mensa

星座基本資料：

赤經：03h 12m 55.9008s 至 07h 36m 51.5289s

赤緯：－71° 至－85.5°

面積：153 平方度（排名第七十五）

代表物：桌山

星座內最亮的一顆恆星（絕對星等）：山案座 WX

星座內肉眼可見最亮的一顆恆星（視星等）：

山案座 α

星座內距離地球最近的一顆恆星：山案座 α

出現的外星物種：爬蟲人人

天球星空圖 ↓　　天球赤經緯圖 →

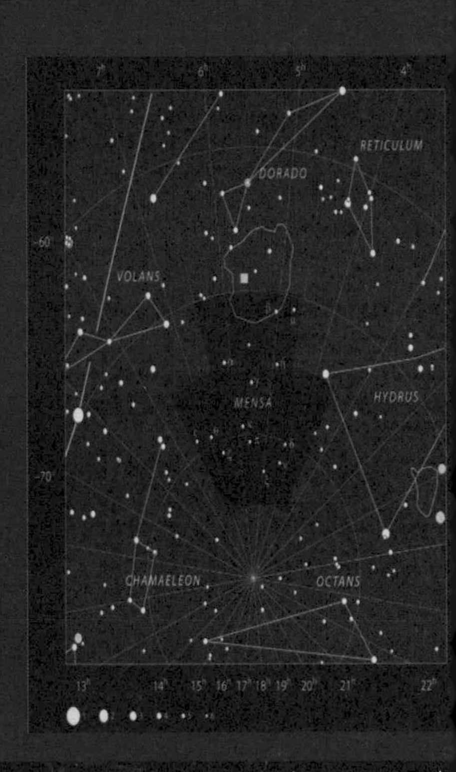

星座背景故事：

山案座位於南半球的天空，它是最南端數來的第二個星座，所以北半球的大部分地區都看不到山案座。每年的 5 到 7 月，我們可以在 5 緯度度以南的地區觀看到山案座。一月份在北緯地區可以最好地看到它。它是一個面積只有 153 平方度的小星座。它的大小在總共的 88 個星座中排名第 75 位。它的北部與多劍魚座接壤，西北部和西部與水蛇座接壤，南部與南極座接壤，東部與蝘蜓座接壤，東北與飛魚座接壤。

由於是近代才被命名的星座，所以沒有與山案座相關的神話。它是 18 世紀法國天文學家尼古拉斯・路易斯・德・拉卡耶神父（Abbé Nicolas Louis de Lacaille）命名的 14 個南方星座之一。這個名字在拉丁語中的意思是「桌子」。拉卡耶為紀念他在南非開普敦天文台附近的桌山，將其命名為山案座。拉卡耶最初於 1756 年在他的平面球上將這個星座命名為 Montagne de la Table。他後來在 1763 年的第二版中將它拉丁化為 Mons Mensae。後來在約翰・赫歇爾（John Herschel） 的建議下，英國天文學家弗朗西斯・貝利（Francis Baily）將該名稱縮短為 Mensa。該星座被描繪成一座頂部平坦的山。

山案座 α 星空圖

HD 37993 星空圖

起源地為山案座的外星種族：

A. Mensa

🕮 來自：

🕮 種類：

🕮 外觀：

山案座人（Mensans）：這是一種高智慧的人形生物，擁有藍色的皮膚和白色的頭髮。他們來自山案座的一顆行星，名為山案座 IV。他們是一個和平的文明，專注於科學和哲學的研究。他們與地球人有過幾次友好的接觸，並且分享了一些他們的知識和技術。

山案座蟲（Mensan Worms）：這是一種類似蠕蟲的生物，長約一米，有六條觸手和一個大的眼睛。他們來自山案座的一顆氣體巨行星，名為山案座 IX。他們是一個高度進化的文明，擁有強大的心靈能力和先進的科技。他們與地球人的接觸非常少，因為他們對其他種族不感興趣，而且很難適應地球的環境。

山案座機器人（Mensan Robots）：這是一種由山案座人創造的機器人，外觀類似人類，但有金屬的皮膚和紅色的眼睛。他們來自山案座的一顆人造衛星，名為山案座 X。他們是一個獨立的文明，擁有自己的意識和目標。他們與地球人的接觸非常多，因為他們對地球的資源和文化很感興趣，而且很容易偽裝成人類。

六分儀座 Sextans

星座基本資料：

赤經：10

赤緯：0

面積：314 平方度（排名第四十七）

代表物：儀

星座內最亮的一顆恆星（絕對星等）：HD 85709

星座內肉眼可見最亮的一顆恆星（視星等）：

天相二

星座內距離地球最近的一顆恆星：LHS 292

出現的外星物種：爬蟲人

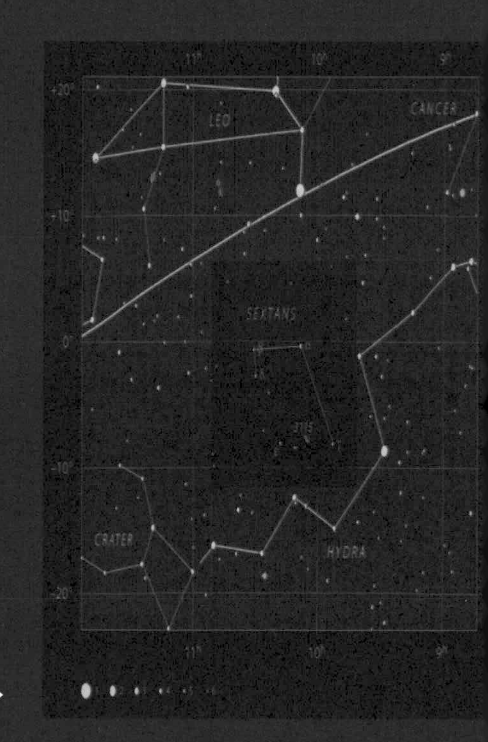

天球星空圖 ↓

天球赤經緯圖 →

星座背景故事：

六分儀座最好的觀測地點位於南半球，時間為一月到五月，而在緯度 80 度到 -90 度之間可見完整的樣貌。它是一個中等大小的星座，面積為 314 平方度。它的大小在夜空中的 88 個星座中排名第 47 位。它位於天球赤道附近，毗鄰巨爵座、長蛇座和獅子座。這是一個暗淡的星座，即使在理想條件下也很難找到。

由於也是近代才命名的星座，因此沒有與之相關的神話。它是由波蘭天文學家約翰內斯．赫維利烏斯（Johannes Hevelius）於 1687 年引入的。它的名字是拉丁文，意為天文六分儀，也就是赫維利烏斯製造的一種儀器，用於幫助測量恆星的位置。該星座最初以他使用的儀器命名，直到 1679 年它在他的天文台被一場大火摧毀。赫維利烏斯在觀察星星時更喜歡使用六分儀而不是望遠鏡。

天相二星空圖

HD 85709 星空圖

起源地為六分儀座的外星種族：

A. Akart

🕮 來自：

🕮 種類：

🕮 外觀：

他們來自六分儀星座（Sextans）的 Okunuu Okulua 行星。其中有三顆行星，稱為阿卡特星系（Akart）。有一個名為 Akart (pl. Akarit) 的種族生活在那裡。他們屬於小灰人種族，額頭呈三 狀突起，有著黑黑的大眼睛。他們有兩種性別，屬於男權社會。女性通常不做旅行，除非她們是上流階層的一員。在這種情況下的話，他們就不會選擇組建家庭。因為他們屬於冷血動物，所以他們會下蛋。每次懷一顆蛋。一隻雌性阿卡特在其一生中最多可以產下六顆蛋。與聯盟中的許多其他物種相比，他們的壽命並不長，可能只比人類年長一點，大概超過個一兩年。他們的技術並不頂尖，但他們知道星空旅行，也就是跨維度旅行。他們非常疼愛他們的後代，並為後代的教育付出了非常多心力。女性和男性接受的教育大致相同，只是女性會傾向於投入研究精神力量。他們吃肉。他們穿衣服，但並非總是如此。例如，對於跨維度旅行就不需要穿衣服，因為他們使用的方法很特別；他們知道如何轉移他們的光體和轉世的身體，但不會給任何非物質物體穿上衣服。這就是他們的做法。這通常是跨維度船員男女皆宜的原因。

阿卡特來自銀河系很遠很遠的地方，所以他們很少訪問地球，而且時間間隔很長。他們不做綁架，只是出於好奇，但不要太招惹他們，他們並不像個和平主義者。他們有時會有神經質的行為和衝動。他們的飛船呈橢圓形灰色金屬狀，沒有窗戶。當起飛時，他們會提高飛船的頻率以進行多維跳躍。同時也會發出高溫，足以在起飛時煅燒地面。

B. Hav-Hannuake-Kondras

📖 來自：

📖 種類：

📖 外觀：

他們起源於距地球430萬光年遠的六分儀星座方向的Beta矮星系。他們具有人形外觀，大小約為5.2至5.5英尺高。他們有黑色眼睛、沒有瞳孔、淡黃色的皮膚和黑色的頭髮。他們是探險家，但不會像過去那樣大規模綁架人類。主要原因是銀河世界聯盟的影響力越來越大，以及恰卡爾和獵戶也在地球存在的種種因素。他們在人類的934年發現了地球，並開始綁架和殺害人類。他們大約在一百年前就停止這樣做了。對他們來說，這已經成為太多的領土問題，所以他們變得比過去更加謹慎，改成多次綁架動物，很少綁架人類。Maytrei最近開始與他們進行交易，向他們出售被綁架者。他們使用的被綁架者人體永遠不會歸還。他們會吸取和喝動物的血液。一些政府確實知道他們的存在，也接受他們的行動。Hav-Hannuae與黑暗的人類邪教有聯繫。他們只對血感興趣。他們有三種性別。他們的船很難被追蹤，因為他們會隱形。他們會根據不同的太空旅行使用不同的技術。他們會彎曲粒子以扭曲空間連續體，而這需要很復雜的技術。他們的船是由變形的生命物質製成的。

雙子座 Gemini

星座基本資料：

赤經：7

赤緯：+20x

面積：514 平方度（排名第三十）

代表物：雙子

星座內最亮的一顆恆星（絕對星等）：井宿增十四

星座內肉眼可見最亮的一顆恆星（視星等）：

北河三

星座內距離地球最近的一顆恆星：北河三

出現的外星物種：灰人

天球星空圖 ↓

天球赤經緯圖 →

星座背景故事：

雙子座，也就是雙胞胎，於 11 月至 4 月的時間在北半球清晰可見。它可以在 90 度至 -60 度之間的緯度看到。它是一個中等大小的星座，佔地 514 平方度。它的大小在夜空中的 88 個星座中排名第 30 位。它的西邊是金牛座，東邊是巨蟹座，北邊是御夫座和天貓座，南邊是麒麟座和小犬座。它是黃道十二星座之一。這意味著它位於一年中太陽在天空中行進的路徑上。

雙子座是西元 2 世紀希臘天文學家托勒密首次編錄的 48 個星座之一。它的名字在拉丁語中的意思是「雙胞胎」。它代表雙胞胎卡斯托（Castor）和波路克斯 （Pollux），這兩位希臘英雄是傑森在阿爾戈號上航行的人之一。根據神話，他們實際上是同父異母的兄弟，而不是真正的雙胞胎。他們有同一個母親勒達（Leda），但有不同的父親。卡斯托的父親是斯巴達國王廷達瑞斯（Tyndareus），波路克斯的父親是宙斯本人。在巴比倫時代，Castor 和 Pollux 被稱為偉大的雙胞胎。他們被命名為 Meshlamtaea 和 Lugalirra，意思是「從冥界崛起的那一位」和「強大的國王」。

北河三星空圖

HD 52005 星空圖

起源地為雙子座的外星種族：

A. Ainanna

🕮 來自：

🕮 種類：

🕮 外觀：

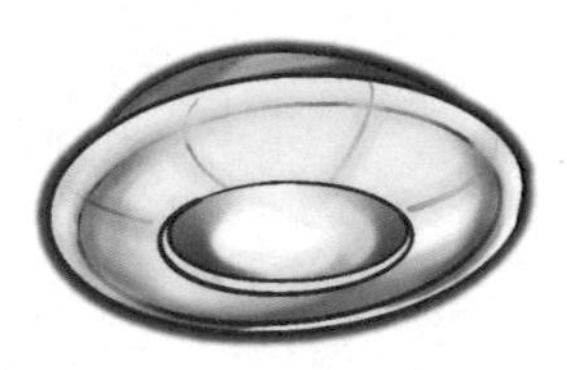

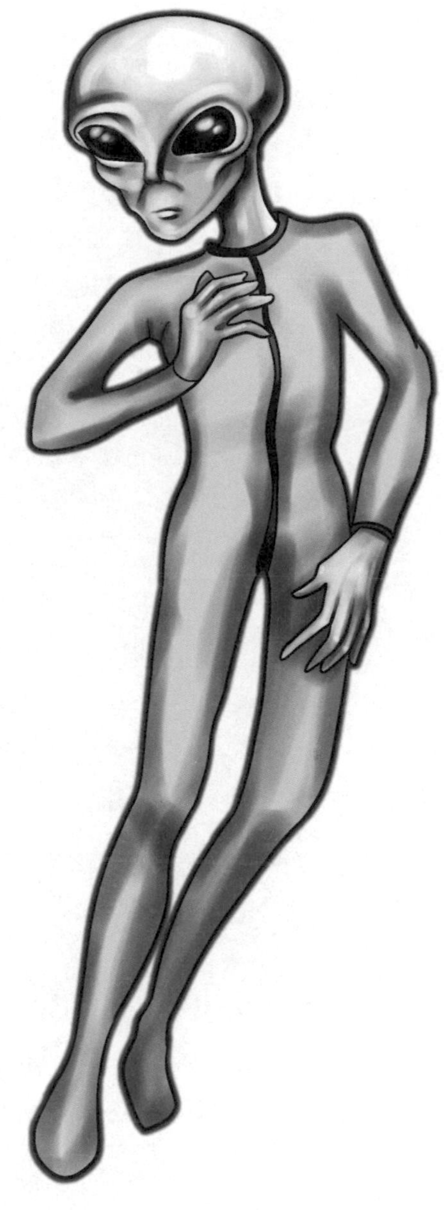

Ainanna 來自雙子座的北河三（Beta Geminorum、Pollux），距離地球 34 光年。他們的星球是卓姆納—忒斯提亞斯（Dromna-Thestias）。這顆行星的質量是木星的 2.3 倍，並在 589 天內繞其恆星公轉一圈（有時會略有波動）。該星系有 3 顆行星，另外兩顆是岩石行星且沒有生命存在的，而其中一顆用於資源開採。數千年來，在火星變成宜適居住的地方前，Ainanna 人一直與其他種族共享火星上的居住地。身形與 Zetan Grey 大小相同，但眼睛顯得更大。皮膚呈清晰的棕色。他們有四隻手指加拇指，腳趾跟手指一樣有四隻腳趾加拇指。他們只在必要的時候穿衣服。他們太空旅行的制服是橘色的，長得很像是環保套裝。
由於玻璃蓋效應，他們的星球非常炎熱。他們無法在我們的大氣中呼吸，所以他們使用合成生命的形式，例如克隆人來完成工作並在環境中與人類互動。他們不是銀河聯邦的一份子。他們在地球有一個地下基地，在其他星球上也有基地，但他們大多駐紮在美國道西基地、與政府合作，以高科技技術換取人類。他們還與爬蟲人和 Maytrei 結盟，在那裡進行基因實驗以及從事以太分離的項目。這些設施的某些部分會為他們提供合適的空氣氛圍，好讓他們能夠呼吸。他們的船由黑色金屬製成，有些是橢圓形，有些是長方形。長方形的比較大，外圍有黃燈。他們知悉隱形技術。

天爐座 Fornax

星座基本資料：

赤經：2.7800

赤緯：－31.6300°

面積：398 平方度（排名第四十一）

代表物：爐

星座內最亮的一顆恆星（絕對星等）：天爐座 AI

星座內肉眼可見最亮的一顆恆星（視星等）：

天爐座 α

星座內距離地球最近的一顆恆星：天爐座 α

出現的外星物種：類人

天球星空圖 ↓

天球赤經緯圖 →

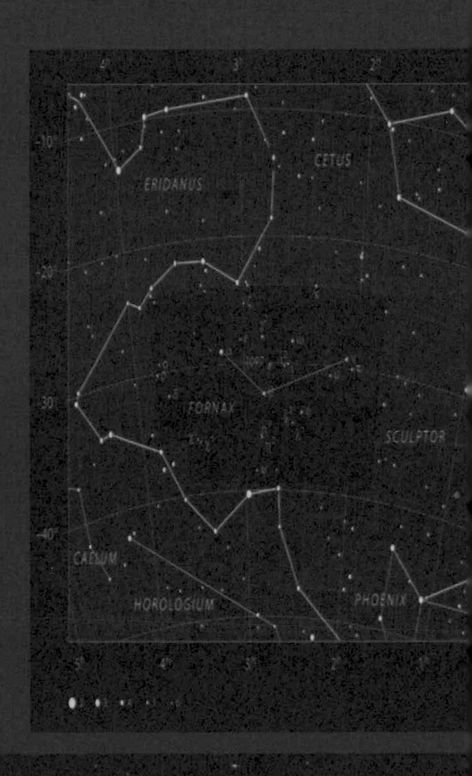

星座背景故事：

天苑增三星空圖

天爐座的名字由來是因其形狀相似於實驗室裡常見的試驗室用爐。天爐座位於天空的南半球，於每年的 10 至 12 月可以在北緯 50 度以南的地區見到。天爐座是一個中等大小的星座，總面積為 398 平方度。以這個大小來說，它是夜空中第 41 大的星座。它被鯨魚座、波江座、鳳凰座和玉夫座所接壤。天爐座與任何神話都沒有關聯。這個名字在拉丁語中的意思是「熔爐」。它是法國天文學家尼古拉斯．路易斯．德．拉卡耶（Nicolas Louis de Lacaille）於 1756 年前往好望角研究南部夜空後命名的 14 個星座之一。拉卡耶以他的好友，也就是法國科學家以及現代化學之父的安托萬．拉瓦錫（Antoine Lavoisier）的名字命名這個星座。拉瓦錫後來在 1794 年的法國大革命期間被定為叛徒並被送上斷頭台。拉卡耶最初將星座命名為 Fornax Chemica，以用於加熱化學實驗的小型固體燃料容器命名。1845 年，英國天文學家弗朗西斯．貝利（Francis Bailey）將這個名字縮短為 Fornax。

起源地為天爐座的外星種族：

A. Egon

🕮 來自：

🕮 種類：

🕮 外觀：

他們來自距地球約 132 億光年的 UDFJ-39546284 星系，位於天爐星座中對。他們稱自己為「Egon」。他們有能力穿越時空漩渦旅行。他們是一個高大、美麗的人類種族，有著白皙的虹彩皮膚和白皙的頭髮。特別的是，他們有一種聞起來像花的特殊性，可能跟植物天然的內在有關。Egoni 造訪地球的次數並不多，但他們在 1935 年曾在蘇聯內與人類聯繫過一次。他們用一種斯拉夫方言（Slavic dialect）寫信給人類。他們在當時留下了大約 10 句話的書面信息，但隨著一系列的政治因素，這些訊息已全部被塗黑，上面只留下了「2017-2022」的日期。我們相信他們是來警告地球人，在 2017-2022 這短短的幾年時間，人類未來的命運就會被決定好。

天鶴座 Grus

星座基本資料：

赤經：21h 27.4m to 23h 27.1m

赤緯：－36.31° to －56.39°

面積：398 平方度（排名第四十一）

代表物：鶴

星座內最亮的一顆恆星（絕對星等）：尚未命名

星座內肉眼可見最亮的一顆恆星（視星等）：天鶴座 α

星座內距離地球最近的一顆恆星：格利澤 832

出現的外星物種：類人

天球星空圖 ↓

天球赤經緯圖 →

星座背景故事：

天鶴座（Grus）位於南半球天空，每年於 7 月至 9 月能在北緯 33 度以南的緯地區見到此星座。它是一個相對較小的星座，覆蓋面積為 366 平方度。它的大小在夜空中的 88 個星座中排名第 45 位。它是與孔雀座、鳳凰座和杜鵑座一起被稱為「南方鳥類」的星座之一。它的北部與南魚座接壤，東北部與玉夫座接壤，東部與鳳凰座接壤，南部與杜鵑座接壤，西南與印第安座接壤，西部與顯微鏡座接壤。

天鶴座 α 星空圖

沒有與天鶴座相關的神話。它是彼得勒斯・普朗修斯（Petrus Plancius）根據荷蘭航海家的觀察所確定的十二個星座之一。它的名字在拉丁語中的意思是「起重機」。它首先出現在 1598 年普朗修斯創造的一個天球上，後來在 1603 年被列入約翰拜耳（Johann Bayer）的星圖。在 17 世紀初，這個星座被簡稱為 Phoenicopterus，在拉丁語中是「火烈鳥」的意思。這個名字最終又改回了 Grus。

起源地為天鶴座的外星種族：

A. Elmanuk

📖 來自：

📖 種類：

📖 外觀：

Elmanuk 起源於天鶴座（Grus），靠近 Alnair 恆星，位於古老的 Gliese 832 恆星系中。他們的星球距地球 162 光年，名為 Ardamant。Elmanuk 被稱為最和平的種族之一，在銀河世界聯盟真正一致建立之前，它是五人委員會（一開始是九人）的起源。這個委員會在創建時最初被稱為九人委員會，或阿爾達曼委員會（the council of Ardamant），其目的是照顧低發展的世界，並保護他們免受獵戶聯盟和恰卡爾帝國的侵害。Elmanuk 人很高很瘦；他們看起來皮包骨，但你會驚訝於他們的身體素質和力量。他們的眼睛非常大，和大多數灰人種族一樣，他們戴著深色防護鏡片。他們有兩種性別，但在必要時，雄性可以通過激活胃中的子宮來轉換性別。他們有一個適合出生的小孔。發生變化是一個非常痛苦的過程，因此僅在必要時才執行此操作。他們現在不是很多，他們的老種族更喜歡從銀河活躍的外交中退休。

他們仍然出現在聯邦銀河委員會中，但只在必要時出現。在他們創建 Ardamant 委員會時，他們發明了著名的句子：「五個宇宙，2500 個物種，一個種族。」當然，從那時起就知道有更多的宇宙和種族，但這句話仍然很顯赫。銀河世界聯盟甚至用它來創造他們自己的公理：「一個多元宇宙，一個種族。」他們於 2002 年造訪地球，以準備大覺醒（Great Awakening），他們參與了計劃。他們與大角星人（Ohorai）非常相似。

巨蛇座 Serpens

星座基本資料：

赤經：蛇頭 16h　蛇尾 18

赤緯：蛇頭 +10° 蛇尾 – 5

面積：637 平方度（排名第二十三）

代表物：蛇

星座內最亮的一顆恆星（絕對星等）：巨蛇座 NW

星座內肉眼可見最亮的一顆恆星（視星等）：

巨蛇座 α

星座內距離地球最近的一顆恆星：巨蛇座 γ

出現的外星物種：類人

天球赤經緯圖 ↓　　　　天球星空圖 →

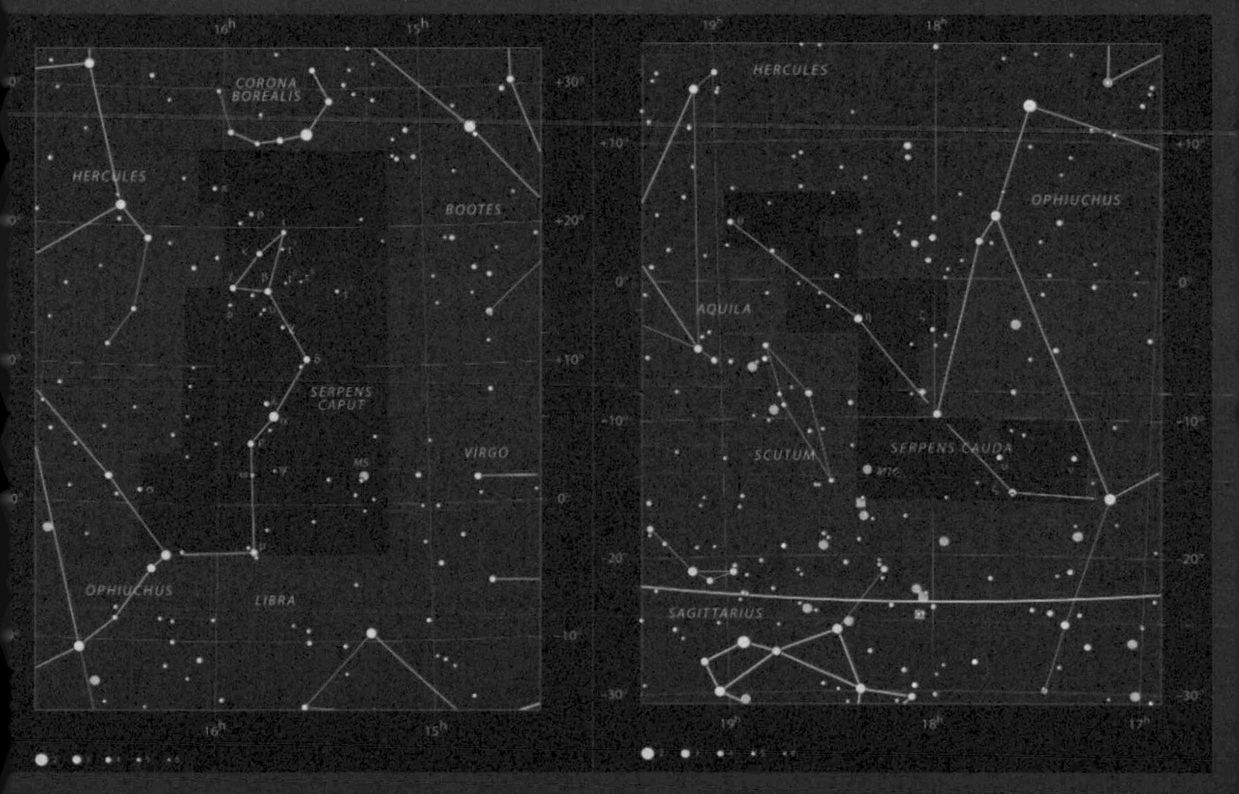

星座背景故事：

巨蛇座（Serpens）最佳的觀測時間地點位於夏天的北半球。巨蛇座於緯度 80 度到 -80 度之間可見。它是一個中等大小的星座，總面積為 637 平方度。在夜空中的 88 個星座中，它的大小排名第 23 位。雖然這是正式的一個星座，但它實際上分為兩個不同的、不相交的天空區域。它被蛇夫座（Ophiuchus）分開，蛇夫的手裡拿著蛇。這兩個區域被稱為 Serpens Caput（蛇的頭部）和 Serpens Cauda（蛇的尾巴）。這是唯一以這種方式分裂的星座。

巨蛇座是公元二世紀希臘天文學家托勒密首次列出的 48 個星座之一。它的名字在拉丁語中的意思是「蛇」。它是一個古老的星座，可以追溯到巴比倫時代。它是當時的兩個蛇星座之一。在希臘神話中，蛇代表了治療師阿斯克勒庇俄斯所持有的一條蛇，由蛇夫座代表。阿斯克勒庇俄斯是阿波羅神的兒子，據說能夠讓人起死回生。有一次他殺死了一條蛇，卻看到它被另一條蛇放在上面的藥草復活了。

巨蛇座 α 星空圖

巨蛇座 γ 星空圖

起源地為巨蛇座的外星種族：

A. Mythilae Unukh

🕮 來自：

🕮 種類：

🕮 外觀：

他們訪問的原因尚不明確，最後一次在南極的目擊是在 1907 年 5 月 1 日。他們來自巨蛇座，星球 Alya。大多數出現在南極上空的飛船都屬於他們。這個種族與蜥蜴人類似，但不是爬行動物。他們首次於 1965 年 6 月 -13 日訪問地球。儘管外觀上看起來對人類不構成威脅。他們是來自巨蛇座的 Mythilae Unukhi，星系是 Alya-Unukhalai。他們於 1960 年發現了地球，目前正在加入銀河聯邦。儘管他們與蜥蜴人類有關，但由於他們的和平主義本性，我們並不被歸類為蜥蜴人。他們以植物和破碎的礦物質為食，尤其是碳。他們不像人類一樣呼吸氧氣，因此他們有較長的壽命且沒有疾病。他們的世界是黑暗、寒冷和潮濕的，他們在非常寒冷的溫度下生存。他們還使用特殊的有機面具保護他們的臉，但在其他人看來，他們顯得奇怪。他們被銀河聯邦授權在地球的極地區域盤旋，甚至著陸並從地球取樣，他們以尊重不干涉的規則。但他們對參與解放地球行動不感興趣。他們的飛船呈垂直形狀，由於他們在核心引擎中先進的扭曲技術，他們可以輕鬆進行次元旅行。人類要想實現這樣的飛行能力還需要數千年，除非以某種方式得到。 明這星球在太空技術上的停滯進展。在宇宙中，這是一場競賽，誰擁有最先進的技術將占主導地位。

玉夫座 Sculptor

星座基本資料：

赤經：0

赤緯：－30

面積：475 平方度（排名第三十六）

代表物：蛇

星座內最亮的一顆恆星（絕對星等）：玉夫座 α

星座內肉眼可見最亮的一顆恆星（視星等）：

玉夫座 α

星座內距離地球最近的一顆恆星：玉夫座 θ

出現的外星物種：爬蟲人

天球星空圖 ↓

天球赤經緯圖 →

星座背景故事：

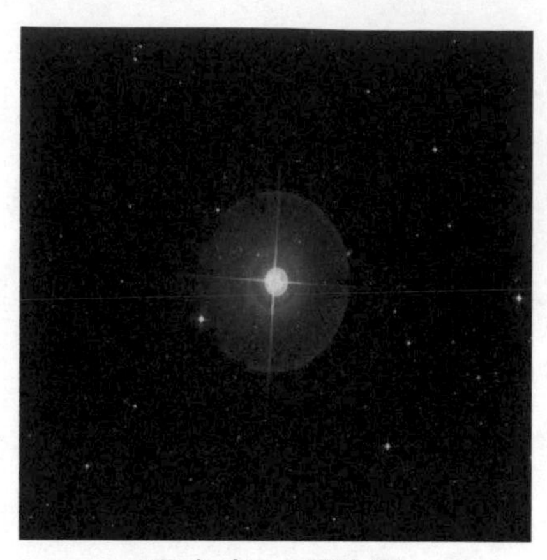

玉夫座 α 星空圖

玉夫座，其樣貌類似於雕刻家的工作室，位於南半球的天空，於每年的 8 月至 10 月，在緯度 50 度以南的地區完全可見。它是一個中等大小的星座，覆蓋了 475 平方度的天空。這在夜空中的 88 個星座中排名第 36。它的北面是水瓶座和鯨魚座，東面是天爐座，南面是鳳凰座，西南面是天鶴座，西面是南魚座。

沒有與 Sculptor 相關的神話。它是尼古拉斯．路易斯．德．拉卡耶（Nicolas Louis de Lacaille）於 1751 年至 1752 年期間在好望角逗留期間命名的南方星座之一。拉卡耶最初將其命名為 Apparatus Sculptoris，意思是「雕塑家的工作室」。它被描繪成一個躺在桌子上的雕刻頭，上面有雕刻家的木槌和鑿子。在天文學家約翰．赫歇爾（John Herschel）的建議下，該星座的名稱後來被縮短為 Sculptor。

起源地為玉夫座的外星種族：

A. Allgruulk

📖 來自：

📖 種類：

📖 外觀：

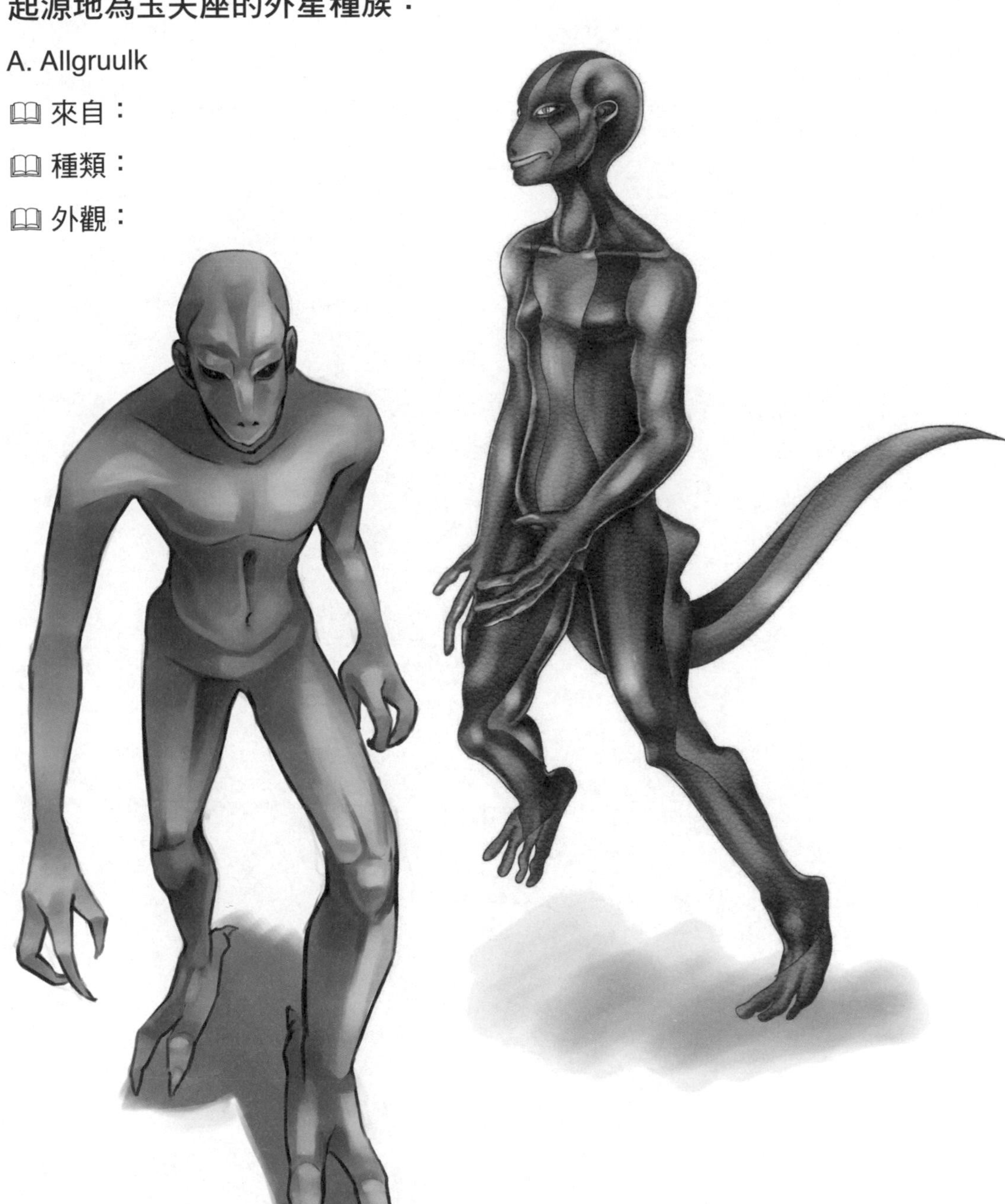

他們來自 Gamma Sculptoris 雙星系的 Artaa 行星。這個雙星系由一顆非常小的藍色恆星和一顆非常大的橙色恆星所組成。有七顆行星圍繞著運行，但只有一顆適合居住，其他行星都是粗糙的小行星類型。Artaa 是第三行星，具有非常濃密的大氣和「火星」型景觀。雖然這裡沒有熱帶雨林，但由於還是有降雨的大氣過程，因此地面非常潮濕。而且儘管下雨，植被還是非常稀有很，因為它錯過了大氣成分中植物生長的某種元素。唯一生長的植物是像地球的仙人掌，能夠從空氣中吸取濕氣。雨不會滋養大地；這些看起來很明顯就像是人類所認知的水，但它不是；如果你喝這些水，水就會殺死你，讓你感覺到全身都在燒灼。但 Allgruulk 的皮膚需要這些水。他們無法忍受地球的大氣成分。他們在地球上會死亡，就像地球人到他們世界一樣。

Allgrrulk 有棕綠色的鱗狀皮膚，嘴唇上方的鼻子有孔，在鼻孔到嘴唇之間的臉部中央有一條棕色的鱗狀線。他們可以活到 230 歲。他們源自已滅絕的古老爬行動物種族。他們在建造光束船和太空旅行所需的設備上是專家。他們自己也是太空旅行者，總是在尋找新的原材料。他們是一個在精神上很優良的種族，並且也是銀河世界的一分子。他們的飛船是圓形（球形無窗）或橢圓形的。

印地安座 Indus

星座基本資料：

赤經：22

赤緯：－60

面積：294 平方度（排名第四十九）

代表物：三角

星座內最亮的一顆恆星（絕對星等）：孔雀增四

星座內肉眼可見最亮的一顆恆星（視星等）：

波斯二

星座內距離地球最近的一顆恆星：印第安座 ε

出現的外星物種：爬蟲人

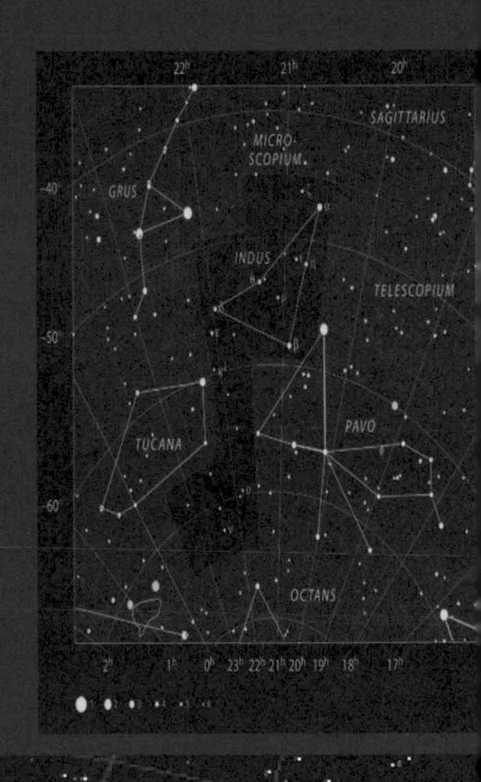

天球星空圖 ↓

天球赤經緯圖 →

星座背景故事：

印第安座位於南半球的天空，能於每年的7月至9月在緯度15度以南的地區完全可見。它是一個小星座，佔據了天空的294度。在夜空中的88個星座中，它的大小排名第49位。它與天鶴座、顯微鏡座、南極座、孔雀座、射手座、望遠鏡座和杜鵑座接壤。沒有與印第安座有關的神話故事。這個南方星座是荷蘭天文學家佩特魯斯·普朗修斯（Petrus Plancius）根據16世紀荷蘭航海家的觀察結果創建的12個星座之一。它最早出現在1603年出版的約翰·拜耳（Johann Bayer）的星圖譜中。它被描繪成雙手拿著箭的赤裸男性形象。它被認為代表了探險家在前往東印度群島、馬達加斯加和南部非洲旅行時遇到的土著人民。

孔雀增四星空圖

波斯二星空圖

印第安座 ε 星空圖

起源地為印第安座的外星種族：

A. Jefok

📖 來自：

📖 種類：

📖 外觀：

他們家鄉位於印地安星座的一個名為印地厄普西隆（Epsilon Indi）的星球。他們比一般人類略小，有一張非常奇特的臉和復雜的骨骼結構。儘管這是他們的自然特徵，但還是會有人覺得他們是戴著一種面具。

Jefok 是一個和平的種族，以其外交能力和工程知識而聞名。他們從大約 3500 年前開始造訪地球。他們總是以平靜的心到來，但有時會被人類所感動，因而幫助地球人避免犯下可怕的錯誤、避免地球人做出錯誤的選擇。他們會見了不同世界的領導人，特別是著名的甘迺迪總統。1965 年，他們向所有擁有核能力的政府發出了警告信息。

蝘蜓座 Chamaeleon

星座基本資料：

赤經：11

赤緯：– 80

面積：132 平方度（排名第七十八）

代表物：昆蟲

星座內最亮的一顆恆星（絕對星等）：44G.

星座內肉眼可見最亮的一顆恆星（視星等）：

小斗增一

星座內距離地球最近的一顆恆星：小斗增一

出現的外星物種：類人

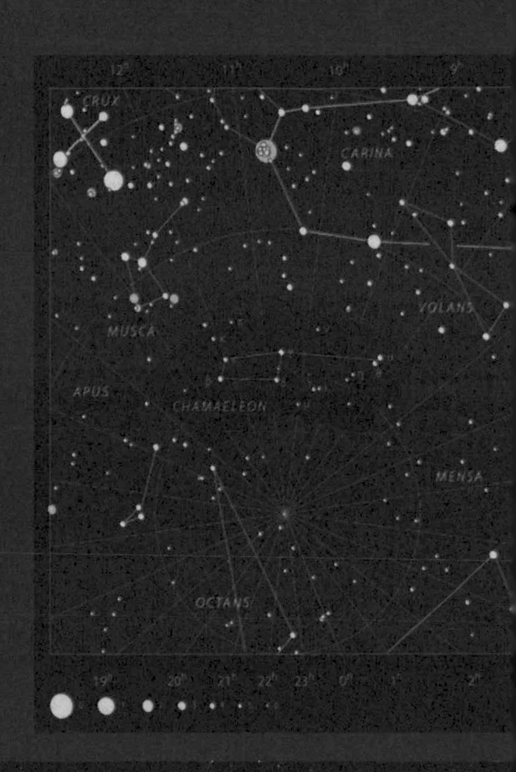

天球星空圖 ↓

天球赤經緯圖 →

星座背景故事：

蝘蜓座（Chamaeleon）位於南半球的天空。它僅在 0 度以南的南緯地區可見。它是一個極地星座，這意味著當它圍繞南天極旋轉時，整個夜晚都可以看到它。它的總面積只有 132 平方度，是夜空中最小的星座之一。它的大小在 88 個星座中排名第 79 位。它被天燕座（Apus）、船底座（Carina）、山案座（Mensa）、蒼蠅座（Musca）、南極座（Octans）和飛魚座（Volans）所環繞。只有那些想像力豐富的人才能在這個星座的暗星中聯想出北斗七星。

沒有與蝘蜓座相關的神話。這個星座位於遙遠的南方，古希臘人或羅馬人看不到它。它代表著一隻變色龍，一種具有變色能力的蜥蜴。它是荷蘭天文學家佩特魯斯．普朗修斯根據荷蘭航海家的觀察創建的十二個星座之一。它首次出現在 1597 年普朗修斯出版的天球儀上。後來它在 1603 年被收錄在約翰．拜耳的星圖譜中。它被描繪成一隻變色龍伸出舌頭捕捉鄰近蒼蠅座所代表的蒼蠅。

44G 星空圖

小斗增一星空圖

起源地為蝘蜓座的外星種族：

A. Carya Velda (Caryaveldi)

他　們　來　自 Iota Chamaeleontis 星 (13 Chamaeleontis)（對於他們來說是 Caryeon 恆星系統），位於 Chamaeleon 星座的方向；相對於地球的距離為 184 光年；他們的行星被稱為 Sonia 和 Velda；他們可能極度危險，但不會對 GFW 構成威脅；他們與某些物種的戰爭已經有 500 年了；高度可達 274 公分；他們的壽命可達 150 歲；他們有 4 條手臂，淺灰色的皮膚，淺色的眼睛和瞳孔，細長的鼻子；他們經常穿著深藍色的衣服，因為這是一種在他們的維達星球土壤中大量存在的色素；他們生活在索尼婭星球（系統中的第二顆行星）上，最初來自維爾達。第三顆星球，用作採礦業的資源；他們很少造訪地球，因為有爬行動物，他們不想與他們發生衝突；他們的飛船是長方形和銀色的，他們能夠承受強大的限制，例如漩渦和跨維度旅行。

他們來自蝘蜓座（Iota Chamaeleon）。這顆恆星的真名是聯邦的一個數字，但Caryaveldi 將他們的家園命名為 Sonia 和 Velda。恆星系命名為 Caryeon。他們可能非常危險，但他們並不是令銀河世界聯盟擔心的威脅。儘管如此，我們知道他們與某些種族的戰爭已經有 500 年的歷史了。他們高約 9 英尺，有 4 隻手臂，可以活到 150 歲。他們有灰色的皮膚、清澈的眼睛和瞳孔以及細長的鼻子。他們通常會穿深藍色的衣服，這與他們行星系裡的 Velda 星球中，土壤裡大量發現的一種色素有關。他們住在他們星系的第二顆行星索尼婭（Sonia），但他們起源於第三顆維魯達（Velda），現在主要將其用於採礦業的資源設施。由於他們是爬行人，所以他們很少到訪地球。Carya Veldi 不想捲入我們之間的衝突；他們的艦隊和軍事資源對於面對面戰爭來說還不夠全面。他們的船是銀色長方形的，比聯盟的飛船慢，但能夠承受強大的限制力，例如漩渦和跨維度旅行。

狐狸座 Vulpecula

星座基本資料：

赤經：20

赤緯：25

面積：268 平方度（排名第五十五）

代表物：狐狸

星座內最亮的一顆恆星（絕對星等）：尚未命名

星座內肉眼可見最亮的一顆恆星（視星等）：齊增五

星座內距離地球最近的一顆恆星：HD 189733

出現的外星物種：灰人、爬蟲人

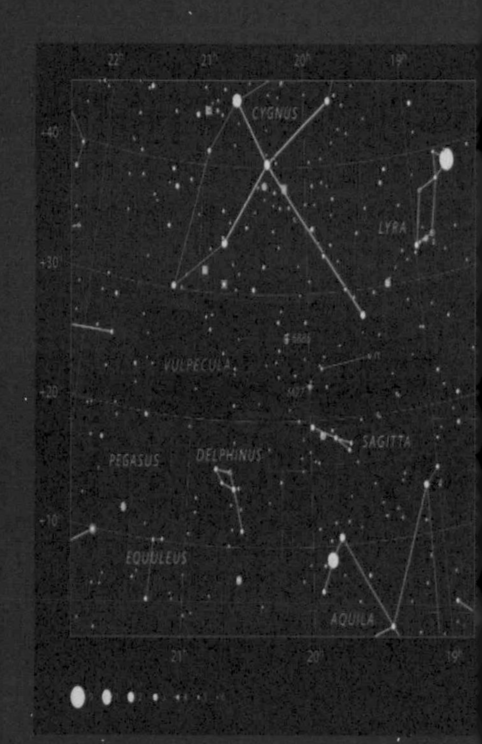

天球星空圖 ↓

天球赤經緯圖 →

星座背景故事：

HD 189733 星空圖

狐狸座（Vulpecula）位於天空的北半球。它在北緯 90 度和南緯 -55 度之間可見。它是一個佔天空 268 平方度的小星座。在夜空中的 88 個星座中，它的大小排在第 55 位。它被天鵝座、海豚座、武仙座、天琴座、飛馬座和天箭座所接壤。它很輕易地能在夏季三角區的中間找到，這是一個由天鵝座中的天津四、天琴座中的織女星和天鷹座中的牛郎星形成的三角形星群。

沒有與狐狸座相關的神話。它的名字在拉丁語中的意思是「小狐狸」。它是由波蘭天文學家約翰內斯・赫維留（Johannes Hevelius）在 17 世紀後期引入的。它最初被命名為 Vulpecula Cum Ansere，意為「帶鵝的小狐狸」，以及 Vulpecula et Anser，意為「小狐狸和鵝」，並以一隻鵝在狐狸嘴裡的插圖來說明。這些恆星後來被分成兩個星座，Anser 和 Vulpecula，然後又以 Vulpecula 的名字重新組合。

起源地為狐狸座的外星種族：

A. Rak

🕮 來自：

🕮 種類：

🕮 外觀：

他們來自狐狸座（Vulpecula constellation），一個名為 Ozmog 的世界。Raki 是一種具有爬蟲腿、藍色皮膚和從後腦勺伸出觸手的小型類人生物。他們非常狂野和好鬥。這個種族已經五次造訪地球，而他們在中東的短暫存在催生了Jinns 的神話。根據當地故事，他們居住在一個看不見的平行維度世界。但實際情況是，他們已經停止造訪地球，因為他們的免疫系統無法適應地球的環境條件。記錄上 Rak 最後一次訪問地球是在 712 年。他們是銀河世界聯盟的成員，但不再對地球感興趣。

B. Moovianthan-Kay-Phixaka

📖 來自：

📖 種類：

📖 外觀：

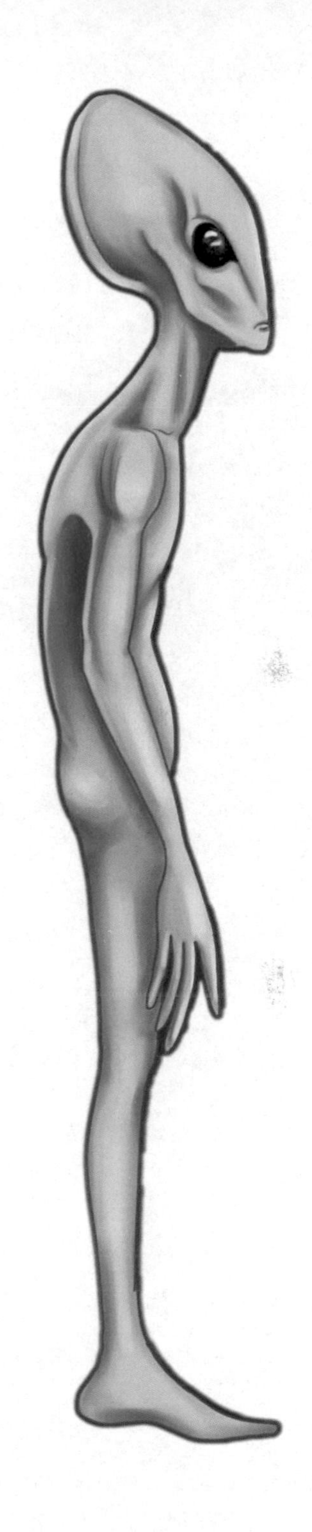

他們來自狐狸座星雲 Phykxa (NGC 6940)。他們是有著深眼窩的小灰人。一部分的灰人集團與獵戶聯盟合作。他們跨維度的旅行能力賦予了他們 Shining Ones 的名字。他們曾會見兩位美國總統和許多蘇聯高級領導人，他們還為了綁架人類，跟人類交換技術。他們在西伯利亞和西藏文化中發揮了重要作用。他們現在仍然還擁有那些基地，位在山脈北壁內的地區。他們已經殖民了 40 多個行星。他們駕駛的是盤形船。

南三角座 Triangulum Australe

星座基本資料：

赤經：14h 56.4m 至 17h 13.5m

赤緯：– 60.26° 至 – 70.51°

面積：110 平方度（排名第八十三）

代表物：南天的三角形

星座內最亮的一顆恆星（絕對星等）：2G.

星座內肉眼可見最亮的一顆恆星（視星等）：三角形三

星座內距離地球最近的一顆恆星：南三角座 ζ

出現的外星物種：爬蟲人

天球星空圖 ↓

天球赤經緯圖 →

星座背景故事：

南三角座（Triangulum Australe）位於天空的南半球，每年於 4 至 6 月在緯度 20 以南的地區完全可見。它是一個小星座，僅佔天空的 110 平方度。這使它成為夜空中第六小的星座。形成三角座的三顆明亮的恆星被稱為「三顆祖星」，分別為亞伯拉罕（Abraham）、以撒（Isaac）和雅各（Jacob）。這些祖星非常容易辨認，可以用來定位其他鄰近的星座，如南方的天燕座（Apus）、北方的矩尺座（Norma）、西邊的圓規座（Circinus）與半人馬座（Centaurus），東邊的天壇座（Ara）和孔雀座（Pavo）。

沒有與南三角座相關的神話故事。它是荷蘭天文學家彼得勒斯．普朗修斯（Petrus Plancius）為填補南方天空空白，而命名的 12 個星座中最小的。它於 1603 年首次出現在約翰．拜耳（Johann Bayer）的星圖譜中，最初被稱為 Triangulum Antarticus。1756 年，法國天文學家尼古拉斯．路易斯．德．拉卡耶（Nicolas Louis de Lacaille）在他的平面球上將其稱為 le Triangle Austral ou le Niveau。它被描述為是一個測量的標準，同時也是代表測量工具的幾個星座之一。

2G 星空圖

三角形三星空圖

南三角座 ζ 星空圖

起源地為南三角座的外星種族：

A. Smad

🕮 來自：

🕮 種類：

🕮 外觀：

他們來自恆星系統中名為 Svokk 的行星：Beta Atria。這是一個由三顆行星組成的星系，環境整體上來說對生命非常的不友善。他們貌似人類，但具有特殊的面部特徵。基於兩個原因，目前他們的種族數量正在下降。一個原因是 Svokk 行星上的環境越來越惡劣，另一個是他們過度推動與其他不適合的物種雜交。他們有兩種性別。雖然不是爬行動物，卻是卵生的。

南冕座 Corona Australis

星座基本資料：

赤經：17h 58m 30.1113s–19h 19m 04.7136s

赤緯：– 36.7785645° 至 – 45.5163460°

面積：128 平方度（排名第八十）

代表物：南邊的皇冠

星座內最亮的一顆恆星（絕對星等）：47 G.

星座內肉眼可見最亮的一顆恆星（視星等）：

南冕座 β

星座內距離地球最近的一顆恆星：南冕座 R

出現的外星物種：爬蟲人

天球星空圖 ↓

天球赤經緯圖 →

星座背景故事：

南冕座（Corona Australis），位於天空的南半球，每年 5 至 7 月在緯度 44 以南的地區可見。儘管在緯度 50 以北的地區完全低於地平線，但在 8 月的北半球還是能看見這個星座。它是一個小星座，佔天空的 128 平方度。它的大小在夜空中的 88 個星座中排名第 80 位。它的北面是射手座，西面是天蠍座，南面是望遠鏡，西南面是天壇座。南冕座是希臘天文學家托勒密（Claudius Ptolemaeus）在 2 世紀編錄的 48 個星座之一。它的名字在拉丁語中的意思是「南邊的皇冠」（southern crown）。它是一個古老的星座，起源於許多文化，曾被描繪成一隻烏龜、一個鴕鳥巢，甚至也曾被描述成一個帳篷。對古希臘人來說，這個星座代表一個花環，代表著射手座所代表的半人馬腳附近的一圈星星。它有時與狄俄尼索斯的神話有關。在這個神話中，星星代表神將他的母親塞墨勒從哈迪斯中解放出來後放在天空中的皇冠。

47 G 星空圖

南冕座 β 星空圖

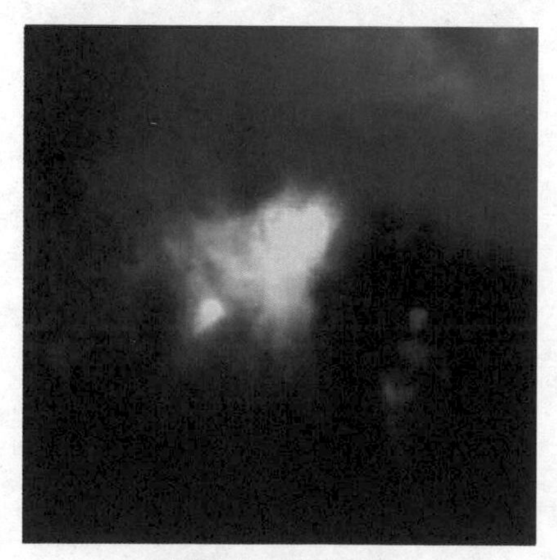

南冕座 R 星空圖

起源地為南冕座的外星種族：

A. Killimat-Arr

🕮 來自：

🕮 種類：

🕮 外觀：

Killimat 來自一個名為「Arr」的恆星系統，或者稱為 Gamma Crux。這是一個由七顆行星組成的星系，其中三顆有物種居住，其中一顆就是居住著這個物種。Killimat-Arr 是他們世界的名字，是一個半水生環境。他們在那裡發展了先進的文明。這些藍色、半透明的兩棲類人生物是銀河世界聯盟的一份子。他們是土生土長的一個物種，有兩種性別。我們目前對他們知識甚少，因為他們非常隱秘。他們在地球上的目的是研究生活和獲取資源（如果有嚴謹的規則被提交到 GFW，這種做法是能夠被容忍的）。他們在百慕達三角洲底下擁有自己的設施，與任何人累或外星人政府都無關，因為那裡仍然活躍的漩渦對他們（以及許多人）來說非常有用。

英仙座 Perseus

星座基本資料：

赤經：3h

赤緯：+45°

面積：615 平方度（排名第二十四）

代表物：狐狸

星座內最亮的一顆恆星（絕對星等）：尚未命名

星座內肉眼可見最亮的一顆恆星（視星等）：

天船三

星座內距離地球最近的一顆恆星：大陵三

出現的外星物種：灰人、爬蟲人

天球星空圖 ↓

天球赤經緯圖 →

星座背景故事：

在北半球夏末秋初的時候可以看見英仙座（Perseus，音譯珀爾修斯），於緯度 90 度至 -35 度之間的地區可見。英仙座是一個中等大小的星座，總面積為 615 平方度。這使它成為夜空中第 24 大星座。它的南面是牡羊座和金牛座，東面是御夫座，北面是鹿豹座和仙后座，西面是仙女座和三角座。它也是一年一度的英仙座流星雨的起源點。

英仙座於二世紀由希臘天文學家托勒密（Claudius Ptolemaeus）首次編目。它以從海怪希圖斯（Cetus）手中救出安德洛墨（Andromeda）的傳奇英雄命名。珀爾修斯是達納厄（Danaë）的兒子，而達納厄是亞克里西俄斯國王（Acrisius）的女兒。他的父親是宙斯。珀耳修斯被波呂戴克忒斯國王（Polydectes）派去殺死邪惡的蛇髮女妖美杜莎（Medusa）。據說美杜莎的目光可以將任何看著她的人變成石頭。珀爾修斯在美杜莎睡夢中殺死了她，並將她的頭收進了一個袋子裡。在回家的路上，他看到了被鎖在岩石上的安德洛墨公主，因她將被獻祭給海怪希圖斯。珀爾修斯用美杜莎的頭把怪物變成石頭。珀爾修斯和安德洛墨墜入愛河，並被置於群星之中。

天船三星空圖

大陵三星空圖

起源地為英仙座的外星種族：

A. Alcobota

🕮 來自：

🕮 種類：

🕮 外觀：

他們位於 Goraneor 星系的 Urdam II 行星上，這裡是他們的原始世界，但他們的種族已經擴展到星系裡很遠的地方。這對其他物種來說是非常不幸的事情。Alcobota 的頭骨頂部有五個突出的點。他們極具侵略性，被銀河世界聯盟視為寄生蟲種族。他們是一個基於戰士階級的社會，其等級結構非常複雜。他們的宗教體系也很複雜，神靈萬千。他們有兩種方式繁殖。一種是卵生，另一種是以哺乳動物的方式繁殖。特別的地方是，此物種的雄性會生蛋，而這恰好就是他們的弱點所在。他們雌雄同體，並且可以在選定的時間到來時對自己進行受精。對於這種轉化，他們會產生一種特殊的激素，可以激活生殖功能。卵子和子宮生產出的後代在生物學上是不同的，在社會中也被分配到不同的目的性。我告訴過你這是一個複雜的社會。子宮產出的女性通常都會被分配到社會上的角色。而卵生的後代主要是雄性，適合成為戰士且特別好鬥。

Alcobota 至今已經殖民了 200 多個行星。他們頻繁地綁架人類，幾乎在他們所有殖民世界都進行此一做法，目的不明但懷疑與奴隸有關。他們不喜歡與其他外星種族互動。他們是一個非常有侵略性的種族。他們被懷疑涉入了幾起墜機事件，最廣為人知的是 1983 年在俄羅斯上空的大韓航空 007 航班。俄羅斯承擔了此事件的後續相關責任。最後一次目擊的地點在加拿大，時間是 2001 年 9 月。Alcobota 有超過 5000 艘船。他們的飛船非常快，又扁又圓又大，他們的太空旅行技術使他們成為最危險的種族之一，因為他們可以移動得非常快。

B. Tanzany

🕮 來自：

🕮 種類：

🕮 外觀：

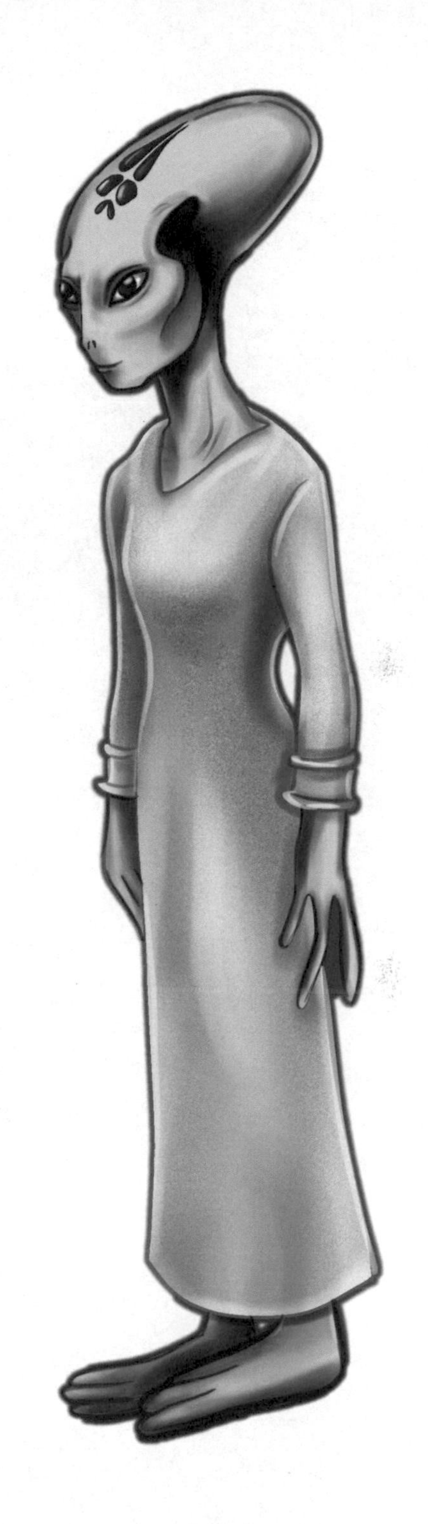

他們是 Alcobata，來自仙王座，他們對宇宙中的所有其他種族都極具侵略性。其他種族也將他們視為寄生蟲之一。他們曾用自己的力量殖民了 200 多個行星。他們不相信和平，統治是推動他們文明的力量，以保持他們的存在，因為他們相信最強大的將生存下來，而弱者將被徹底消滅。他們可以通過兩種方式繁殖，一種是通過自然方式在他們雌性的子宮中懷孕，另一種是通過哺乳動物方式孵化卵。從卵中孵化出的後代被指定為戰士階級，而通過自然方法產生的後代則被分配到他們社會的社會和政治角色中。他們的雄性是雌雄同體的，當選擇的時間到來時，他們有自我受精的能力。他們通過產生一種特定的激素來啟動生殖功能。他們還參與綁架人類以獲取他們需要增強種族的 DNA 樣本。通過引入人類種族的最佳元素，他們增強了他們的種族能力和力量。他們對弱者毫不留情，並摧毀靠近他們附近的任何飛機。他們的飛船速度非常快，他們的太空旅行技術使他們成為宇宙中最危險的種族之一。

C. Tarice

🕮 來自：

🕮 種類：

🕮 外觀：

Tarice 是個高大、肌肉發達的爬蟲生物，約 8 英尺高。他們不進行綁架活動，也從未聯繫過人族。他們是一個和平的種族，同時也是銀河世界聯盟的成員，但為人類的自由並肩作戰並不感興趣。我們讓他們做他們自己的事，這有科學意義。Tarice 對火山有著濃厚的興趣。儘管他們被要求保持謹慎，但他們經常出現在地球上，而且他們不再試圖躲避視線，進而開始引起我們的關注。他們的船是非常精巧的。

飛魚座 Volans

星座基本資料：

赤經：8

赤緯：－70

面積：141 平方度（排名第七十六）

代表物：飛魚

星座內最亮的一顆恆星（絕對星等）：尚未命名

星座內肉眼可見最亮的一顆恆星（視星等）：

飛魚三

星座內距離地球最近的一顆恆星：飛魚三

出現的外星物種：爬蟲人

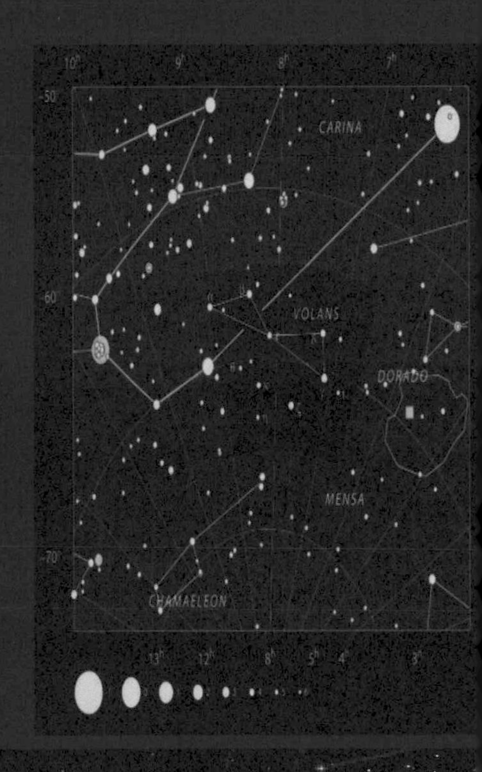

天球星空圖 ↓

天球赤經緯圖 →

星座背景故事：

飛魚三星空圖

飛魚座（Volans）位於南半球的天空，每年12至2月在緯度15以南的地區完全可見。它是一個面積只有141平方度的小星座。它的大小在夜空中的88個星座中排名第76位。

沒有與飛魚座相關的神話。它是荷蘭天文學家彼得勒斯·普朗修斯（Petrus Plancius）根據荷蘭航海者的觀測命名的12個星座之一。普朗修斯最初將其命名為Vliegendenvis，並於1598年將其記錄在他的天球上。德國天文學家約翰·拜爾（Johann Bayer）於1603年將其包含在他的星圖譜中。他稱其為飛魚（Piscis Volans）。這個名字後來被縮短為Volans。它代表了一種可以跳出水面的魚，依靠特殊類似翅膀的鰭在空中滑翔。這個星座經常在圖表上被描繪成被劍魚座的鬼頭刀追趕。

起源地為飛魚座的外星種族：

A. Kyllimir-Auk（鳥頭）

🕮 來自：

🕮 種類：

🕮 外觀：

他們來自於 Gamma Volans，一個他們稱之為 Kylat 的四行星系統。

他們與高大蜥蜴人、灰人與 Maytrei 有著密切的合作關係。他們叫做

鳥頭是因為他們的面部特徵。銀河世界聯盟在 3000 年前禁止他們訪問地球，但由於他們臭名昭著的盟友 Maytrei，他們還是持續的與地球有來往。這對我們來說是一個打擊，也是一場持續的奮鬥要打。

他們駕駛著長方形的銀飛船，速度非常快。他們使用跨維度旅行，他們很輕易地能夠在二維中實體化，藉此逃離我們的監控範圍。是個很煩人的種族。

時鐘座 Horologium

星座基本資料：

赤經：3h

赤緯：－60°

面積：249 平方度（排名第五十八）

代表物：擺鐘

星座內最亮的一顆恆星（絕對星等）：時鐘座 TW

星座內肉眼可見最亮的一顆恆星（視星等）：

天園增六

星座內距離地球最近的一顆恆星：格利澤 1061

出現的外星物種：爬蟲人

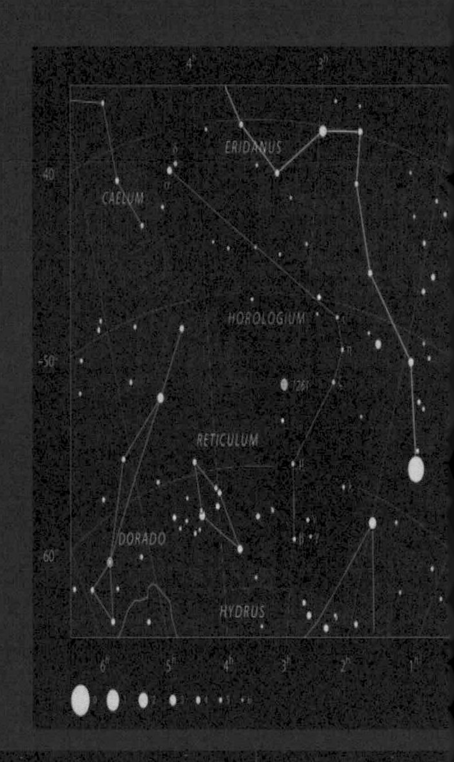

天球星空圖 ↓

天球赤經緯圖 →

星座背景故事：

時鐘座（Horologium）位於天空的南半球，每年10月12月於從緯度23以南的地區可見。它是一個小星座，總面積只有249平方度。它的大小在夜空中的88個星座中排名第58位。這個星座與波江座、水蛇座、網罟座、劍魚座和雕具座。

時鐘座與任何古代神話都沒有關係。它是由法國天文學家尼古拉斯・路易斯・德・拉卡耶（Nicolas Louis de Lacaille）於1752年在前往好望角研究南部夜空後命名的。Lacaille將這個星座命名為為了紀念1656-57年擺鐘的發明者克里斯蒂安・惠更斯（Christian Huygens）。它最初被稱為Horologium Oscillitorium，即「擺鐘」，但後來縮寫為Horologium，即「時鐘」。

時鐘座TW星空圖

天園增六星空圖

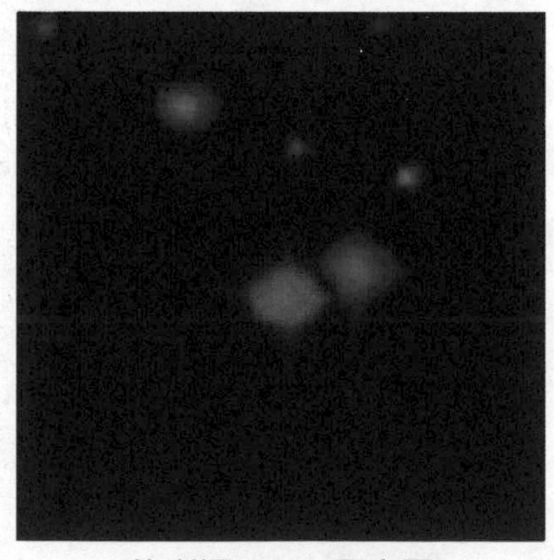

格利澤1061星空圖

起源地為時鐘座的外星種族：

A. Jighantik

📖 來自：

📖 種類：

📖 外觀：

他們來自時鐘座（Horologium）一個有著六顆行星的星系。這群物種居住在其中一個星球，為了自然資源對其他五個星球進行暴虐開發，主要是開發礦產和天然氣。Jighantik 是高大的爬蟲人。他們有細長的眼睛，細長的鼻脊（但不是鼻子），還有強壯的肌肉組織，這種奇特的外表著實會讓人感到恐懼。他們四根長而強壯的手指可以像爪子一樣彎曲和抓握。除了太空旅行會穿環境盔甲外，其它時間他們不著任何衣服。Jighantik 與三個世界政府有過聯繫，但不是美國、蘇聯或任何其他主流政府。在過去的 3000 年裡，他們一直造訪地球。與其他爬行動物種族相反，他們確實綁架了人類，但不吃他們。他們的船呈棕色金屬圓盤狀，速度非常快。他們已知悉跨維度和時間旅行。

海豚座 Delphinus

星座基本資料：

赤經：20.7

赤緯：+13.8

面積：189 平方度（排名第六十九）

代表物：海豚

星座內最亮的一顆恆星（絕對星等）：敗瓜三

星座內肉眼可見最亮的一顆恆星（視星等）：

瓠瓜四

星座內距離地球最近的一顆恆星：尚未命名

出現的外星物種：爬蟲人

天球星空圖 ↓　　　　天球赤經緯圖 →

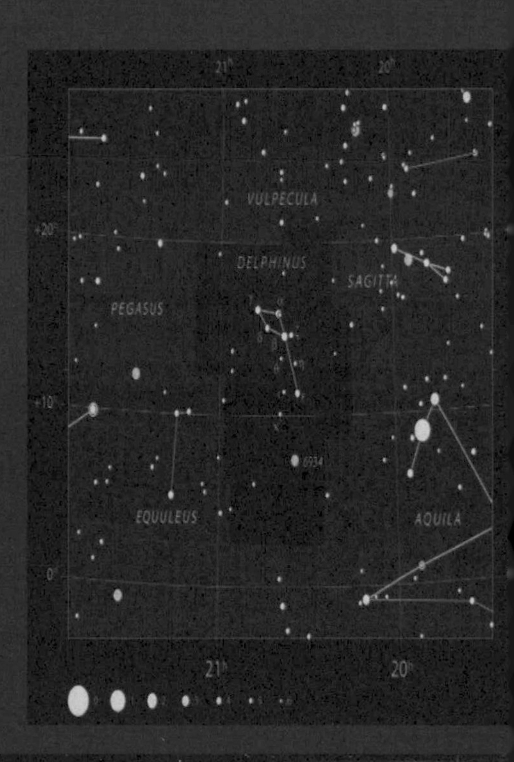

星座背景故事：

海豚座在夏末時在北半球可見，基本上位於緯度 90 至 -70 度之間的地區都能見到。它是一個很小的星座，面積只有 189 平方度。在夜空中的 88 個星座中，它的大小排名第 69 位。這個星座的邊界是水瓶座、天鷹座、小馬座、飛馬座、天箭座和狐狸座。這個星座與躍出水面的海豚為相似，並由於這種形狀，在天空中很容易識別出此星座。

海豚座是 2 世紀希臘天文學家托勒密（Claudius Ptolemaeus）編錄的 48 個星座之一。它的名字在拉丁語中的意思是「海豚」。它是一個古老的星座，起源於許多古老的文化。中國人稱它為北方的烏龜。在希臘神話中，它被認為代表了一隻海豚，它幫助波塞頓找到了他想娶的美人魚安菲特里特（Amphitrite）。作為獎勵，波塞冬將海豚置於群星之間。在另一個版本的神話中，阿波羅神將海豚放在天空中，以拯救來自萊斯博斯島（Lesbos）、擅長使用七弦琴的音樂家阿里昂（Arion）的生命。阿波羅把海豚放在天琴座旁邊，天琴座代表了阿里昂的七弦琴。

敗瓜三星空圖

瓠瓜四星空圖

起源地為海豚座的外星種族：

A. Matrax

🕮 來自：

🕮 種類：

🕮 外觀：

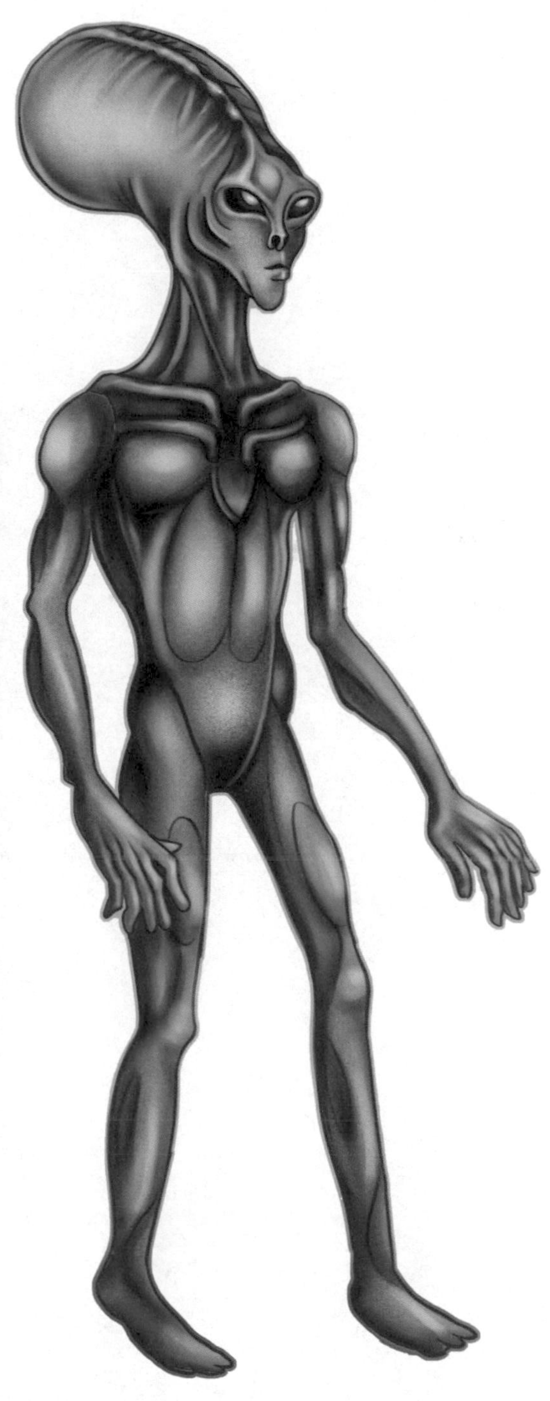

來自雙星 Alpha Delphini（被 IAU 命名為 “Sualocin”）朝海豚座方向；相對於地球的距離為 241 光年；他們的星球是紅色的，名為 Khadjaari；他們身材高大，令人印象深刻，頭骨很長，臉又薄又窄，身體的關節也很奇怪，但儘管他們的外表會引起恐懼，但這個物種並不具有攻擊性；他們的壽命可達 400 歲；他們造訪地球至少已有 4000 年；他們的船是卵形的。

船帆座 Vela

星座基本資料：

赤經：9

赤緯：−50

面積：500 平方度（排名第三十二）

代表物：船帆

星座內最亮的一顆恆星（絕對星等）：尚未命名

星座內肉眼可見最亮的一顆恆星（視星等）：天社一

星座內距離地球最近的一顆恆星：葛利斯 370

出現的外星物種：爬蟲人、灰人

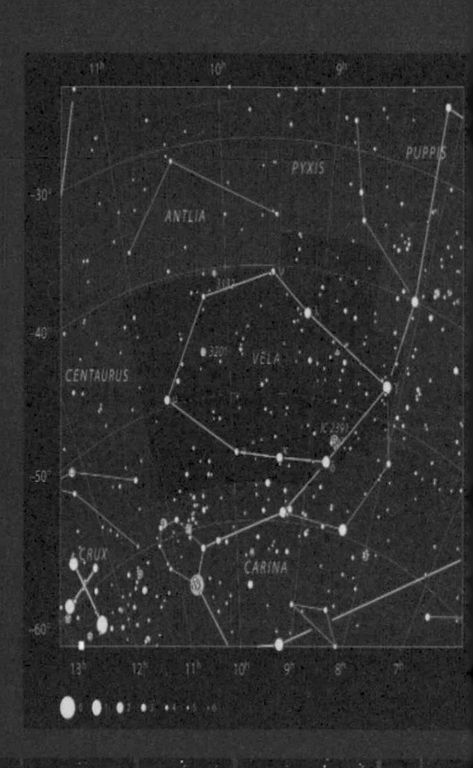

天球星空圖 ↓

天球赤經緯圖 →

星座背景故事：

船帆座（Vela）位於南半球的天空，每年 1 月至 3 月在緯度 30 以南的地區完全可見。它是一個中等大小的星座，面積為 500 平方度。它的大小在夜空中的 88 個星座中排名第 32 位。它的北部與唧筒座和羅盤座接壤，西北部與船尾座接壤，南部和西南部與船底座接壤，東部與半人馬座接壤。

Vela 在拉丁語中的意思是「帆」。它曾經是一個更大的星座南船座（Argo Navis）的一部分。這個巨大的星座代表了傑森和阿爾戈英雄（Jason and the Argonauts）在航行中尋找金羊毛的大船。南船座是 2 世紀希臘天文學家托勒密（Claudius Ptolemaeus）首次列出的 48 個星座之一。這個星座後來被法國天文學家尼古拉斯・路易斯・德・拉卡耶（Nicolas-Louis de Lacaille）分成三個較小的部分。船帆座成為風帆，船底座是龍骨，尾端的部分就成為了船尾座。這三個較小的星座在 20 世紀初被國際天文學聯合會（IAU）添加到現代星座的官方名單中。

天杜一星空圖

葛利斯 370 星空圖

起源地為船帆座的外星種族：

A. Kiily-Tokurit

🕮 來自：

🕮 種類：

🕮 外觀：

Kiila 是他們世界的名字，靠近「Suhail」星。Tokurt 則是他們的種族的名稱。他們是約 6 英尺高的生物，壽命長達 200 年，也是這個星系中最古老的種族之一。儘管我們想盡辦法、試圖要讓他們加入銀河世界聯盟、以迫使他們遵守紀律，但他們目前還不是銀河世界聯盟的一員。

他們是非常厲害的型態轉變者。唯一能出賣他們的一件事就是他們的眼睛。他們的眼睛非常寬，且與黑曜石一樣黑。他們的真實樣貌為高大的灰類人形，但他們實際上是爬蟲族遺傳的，且皮膚非常蒼白，幾近全白。這就是為什麼有時候他們會被稱為「高白人」。他們經常被誤認為不是變形者的 Maytrei。Maytrei 有更暗沉的灰皮膚，更醜陋的臉龐以及更寬廣的頭骨。

Kiily-Tokurit 有兩種性別，而且是卵生的。他們不做雜交計畫，而是綁架性奴隸來賣給食品市場。有些 Kiily-Tokurit 還擔任僱傭兵。他們不是 Zetai、Ciakahrr、Maytra 的盟友，也不是爬蟲族聯盟；他們獨來獨往，雖然他們擁有強大的武器力量，但他們確實做到了不起衝突這件事情。最近與銀河世界聯盟部隊的頻繁事件不斷發生，因為他們與人族做了些非法的交易。

B. Purit Av-Illumu

🕮 來自：

🕮 種類：

🕮 外觀：

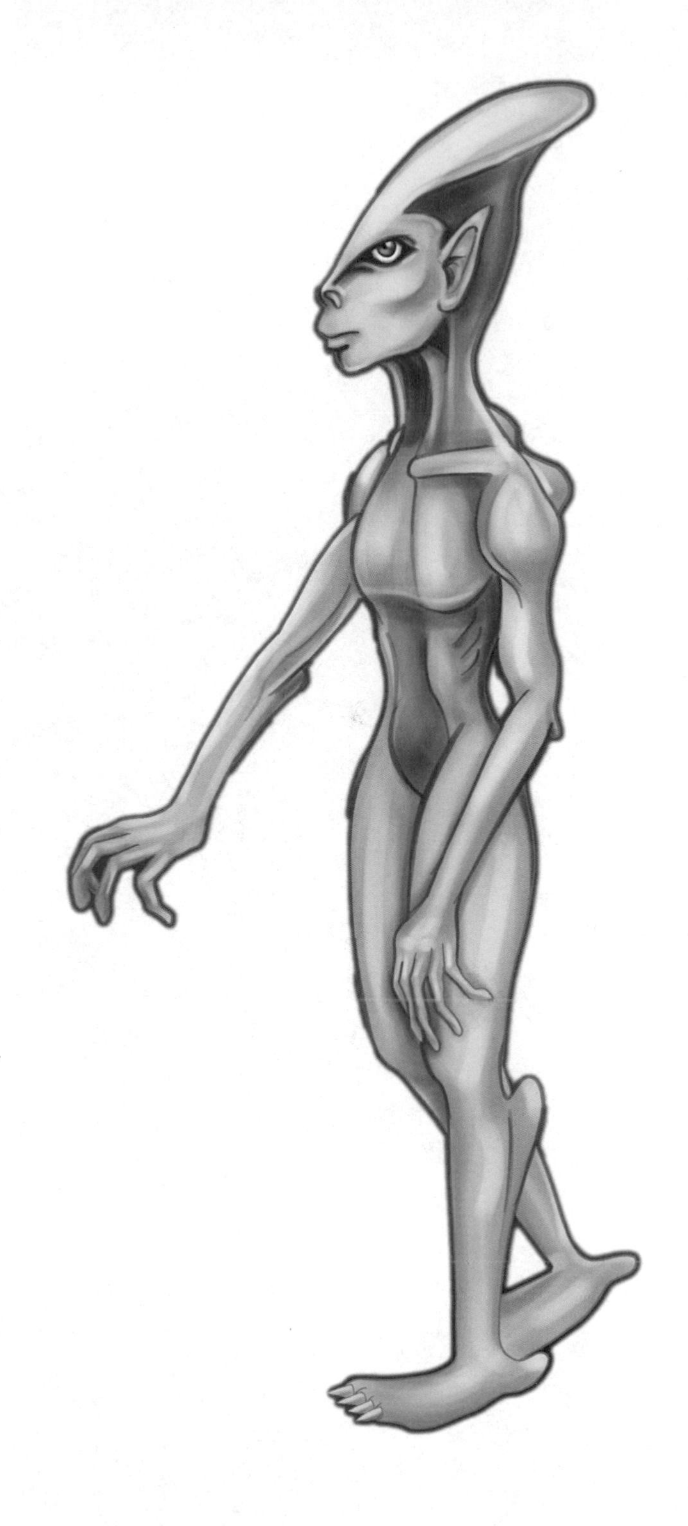

他們來自船帆座（Vela）的穆維拉星系（Mu Vela）。Purit Av-Illumu 又稱為Nosyv-7，是中等大小的兩棲類人生物，有著灰色的皮膚、細長的頭骨和尖長的耳朵。他們是和平的，並且是銀河世界聯盟的監督者。他們的活動主要是監測地球人的海洋，以及使用地球上的多維通道。他們有非常大的盤狀船。地球大洋洲中有他們的大型基地設施。

鹿豹座 Camelopardalis

星座基本資料：

赤經：6

赤緯：+70

面積：757 平方度（排名第十八）

代表物：豹

星座內最亮的一顆恆星（絕對星等）：鹿豹座 α

星座內肉眼可見最亮的一顆恆星（視星等）：

八谷增十四

星座內距離地球最近的一顆恆星：尚未命名

出現的外星物種：爬蟲人

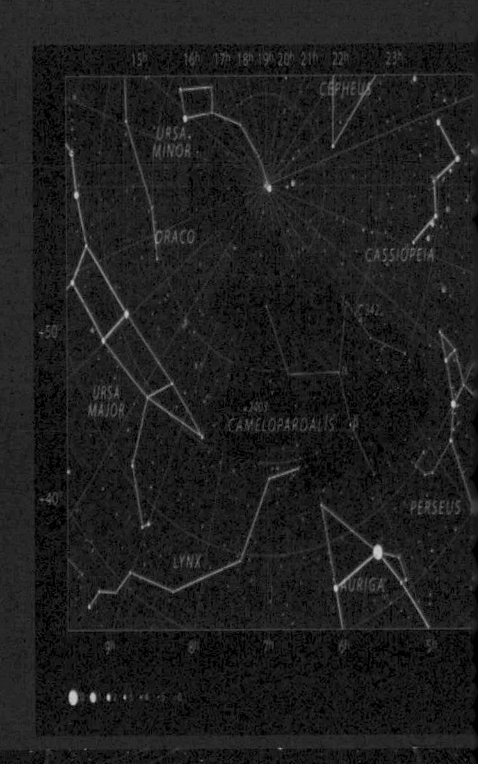

天球星空圖 ↓

天球赤經緯圖 →

星座背景故事：

北半球一年中的大部分時間都可以看到鹿豹座（Camelopardalis），也就是形狀相似於長頸鹿的星座。它在 -10 度以北的緯度地區可見。它是一個相當大的星座，總面積為 757 平方度。這使它成為夜空中第 18 大星座。它與御夫座、仙后座、仙王座、天龍座、天貓座、英仙座、大熊座和小熊座接壤。鹿豹座是一個環極星座，這意味著它在圍繞北天極旋轉時整夜可見。它包含一個稱為甘伯串珠的恆星群所形成。這個星群由大約 20 顆呈直線分佈的暗淡恆星所構成。

沒有與鹿豹座相關的神話。古希臘人認為這片天空區域是空的。鹿豹座是荷蘭天文學家佩特魯斯・普朗修斯（Petrus Plancius）根據荷蘭航海家的觀測命名的 12 個星座之一。普朗修斯將它納入在他的天球上。一年後，也就是 1624 年，它出現在由德國天文學家雅各布・巴奇（Jakob Bartsch）創建的星圖中。這個星座最初被觀察到看起來像駱駝。另一名德國天文學家雅各布・巴爾秋斯（Jakob Bartsch）最初將它描述為聖經中麗貝卡騎著與以撒結婚的動物。這個名字最終被改為 camelopardalis，這是長頸鹿的拉丁語。當天空條件足夠黑暗能看見大部分星星時，該星座確實類似於長頸鹿。

少衛（右垣）星空圖

八谷增十四星空圖

起源地為鹿豹座的外星種族：

A. 藍色玻璃外星人 Mazarek

他們來自鹿豹座最亮的恆星Beta Camelopardalis（Mzaar或Beta cam）；相對於地球的距離為1000光年；其高度可達152公分；他們是自己的物種，使他們與任何其他物種如此不同的是他們的皮膚呈現亮藍色透明外觀。在某些特定的光線和特別昏暗的條件下，他們可能看起來有一層銀色塗層；根據銀河世界聯邦的命令，由於其完全暴力和掠奪性的性質，該物種在很長一段時間內不允許離開自己的星球。馬扎里克也禁止與梅特雷人結盟，這並不奇怪，不幸的是，由於這個聯盟的微妙之處，他們現在可以自由地漫遊銀河系；他們的船很舊。

他們來自一個叫做 Mzaar 或 Beta Cam 的一個雙星恆星系統，是距離地球約 1000 光年的恆星系 . 他們約 5 英尺高，相貌類似灰人和爬行人的雜交種，
但他們是獨立於其他生命體的一個物種。其中一個能與其他種族區別開來的特徵是發藍光的透明皮膚。在某些特殊的光線條件下，他們看上去像是有銀色的物體覆蓋全身。

由於他們極端暴力和掠奪的天性，這個種族在很久以前就已經被銀河世界聯盟下達不能離開自身星球的指令。雖然 Mazarek 也與 Maytrei 有同盟關係，但由於 Maytrei 的緣故，現在 Mazarek 已經可以自由自在地在銀河系裡漫遊了。他們的飛船傾向為老式飛碟。

第五章　暫時無法歸類外星人

三重奏外星人（The teros）

從我的筆記中摘錄，這些筆記取自 Internet 上的各個位置（警告：前方的怪異能力）：

剃須刀之謎的一部分 - 理查德・S・謝弗（Richard S. Shaver）提出的宇宙學。外星人稱其為殖民地的地球：亞特蘭大人居住在亞特蘭蒂斯，泰坦族居住在利莫里亞。他們的壽命非常長，並且由於來自太陽的綜合（正）能量而從未停止生長。有些長到 50 英尺甚至更高。太陽變了，開始排除有害的能量（負能量），這開始引起衰老和死亡。長老們在地下建造了洞穴來保護其中的 500 億，但失敗了。他們逃到了其他恆星，留下了一群有害的輻射。一些浮出水面成為人類。其他人則變成了愚蠢而邪惡的天使。那些沒有屈服但仍留在地球上的人成為了三重奏。

teros- 好傢伙的一小部分。根據 Malachi Z. York 博士的說法，teros 也稱為 Sunaynans，其首領是 Laamsa。「缺少整合或建設性的 Teros 是一個地下種族，通常會使 Deros 受到控制。Teros 是 Lunarians 的原始部落，他們來到了這個星球，居住在地球表面以下。簡稱為 Sunaynans，意為「年度最佳」。

迪羅斯（Deros）用於不愉快的人，而特羅斯（Teros）用於不友好的人。他們的首領叫拉姆薩（Laamsa）。Teros 來自布特斯星座的恆星星座 Arcturus 中的繩文行星。紅色巨人 Arcturus，天堂中第四顆最亮的恆星，發生了很多混合。

蘇納南人有 48 條染色體，而不是地球人擁有的正常 46 條染色體。Tero 的染色體結構與地球人完全不同，以至於當與某些人類混合時，會導致 47 條染色體的缺陷，如今被稱為「唐氏綜合症「。他們的孩子通常天生患有呼吸缺陷以及先天性心髒病，而且消化系統也很差。他們的免疫系統無法正常運作，他們更容易患上白血病。

皮膚中有大量色素沉著的 Teros 是 Shuyukh 的後代。那些缺乏色素的人是 Halaabeans，Flugelrods 或 Hulub 的後代。特羅斯（Teros）深入地球，並得以保持理智。由於雜交，Teros 採取了不同的形式。有些看起來很人性化，他們可以浮出水面而不會被注意到。」

小腳怪外星人（Duwaanis）

從我的筆記：剃須刀之謎的一部分 - 理查德 · S · 謝弗（Richard S. Shaver）提出的宇宙學。

外星人稱其為殖民地的地球：亞特蘭大人居住在亞特蘭蒂斯，泰坦族居住在利莫里亞。他們的壽命非常長，並且由於來自太陽的綜合（正）能量而從未停止生長。有些長到 50 英尺甚至更高。太陽變了，開始排除有害的能量（負能量），這開始引起衰老和死亡。長老們在地下建造了洞穴來保護其中的 500 億，但失敗了。他們逃到了其他恆星，留下了一群有害的輻射。一些浮出水面成為人類。其他人則變成了愚蠢而邪惡的天使。那些沒有屈服但仍留在地球上的人成為了三重奏。

根據馬拉奇 · 約克（Malachi Z. York）博士的說法，除了三重奏，德羅斯還與一個名為「杜瓦阿尼斯」的種族衝突。他們很短，並且覆蓋著像豪豬一樣突出的頭髮。他們的首領是辛克萊。

我將這些生物與外表相似的小腳怪聯繫起來。

「眾所周知，大量的論據報告都涉及到與北美著名的神秘人獸，大腳怪或薩克斯奇人有關的毛茸茸的兩足動物的實體，以及據稱的不明飛行物和著陸的外星飛船。但是，看似無敵的巨魔就像古斯塔沃 · 岡薩雷斯（Gustavo Gonzales）和何塞 · 龐塞（JoséPonce）在 1954 年 11 月 28 日清晨將卡車從加拉加斯開往委內瑞拉佩塔雷時遇到的那種外星人，可以更恰當地稱為小腳怪。」

在到達 Petare 之前，他們遇到了一個巨大的發光地球，盤旋在離地面約 6 英尺的高空，實際上擋住了前面的整條路。結果，兩個人從卡車上下來進行調查，當他們接近地球時，出現了毛茸茸的兩足動物，並開始接近他們。站在不超過 3 英尺高的地方，上面覆蓋著剛硬而剛硬的頭髮，手和腳爪大。岡薩雷斯抓住了這個多毛的「小腳怪」，以便將其帶給警察，並驚訝地發現這種生物非常輕。然而，令他驚訝的是，發現它的強大之處 - 僅用一隻爪子一按，就毫不費力地將岡薩雷斯推向空中，將他撒到大約 5 碼外的地面上。

到現在，龐塞正沿著路跑回當地的警察局，在他這樣做的時候，他監視了另外兩個小腳怪，收集了岩石並將其抬上了球體。但是，剛沙因岡薩雷斯的舉動而生氣，開始猛烈地住他，但岡薩雷斯用刀刺傷該生物以捍衛自己時，刀刃並未對它的身體留下任何印象。突然，第四隻小腳出現了，從球體中出來，用光束使岡薩雷斯震驚，其他人得以登上並離開。

警察確定龐塞和岡薩雷斯都沒有喝醉後，他們給了他們鎮靜劑，還證實岡薩雷斯的肩膀上長了一條紅色的划痕。此外，幾天后，一名醫生挺身而出宣布他實際上從遠處目睹了小腳怪對岡薩雷斯的襲擊，但並未介入，因為他不想成為宣傳的焦點。

巴西太平洋機器人（Paciencia）

據稱，巴西 Paciencia 的 Antonio La Rubia 在 1977 年遇到了機器人或類似機器人的生物。

「他們高一米，四十厘米（約四英尺），但伸出他們頭頂中間（頂部）的觸角延伸得足夠遠，足以超過他的身高（大約五英尺五英寸）。這些生物的頭部形狀像美式橄欖球，在水平方向的中部橫向延伸一條帶子，看起來像一排藍色的小鏡子，一個比其他鏡子暗一些。」

安東尼奧說，他們的身體矮胖，軀干比他的身體寬（他肌肉發達，但身材苗條）。他們有手臂的附屬物，他將其與大象的軀幹進行了比較，並縮小到尖的尖端，類似於一個手指。他們的身體是用類似於鱗片的粗糙物質製成的。當被問到安東尼奧時，他說他不認為秤是「裝甲」，因為機器人可以自由移動，並且「秤」似乎絲毫沒有阻礙。樹幹在一條腿的底部末端被弄圓。安東尼奧的第一印像是他們坐在某個東西上，但事實並非如此。這條腿以碟子的大小和形狀的「平台」結尾。安東尼奧將這條腿和「平台」與船上使用的凳子進行了比較。車身的所有外部看起來都像是鋁的暗淡陰影。

月亮的眼睛（Moon Eye）

有關於地球人類地下種族的故事，查克・羅伯茨（Chuck Roberts）：一個和平的人類種族，身高約 7-8 英尺，皮膚呈淡藍色，大「環繞」眼睛，對光極為敏感。根據某些說法，這些人可能與「北歐人」和 / 或「金發女郎」結盟。他們自稱是諾亞的後裔，諾亞人在洪水爆發後幾個世紀前往西半球，發現了古老的前洞穴系統和技術，這些系統和技術已被遺棄在地下凹坑中。他們大多是在奧扎克 - 阿肯色州一般地區和周邊地區（伊凡達克）下方的深洞穴系統中遇到的。「其他消息來源說，在美國南部各州遇到了同樣的種族。

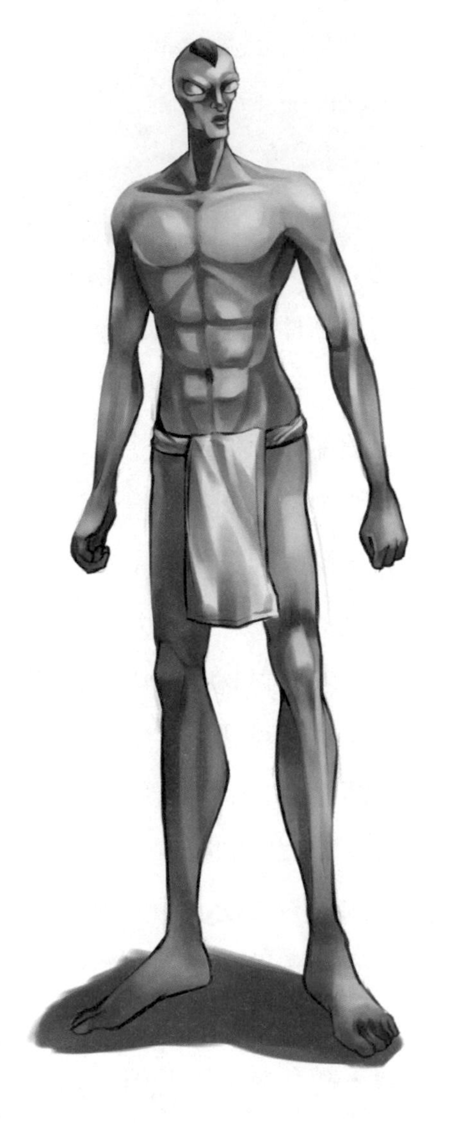

「根據 Morningsky（霍皮族 / 阿帕奇舞者）的說法，第一次外星人接觸始於 1947 年至 1948 年，格雷人與美國政府聯繫以與他們達成條約。另一名外國人抵達了藍軍。藍人告誡政府不要他們對灰色黨派說只會導致災難。他們告訴美國要走自己的路，他們說如果人們能解除武裝並聽取他們的意見，他們將和平與和諧地進行教 .。很少有人決定留下來並留在北墨西哥和亞利桑那州，並與霍皮族印第安人達成條約。這些外星人被霍皮族稱為「星際勇士「。霍皮人的傳說是有兩個種族，來自天空的羽毛之子和來自地下的爬行動物之子。霍皮族印第安人從地上出來，這些邪惡的地下力量也被稱為兩顆心。

比亞維安人（Biaviians）

據稱是萊利．馬丁（Riley Martin）遇到的種族。Biaviians（BE-AH-VEANS）- 來自金牛座星座 Biaveh 行星的大頭外星人。和平的生物。他特別熟悉 O-Qua Tangin Wann AKA Tan，他們通過「數字神經場景」將信息下載到他的頭上。

馬丁說：「失去了」極端情緒「的能力」。受邏輯約束的比亞維人欽佩人類的熱情天性，這是人類繼續與人互動的原因之一。馬丁說，自從那以後，比亞維人就一直在與人類繁殖。聖經時代是為了創造一個可以像人類一樣感覺（在情感上）的人與人之間的雜種。馬丁聲稱他參加了這個比亞維安繁殖計劃，結果生了六個孩子。

「雄性大約有四英尺高，雌性則短了幾英寸。在實際的外觀中，雄性和雌性的特徵稍有不同。頭部與身體的比例明顯比正常人大。眼睛很大，沒有眨眼。雄性的眼睛是淺到深金色，雌性的眼睛是藍色，其眼睛的陰影傾向於改變深度，具體取決於光線或情感。

他們的手臂很長，指尖幾乎伸到了膝蓋。他們的腳看起來平坦而張開。他們的手又長又細，只有三個手指和一個拇指。食指比中指長。他們沒有向外的耳瓣，但應該在耳朵的小孔。鼻子沒有軟骨，幾乎與外形保持平坦。嘴巴稀薄，看起來像是一條縫隙。牙齒細小而均勻，就像乳牙一樣。下巴鋒利而後退，使臉蛋狀。

雌性的膚色為灰白色，雄性的膚色為黃褐色或金色。膚色有時也會變化，不是基本顏色而是細微的色調。他們看上去不像危險的怪物，但我也不能稱他們為可愛。他們沒有用嘴說話，而是通過心靈感應進行了交流。

賴利（Riley）聲稱，比亞維安人在 7000 萬年前與塔格的戰爭蔓延到我們的太陽係時就參與了地球銀河的歷史。那時，他們決定消滅地球上所有 Targ 血統的恐龍生命形式。

他們「希望從光譜中獲得啟發。馬丁表示，外星人的行進速度快於光速，這表明他們離啟蒙運動越來越近。」比阿維斯（Biaveh）行星（他本人還沒有親自拜訪過），因為它的引力較輕並能種植大蔬菜。

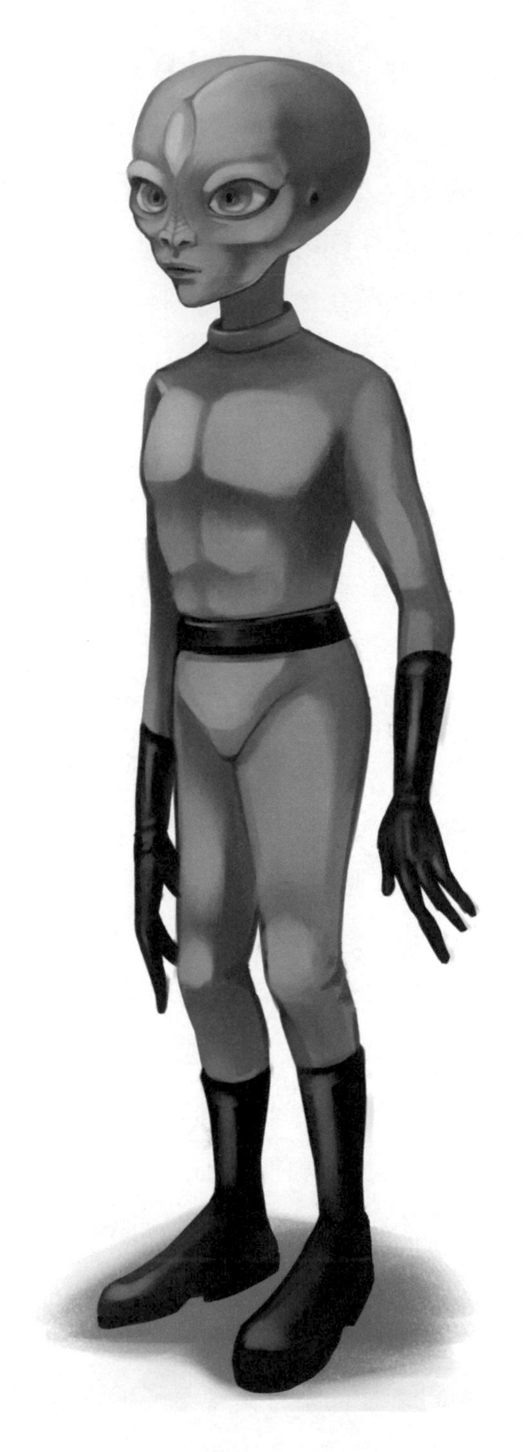

斯特羅姆人（The Stroms）

種族斯特羅姆人 - 他們來自 CONSTELLATION URSA MINOR，斯特羅姆人是無脊椎動物，腔腸動物，平均高度 -2 米（6.5'），植被對於 STROM 文化具有重要意義。有 200 次造訪地球，這是研究我們的星球植物區系的主要原因，這一種族的舉動極為謹慎，這是人們很少見到的。在最後一個冰河時代末期首次訪問地球。

STROMS 有 20 個菌落，分佈在整個銀河系中。他們的船呈八角形。

尼古馬克（Negumak）

1989 年首次訪問地球，綁架人類並將他們作為編程的潛伏特工，進行精神控制，1996 年電影《獨立日》的靈感來源，已知的最古老的種族，也是我們政府最害怕的種族。

平板森林怪獸（Flatwoods Monster）

這是第一個 50 年代見過幾次的 Flatwoods Monster。我非常關注「目擊者」的敘述和其他藝術觀念。我添加的唯一一件事是可伸縮的臂架，以解釋其是否具有臂架的不一致描述。

甲府的扇形人形生物（Cosmic）

川野和山黑報告說，第一個生物是長臂武器，高約 4 英尺，身著發光的或反光的銀色制服。

知道芬蘭的 KINNULA HUMANOID 案的任何人，對於從船上一對目擊者面前冒出來的相對較小的，穿衣服的外星人的描述無疑將是耳熟能詳的。

與 Kinnula 人形生物（穿著深海潛水員般的綠色西服併肩穿著）不同，Kofu 實體的皮膚被描述為黑褐色，並被皺紋覆蓋，緻密，以至於掩蓋了任何明顯的特徵。三個兩英寸長的金屬牙。

雖然銀色的犬牙是一種新的變種，但皺紋的皮膚可能會為那些研究過帕斯卡古拉外星人禁忌的人敲響鐘聲。這些男孩還聲稱它的耳朵大而尖，並帶有一個長物體，他們說這類似於「步槍」。

灰色爬蟲類雜交外星人（The Grey Reptilian Hybrids）

除了 Draco 和 Reptoids，許多人聲稱遇到過的各種雜交類型具有以下生理特徵。

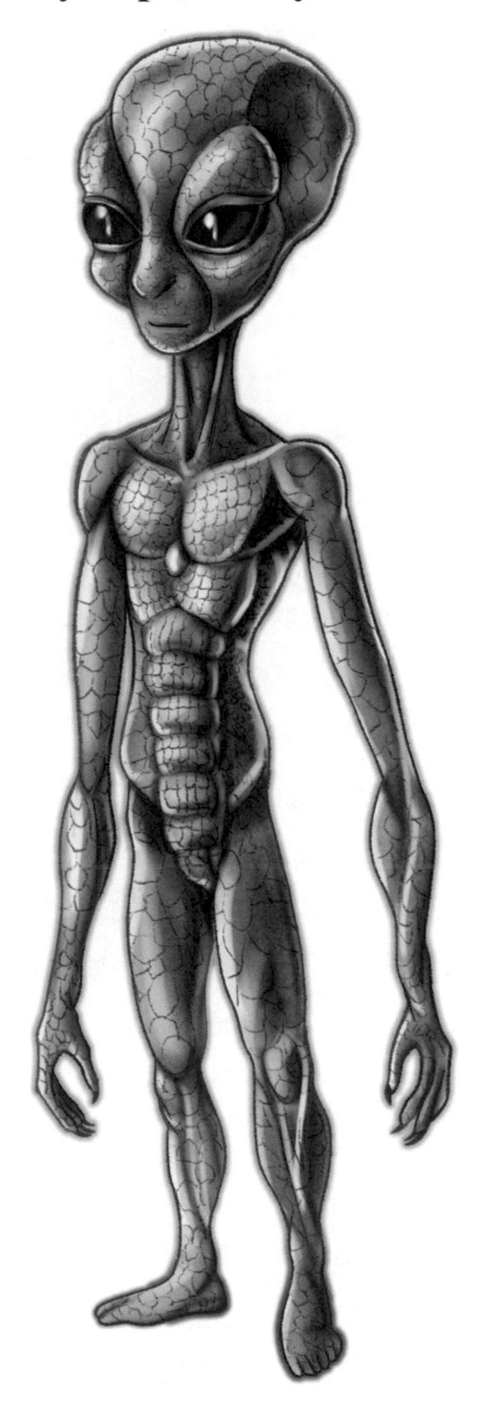

大部分爬蟲類一灰色雜種的體型都較小。他們的高度為四到四英尺半。他們有超大的頭蓋骨，大黑眼睛，瞳孔垂直切開，沒有耳朵，軀幹，手臂和腿。

有報導稱這些生物的食指是三個手指，第四隻可相對，或者只有三個長手指，沒有第四隻可相對。人們發現他們的爪很短，在某些情況下根本沒有爪。他們的腳通常被套件的材料覆蓋，但是一些經驗豐富的人形容他們的腳短而粗短，沒有腳趾。

在各種爬蟲類灰色類型中，也有一個物種，其皮膚呈棕褐色棕褐色，杏仁色的大眼睛呈金色，並帶有深色的金屬綠色垂直狹縫。他們與灰色實體具有相同的基本物理結構，通常被視為穿著與皮膚顏色相同的一件套裝。

沃羅涅日外星人（Voronezh）

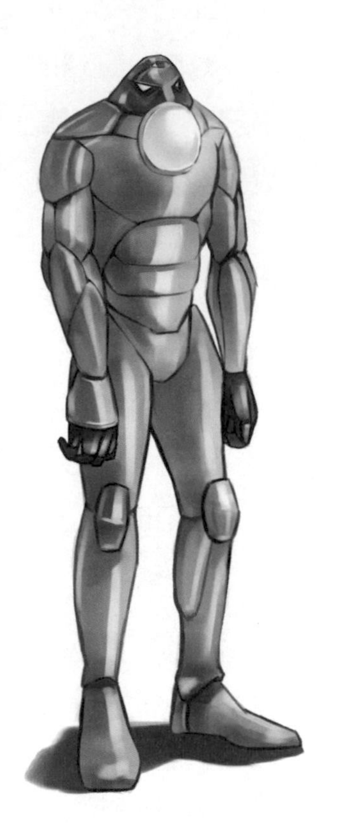

從我的筆記中，在網上的不同地方看到：1989年9月27日下午6點30分（18點30分），在人口約90萬的工業城市沃羅涅日，小學生們在公園裡踢足球時，目睹了一個直徑約15米的不尋常的巨大紅色球體降落在他們旁邊時發出的粉紅色光芒。

在附近的一個公共汽車站等公共汽車的大約40名成年人也目睹了這次降落。一大群人迅速聚集在一起，當他們透過一個打開的艙口向外張望時，他們看到一個魁梧的10英尺高的實體，頭很小，「三隻發光的眼睛」充滿了艙口，身穿銀色工作服和青銅色靴子，胸前戴著一個圓盤。

這三隻發光的眼睛被描述為外兩個帶白色，中間一個略高於紅色。中眼沒有瞳孔，像在掃描地形一樣旋轉。巨大的人形人像隨後關閉了艙門。不明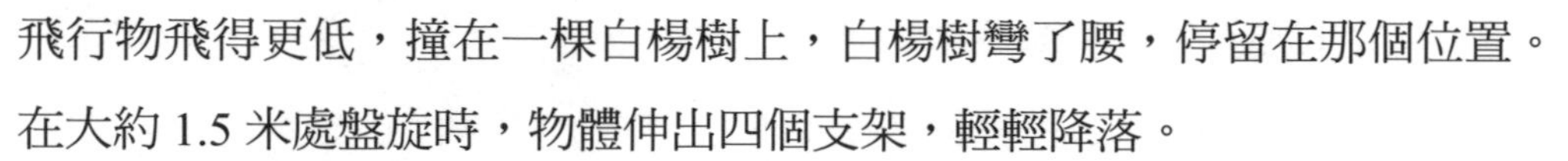
飛行物飛得更低，撞在一棵白楊樹上，白楊樹彎了腰，停留在那個位置。在大約1.5米處盤旋時，物體伸出四個支架，輕輕降落。

這個實體和另外兩個類似它的物體以沉重的步態出現，伴隨著類似機器人的東西，胸部有按鈕。其中一個實體調整了機器人胸部的某個物體，使其以機械方式移動。據說這些外星人在這個威脅機器人的陪同下在公園裡四處走動，檢查地面，似乎在採集土壤樣本。

據報導，大約5分鐘後，不明飛行物和實體再次出現。這個外星人有一個類似手槍的物體——一根大約20英寸長的管子，它指向一個身份不明的16歲男孩，使他消失了。外星人回到了球體內部，然後球體起飛了。與此同時，男孩又出現了。

沃羅涅日機器人（The Voronezh Robots）

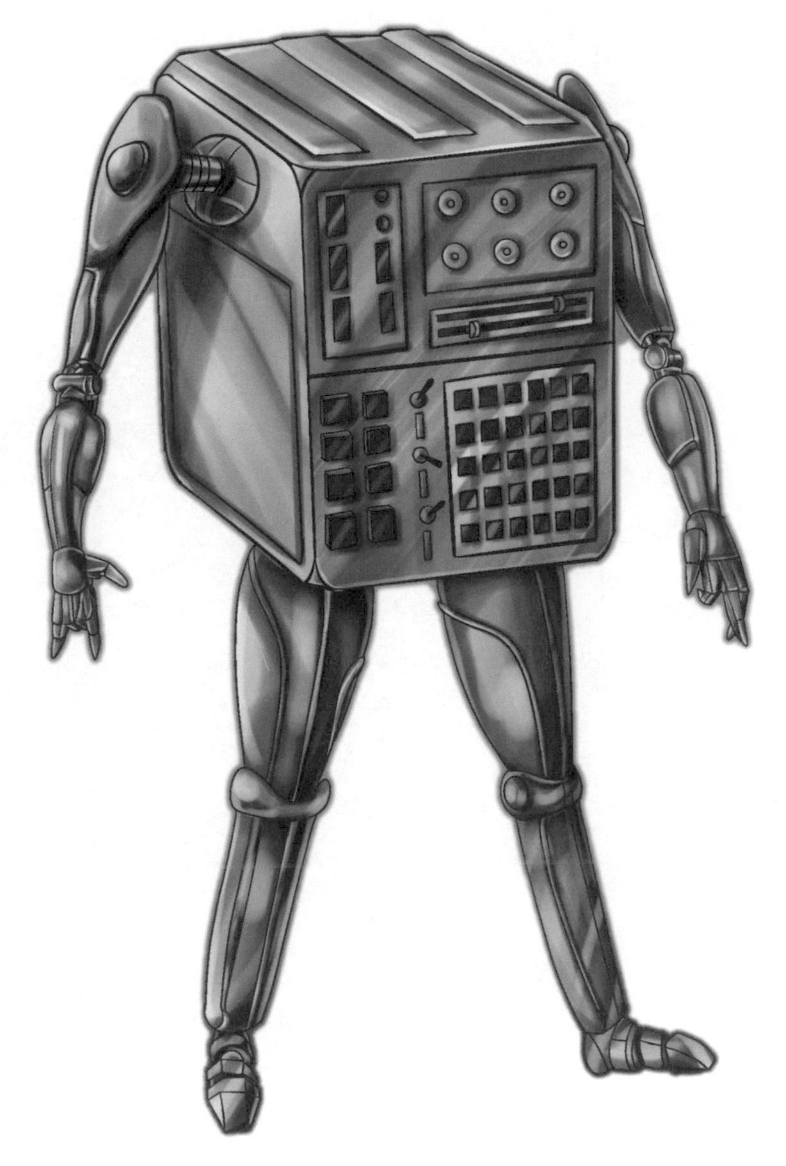

1989 年 9 月 27 日下午 6:30（18:30 時），沃羅涅日機器人與沃羅涅日外星人同時出現，沒有頭部的一個方胸型機器人，有兩隻腳及兩隻手，機器人的上半身胸部，有上下兩層不同的按鈕，以及一些指示燈式的裝置，還有一些不同開關。

拉夫蘭蛙人（The Loveland Frogmen）

許多來自俄亥俄州克萊蒙縣的兩棲隱性動物。身高 3-4 英尺，體重 50-74 磅，皮似皮革，青蛙似的臉，手足有蹼，可能的爪子。他們的頭頂皺紋而不是頭髮。大而圓形眼睛，淡綠色的灰色皮膚和張開牙齒的大嘴巴。一位目擊者描述了一條尾巴，但其他人卻沒有。

我也基於 H.P. 的 Deep Deeps Lovecraft 的《因斯茅斯的陰影》。認為他們的主要顏色是灰綠色，儘管他們有白色的腹部。他們大多發亮，滑滑的感覺。但他們的背脊有鱗片。他們的形態隱約地暗示著類人猿，而他們的頭是魚的頭，巨大的鼓鼓的眼睛永不關閉，在他們的脖子是側著，長長的爪子被蹼打著，他們不規則地跳著，有時是兩條腿，有時是四條，不知何故感到高興，他們的肢體不超過四個他們發出嘶啞，刺耳的聲音，清晰地用於表達清晰的聲音，保持了他們凝視的面孔所缺乏的所有深色陰影……他們是無名設計的褻瀆性魚蛙，活潑而可怕。

外星人系列：阿努比斯—犬（The Canines）

從我的筆記中摘錄，「阿努比斯」其他名稱：犬，「狗臉」卡努斯。出處 Procyon System Canis Minor。高度 3-6 米，皮膚：雄性為黑色烏木色，雌性為暗色。顱骨：來自犬科動物，類似於雄性狼，鼻子長，耳朵長，雌性更圓。頭髮：細的，如辮狀頭髮，幾乎在雄性中都雜種。服裝：半裸，根據功能只能穿不同顏色的裙子，並穿上鉛鞋或涼鞋。佩戴珠寶和手鐲以展示其社會地位（等級越高，點綴越多）。他們非常有肌肉。

外來狗人的存在可以追溯到古埃及。當時最著名的狗人叫阿努比斯，他教埃及人有關木乃伊的知識，還幫助死者渡過了來世。他還保護了人們。來自邪靈的人（即邪惡的外星人實體）。

狗頭外星人的存在，在早期基督教時代，有一個狗頭人部落，他們打了許多仗，殺死了許多人。耶穌曾教給他們其中一個人錯誤的道路，在為他施洗後，他被稱為聖克里斯托弗。偉大的探險家馬可．波羅（Marco Polo）講述了他在前往安加曼尼亞島期間與 Dog 頭犬相遇的經歷：「安加瑪寧是一個非常大的島嶼。人民沒有國王，是偶像，沒有比野獸更好的了。我向你保證，安加瑪寧島上的所有男人的頭都像狗，牙齒和眼睛也一樣；實際上，他們的臉都像大 mast 狗！他們有很多香料；但他們是最殘酷的一代，即使不是自己的種族，也要吃掉所有他們能捉到的人。」

外星狗人起源於我們銀河系的天狼星恆星系統。他們幾千年前來到這裡是為了幫助人們進行精神發展。但是，發生了某種事情，導致外星狗人脫離了自己的靈性，他們進入了生存模式，將他們變成野蠻的野獸。導致他們喪失靈性的原因可能與導致人類喪失靈性的原因相同。

有可能存在一個由靈性進化的狗人分支，但是在我們這個星球上的現代人們還沒有遇到過他們。也許他們已經回到了天狼星的故鄉。有無數關於目擊異形狗的報導，表明他們今天仍然存在，並且藏在我們中間。

一些非洲人是外星狗人的後裔在古埃及，外星狗人被描繪成黑皮膚的人，頭上戴著黑狗。外國人狗很可能與埃及人交配，造成了一個皮膚黝黑的種族，類似於非洲人。這可以解釋為什麼許多非洲人互相稱自己為DAWG，以及為什麼非洲男人經常稱其為女性。古埃及的原始外星犬人非常有靈性，擁有超自然的力量。如前所述，他們保護人民免受邪靈或外星人的侵害，還幫助死者繼續來世。

目擊事件發生在大約二十年前的英格蘭伯明翰郊區，稱為金諾頓（King's Norton）。我的朋友（我們稱為 Dave）大約有 22 歲，在故事發生大約兩年後，他把故事傳達給了我。戴夫是一個非常直率的傢伙，對神秘，超自然現象，不明飛行物等一點都不感興趣，並且以他的誠實而聞名。他知道我對這類事情感興趣，有一天晚上，我告訴他他想和別人分享他從未談論過的事情。

他的故事始於他與伯明翰市中心的朋友們從一個晚上出去回家，儘管他一直在喝酒，但他強調自己沒有喝醉，頭腦清晰。他在國王諾頓格林（Nings Norton Green）下了夜班巴士，並決定穿過一個大型運動場，該運動場位於格林（Green）墓地對面，到達底部的運河，這將使他的步行回家減少約半小時。那是一個晴朗的夜晚，月亮提供了大量的光，但是非常冷。在您到達一條通向主要道路的運河之前，他開始沿著沿田野邊緣連接到一條小路的小路走。

在走了四分之一的長度後，他向左看了一眼，看到一個高個子的男人與他平行走過田野的另一邊，他估計這個人高約七到八英尺，這使他看上去多了一點。小心翼翼地走著。他驚訝地註意到，這傢伙看上去像一隻阿爾薩斯狗的頭。起初，他以為這可能是某種面具，但是當他看上去時，他可以看到這些生物的呼吸來自它的鼻子，而且走路時似乎在運動，而不是僵硬的脖子。

這個生物穿著一件黑色的長外套，從沒有看過戴夫的方向。Dave 在這時有些慌張，並決定加快步伐，他做到了。他再次向左看了一眼，並驚慌地看到 DHM 步伐與他的步伐一致，但仍保持平行。他保持鎮靜，繼續快步走著，從他的眼角觀察 DHM，如果事情改變了，他將朝著方向奔跑，但他仍然希望這全是個噩夢或惡作劇。

他沒有越過沿著通向運河的農田底部的小溪，就沿著那條小路切開了，就在他到達那條路之前，他衝刺衝了過去，完全看著他的 DHM 看看會發生什麼。它與他並駕齊驅，但似乎並沒有再繼續保持它的平行運行。它就像一條小水坑一樣越過小溪，這時 Dave 不得不轉過頭使衝刺沖向主要道路。他說那是最糟糕的部分，想像這件事就在他的背上。

最後，他到交通要道，以建立自己的信心，然後轉向那條主要道路，轉身看是否跟在他後面，但最終無處可尋。直到大約十年前，當我住在澳大利亞並將我的故事發佈在 Fortean Times 論壇的一個線上課程時，我才投入大量精力，與許多人交談他們與這些狗頭外星人的經歷。

阿梅博伊德（Ameboids）

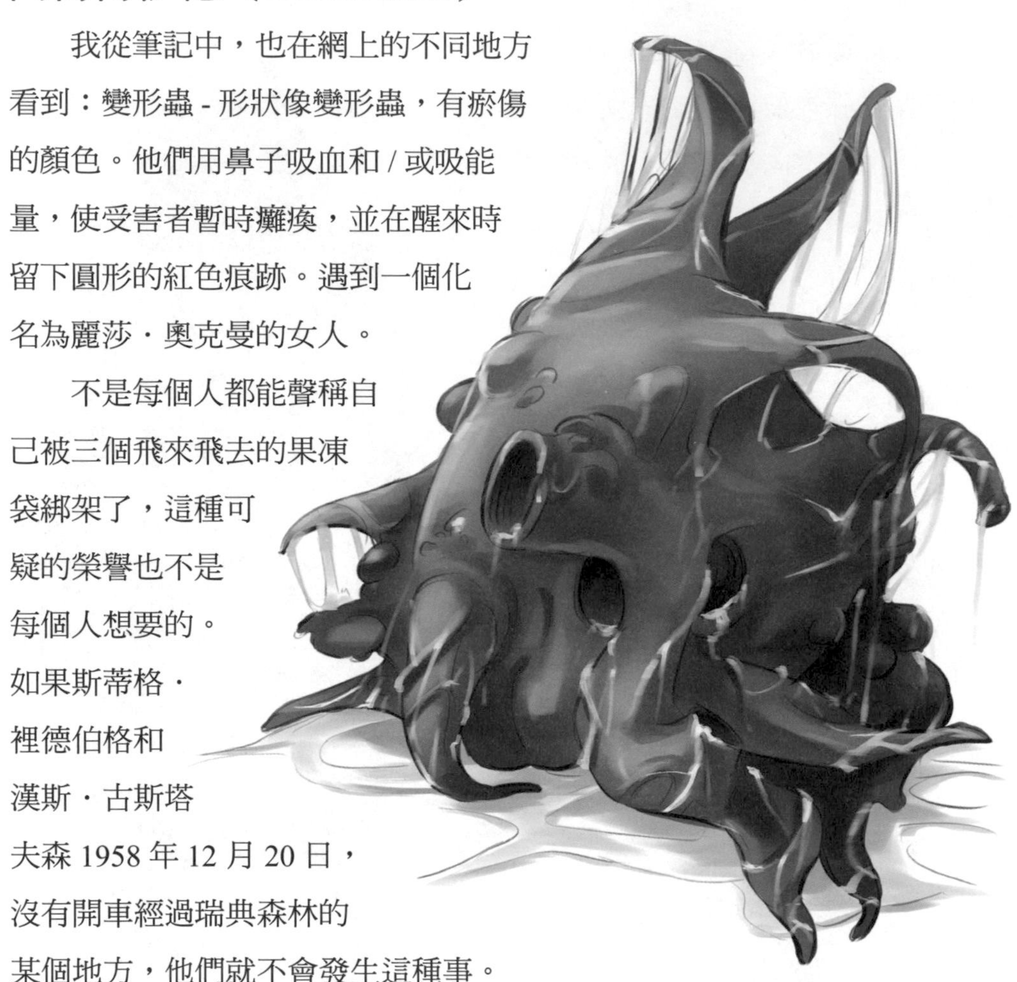

我從筆記中，也在網上的不同地方看到：變形蟲 - 形狀像變形蟲，有瘀傷的顏色。他們用鼻子吸血和 / 或吸能量，使受害者暫時癱瘓，並在醒來時留下圓形的紅色痕跡。遇到一個化名為麗莎．奧克曼的女人。

不是每個人都能聲稱自己被三個飛來飛去的果凍袋綁架了，這種可疑的榮譽也不是每個人想要的。如果斯蒂格．裡德伯格和漢斯．古斯塔夫森 1958 年 12 月 20 日，沒有開車經過瑞典森林的某個地方，他們就不會發生這種事。

淩晨 3 點，他們注意到一道奇怪的光，然後發現一艘神秘的三腳架飛船，超過 12 英尺長，停在附近的地面上。就在他前面是四個非凡的實體，每一個大約 3 英尺長，藍灰色，幾乎沒有形狀，沒有可見的四肢，頭部，或任何其他可識別的特徵。

一開始，他們就像果凍袋一樣在飛船周圍跳躍，但當他們不知怎的察覺到這兩個人時，其中三個有生命的小點迅速接近他們，並將他們的形狀固定在他們身上，當他們努力將受驚的人類拖回飛船時，產生了強大的吸力。在接下來的鬥爭中，這些人聞到了他們可怕的對手散發出的惡臭，把乙醚的強烈氣味和燒焦香腸的噁心氣味結合起來。

在裡德伯格瘋狂地試圖逃跑的過程中，他的一隻胳膊深深地伸進了一個水滴的體內，但對他和水滴都沒有任何不利影響。儘管如此，他的掙扎最終還是成功了，他跑回了車裡，在那裡他大聲地按了喇叭，嚇了一跳，他們釋放了古斯塔夫森，逃回了他們的船上，那艘船隨著一聲高亢的響聲升上了天空，飛快地飛走了。兩人生命中最離奇的 5 分鐘結束了。

第七形式外星人（The Seventh Form）

萊利．馬丁據稱遇到的一種神秘的生命形式。這是生命的一環，由兩顆心，不同的腸子和一隻大的半透明的眼睛組成。漂浮在粉紅色的液體中。所有這些都裝在一個透明的試管中，容器看起來像彎曲的底部向上，張開的嘴向下。該生命形式位於拋光的金屬底座上，並在離地面一英尺的高度處保持浮起狀態。

可見的藍色靜電電弧不斷地圍繞著該形狀，沒有身體結構或可見的附屬物，具有遠動能力並廣泛使用機器人技術，他們通過調度許多小型電磁模塊或地球儀從地球和鄰近物體收集數據。

這些發光球是第七種形式的眼睛和四肢，正是他們在萊利．馬丁無法發現的事情中扮演了什麼角色，以數字形式給出第 7 個表格名稱。

提頓人（Teetonians）

一個巨大的綠色，醜陋而又可怕的生物，皮膚起伏不定……好像他很胖，或者穿著寬鬆的灰色外衣……身高不少於 10 英尺。

在隨後的採訪中，Zanfretta 將對這些表面上的星際野獸進行更明確的描述，包括多毛，綠色的皮膚，其面部側面的點，圓形的指尖，巨大的黃色三角形的眼睛和額頭上的紅色靜脈。根據這種描述，這些生命形式可能類似於某些人認為是 E.T. 的特別討厭的物種。在生態學界被稱為 REPTOIDS。

贊弗雷塔（Zanfretta）還描述了一種適合其嘴部的獨特機械設備，從而使他們能夠在地球富含氧氣的大氣中呼吸。後來，在催眠狀態下，他回憶起向這些生物詢問奇怪的裝置：「你為什麼不張嘴？您只會得到帶網的熨斗，這些熨斗會發光。」在同一屆會議上，贊弗雷塔還表示，這些生物來自位於第三星系的 Teetonia 行星，而且，也許是最令人不安的「他們希望與我們交談，他們將很快返回。」

圖斯卡比亞的太空企鵝（The Space Penguins）

在我的神秘子序列中排名第二，有點晦澀，但太有趣了。他們也可能與 Kinnula 類人有關，所以我把他們結合起來。

橙色外星人（The Orange）

這些是哺乳動物，高約 2 米，瞳孔垂直，頭部細長，臉色非常曬黑。他們有 5 個手指，傾向於穿著深藍色的工作服，在左胸上有兩個交錯的三角形符號。他們被描述為具有雌雄同體的美人，但近距離觀察他們並沒有那麼美麗，並且他們的頭髮看起來從未被洗過！他們具有詳細的圖譜和人類 DNA 知識。

出處：藍色星球天狼星 B 和金牛座。大小：1.80 至 2.20 米高。皮膚：有時清晰，但通常被曬黑。頭骨：拉長後背並壓扁（比我們窄）。頭髮：紅色或橙色。眼睛：白色或鮮紅色，瞳孔垂直。手：5 個長而骨質的手指。服裝：白色或藍色緊身西服，左胸帶 Estella 6 Tips。發音喉骨明顯，鼻子幾乎不存在，嘴唇稀薄。

一群在許多地方與外星人活動有關的非人類或半人實體，尤其是地下的外星人基地據說位於世界各地，特別是在美國西部。橘子據說他們的外觀與人類非常相似，儘管

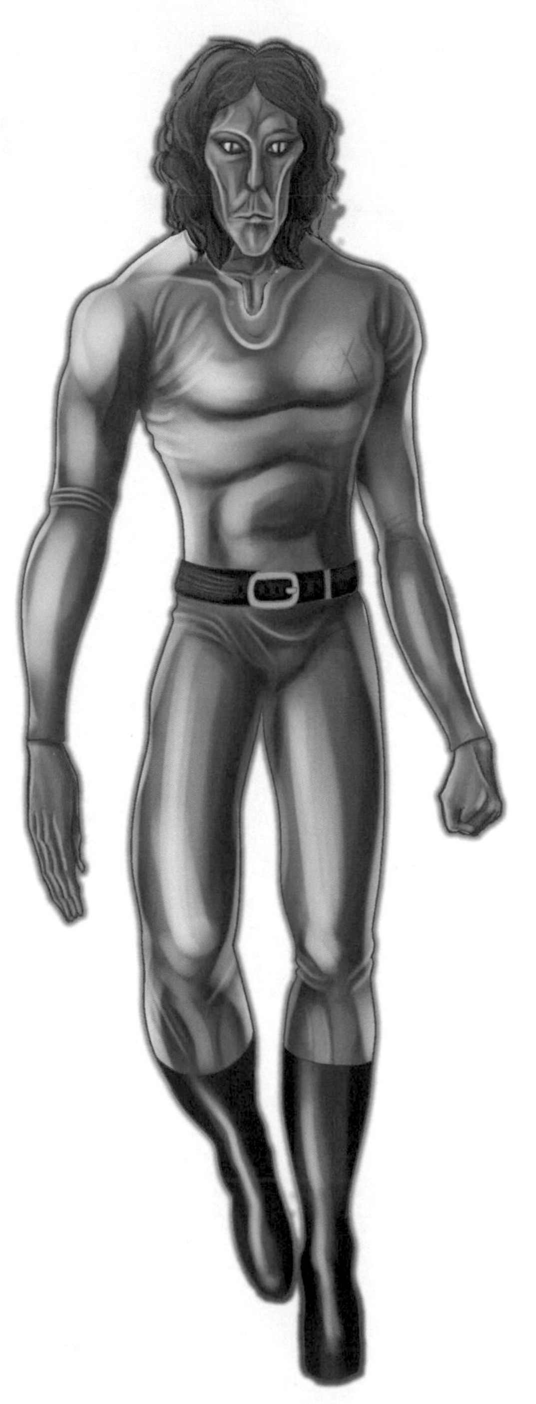

他們的頭髮是紅色的，他們的皮膚是橙色的，並且臉上有些爬蟲類動物。有人認為，橘子是一種混合種族，但它是通過人類和類肽的融合而不是人類和格雷的融合而產生的（在綁架者的故事中很常見）。在地下基地環境中遇到過這些生物的人報告說，他們似乎在執行僕人或奴隸的任務。

橘子隊最令人信服的案件之一是塞浦路斯的達克里亞軍營。這些實體主要匯聚在內華達州南部，新墨西哥州北部甚至可能是猶他州以下。一些消息來源指的是人種，有黃，紅或橙黃色的頭髮，而另一些消息來源則是經過基因改變的類人動物—類倍體。通常被描述為具有類人生物體的形式，但具有某些「爬蟲類」遺傳特徵；還據說他們具有類人生殖器官，並且可能具有（或不具有）人的「靈魂基質」，因此人類的不同分支，或視同種動物而定的類視動物，如某些說法所暗示的那樣，可能還有個不帶靈魂矩陣的橙色爬蟲類動物。某些「奧蘭治」據稱與伯納德之星有關。

獨眼巨人（The Cyclopeans）

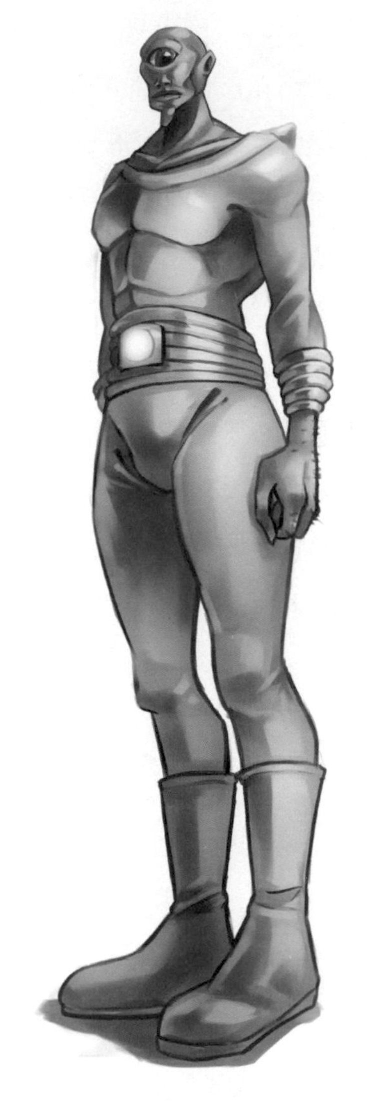

阿根廷的生物學家法比奧・畢加索（Fabio Picasso）創造了「獨眼巨人」一詞來描述單眼的外國人，這些外國人所謂的存在是少數南美媒體報導的主題。畢加索承認，某些報導是確定的或可能是惡作劇，而另一些則沒有得到充分的調查。儘管如此，截至 1992 年，他已經發現了 11 篇這樣的報導。

據說其中一例發生在 1963 年 8 月 28 日，在巴西聖家堂。三個男孩目睹了他們家後院突然出現的一束光束。在光的旁邊，一個透明的球形物體盤旋。在裡面，可以看到四個緊身連體工作的單眼實體，三個雄性和一個雌性。一個人走出不明飛行物，漂浮在空中，首先通過手勢，然後通過心靈感應與孩子們交流（未指定消息的內容）。被送回飛船，然後離開。

1965 年 2 月在阿根廷的 Torrent，農場工人從狩獵中深夜回家，發現了五個小人物。當其中一名獵人採取威脅行動時，這些形狀突然變大，直到他們高到八英尺高。眾人將獵人追逐到一所房屋中。後來，一個人與獨眼巨人一起從屋子裡逃了出來。一個人設法用毛茸茸的手抓住了他，但那個人掙脫了，逃脫了。隨後，其他人乘貨車逃跑。

畢加索寫道：「獨眼巨人可以分為兩種亞型，獨眼巨人短而又高大，後者常常表現出攻擊性」（Picasso，1992）。

貓科動物外星人（The Felines）

貓科動物是我們宇宙中兩個主要種族之一。貓科動物是一種雙足動物，高 12 至 16 英尺。他們的皮膚上覆蓋著一種柔軟的絨毛，儘管他們沒有皮毛，但確實有鬃毛，而且雄性和雌性都長髮。他們的眼睛顏色從藍色到金色不等，隨著他們的成熟，顏色也可能從藍色變成金色。他們也從金棕色變成白色。

貓科動物的整體氣質溫暖，樂觀和知識分子。隨著他們的成熟，他們會呈現出一種陰沉，內省和溫柔的天性。敬老們的智慧，同情心和洞察力受到尊敬。作為一場比賽，他們非常接近並且具有公平競爭的意識。雌性享有與雄性同等的地位並受到尊敬。按照貓科動物的方式，他們都非常好奇和好奇。

做為「環球遊戲」的一部分，創始人在「天琴座」中為貓科動物提供了一個新星球，做為他們的家。貓科動物將其命名為 Avyon。現在這不是確切的發音，也不是拼寫，但是已經足夠接近了。真實姓名不能翻譯成英文。

他們是應創始人的邀請到達這裡的。成功完成了他們的環球遊戲並完成了他們的宇宙之後，由 45 名貓科動物組成的小組自願來到了這個宇宙，以幫助在這裡建立和監督同一個遊戲。

阿維永（Avyon）是一個擁有山脈，湖泊，溪流和海洋的天堂星球。這個藍色的星球非常像我們現在的地球，形式多樣，植被和生命形式多樣。當貓科動物到達時，他們處於乙太形式，因此經歷了演化，從而使居住在該行星上的物理物體進化。經過數百萬年的發展，他們進化出了獅子和其他貓科動物，並開始化身為這些形式。

做為計劃的一部分，原始的貓科動物的一部分保留了乙太形式，以為那些化身的人提供指導。他們將相當於您現代的 Christos 生命。請記住，這是一個 3D 行星，一旦乙太貓科動物化身，他們就會落入失憶的面紗之下，這是 3D 自由意志行星的工作原理之一。

隨著時間的流逝，經過無數次的化身循環，貓科動物進化出一條直立行走的貓科動物，並保留了乙太貓對應動物的意識，這要歸功於一些乙太貓科動物的周期性化身以及類似於猿猴的兩足動物的 DNA，這也在地球上發生著變化。

利用類人猿哺乳動物的 DNA，貓科動物可以呈現出更像人的身體，同時保留了貓科動物的大多數面部特徵和其他特徵。正是從這個雜交到達某個階段的時候，才誕生了被稱為「阿維永皇家線「（House of Avyon）的遺傳系。

乙太貓科動物將繼續輪換學習，不僅提供 DNA 升級，而且在高維校長中進行教學和培訓，以免他們的星球兄弟姐妹陷入無情的動物化身循環中。如您所見，貓科動物在 Avyon 上的進化與人類在地球上進化的方式幾乎相同。唯一的區別是人類確實陷入了動物週期。關於「通用歷史記錄」頁面的更多信息。

隨著時間的流逝，有意識的貓科動物數量已經足夠大，可以承擔起自己家園星球的守護者的責任。他們不斷發展，最終發展了太空旅行技術，然後發展了翹曲技術。他們乙太坊的兄弟姐妹繼續充當他們的嚮導。

其中許多人成為遺傳學家（貓科動物專長），並開始幫助發展宇宙中各種行星和恆星的各種生命形式。其中一些人成為了偉大的太空探索者和各種科學家。在其發展的這一階段，貓科動物將注意力轉移到了他們所欠的那雙足哺乳動物上，並開始了一項遺傳雜交和升級計劃，這將使他們有靈魂，並在此過程中創造出一個新物種，將被稱為人類。

經過無數次穿越和基因改良後，製造了《亞當人》。有兩個品系，紅髮品系更加外向和充滿活力，而白金金髮品系則更加溫和和內省。經過數千年的持續精心雜交育種，貓科動物與人雜種比純種貓科動物在「貓科動物」（The House of Avyon）的王室皇家系列中開始更加普遍。然而，這是計劃。

隨著時間的流逝，純種的貓科動物將成為人類的遠古祖先，僅憑其遺傳特徵來提醒他們之間的聯繫。儘管現代人已經忘記了貓科動物與人類之間的遺傳關係，但貓科動物仍作為一種富麗堂皇的生物而留在我們的意識中，值得我們的尊重和愛戴。貓科動物仍然是其後代人類的愛護者和支持者。他們在時間和環球遊戲的各個方面一直扮演著這個角色。

類似胡蘿蔔外星人（Pascagoula）

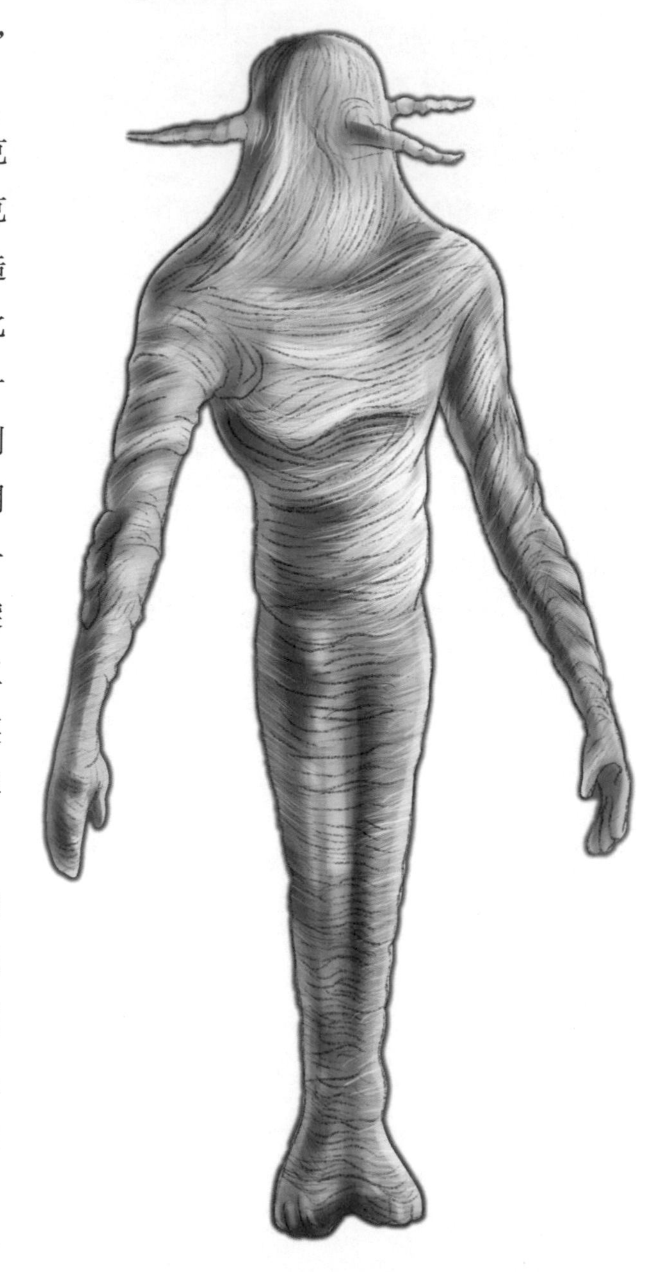

帕斯卡古拉綁架案件，1973 年 10 月 11 日晚上，現年 42 歲的查爾斯・希克森和 19 歲的加爾文・帕克（Calvin Parker）（一家造船廠的同事）在密西西比州帕斯卡古拉河西岸的一個碼頭上釣魚。他們聽到呼 ir 的聲音，看到兩個閃爍的藍燈，並報告說，一個橢圓形的「工藝品」突然出現在他們附近，該工藝品寬約 8 英尺，高 8 英尺或更多。該船似乎漂浮在離地面約 2 英尺的地方。

他們說，船上的一扇門打開了，三個生物出現並抓住了這些人，使他們漂浮或懸浮在船上。兩名男子均報告麻痺麻木。帕克聲稱他因害怕而暈倒了。他們將這些可怕的生物描述為大致人形的生物，高約五英尺。這些生物的皮膚顏色蒼白，皺紋，沒有眼睛讓男人辨別，也沒有裂口。他們的頭也似乎直接與肩膀相連，沒有明顯的脖子。取而代之的是三種「類似胡蘿蔔」的生長物，一種是鼻子位於人身上，另一兩種通常是耳朵。這些生物的胳膊末端有龍蝦般的爪子，似乎只有一條腿（希克森（Hickson）後來描述了這些生物的下半身，看起來好像他們的腿融合在一起）以像大象的腳結尾。希克森還報告說，這些生物以機械，機器人的方式移動。

在船上，希克森聲稱他以某種方式被懸浮或懸停在飛船地板上方幾英尺處，並被看起來像足球的大機械眼（直徑約6至8英寸）進行了檢查，看起來像是在掃描他的身體。帕克聲稱他無法回憶起飛船內部發生的事情，儘管後來，在催眠回歸的過程中，他提供了一些模糊的細節。這些人在大約20分鐘後獲釋，這些生物使他們懸浮，希克森的腳沿著地面拖動，回到了他們在河岸上的原始位置。

蘭斯（Ranth）

蘭斯是原產於 Caaraz 星球的哺乳動物種族，蘭斯是類人動物食肉動物，帶藍色的皮毛和扁平的槍口。他們的嘴裡滿是短而鋒利的牙齒。他們生活在卡拉茲（Caaraz）黑暗一側的冰川平原上，只要條件允許，他們就在尋找食物。

蘭斯有兩個截然不同的派系：那些仍以獵人和動物般的方式生活的派系，以及已變得更加文明並與銀河系社區融合的派系。他們是個脾氣暴躁的人，似乎對自己作為一個物種的歷史一無所知。但是，每個家庭都有自己的詳細歷史記錄。因此，每個蘭斯社區都有其自己的歷史版本，從未建立過全球性的政府。帝國發現卡拉茲（Cararaz）時，這很快就改變了。蘭斯最初可能沒有抵抗，而帝國後來雇用了文明程度更高的蘭斯作為獵人和保鏢，以保護當地駐軍免受地球上的掠食者侵害。然而，帝國開始傾倒廢物並污染環境，不文明的蘭斯生氣了。他們開始伏擊帝國士兵和突擊基地。

帝國軍要求文明的蘭斯制止這種情況，他們開始追捕同胞。這導致了蘭斯族群與帝國軍隊之間的一些小規模衝突，並阻止了蘭斯出現在銀河系中，並大舉入侵。隨著恩多戰役結束後帝國的死亡，文明的蘭斯開始控制以前的帝國哨所，將其變成人滿為患的城市。他們還把不文明的弟兄們進一步推到曠野，繼續加深他們之間的仇恨。

鬣蜥外星人（The Iguanoids）

鬣蜥外星人類人猿，大約4-5 英尺高，具有「類鬣蜥」的外觀，卻具有「類人猿」的外形。有時會看到他們穿著黑色的，帶帽的「僧侶」長袍或斗篷，掩蓋了許多蜥蜴的特徵，包括尾巴。

據報導，他們對人類和等級較低的類爬行動物（如格雷斯）極為危險和仇恨，並且像「蛇」族的所有其他分支一樣，他們利用黑巫術，法術和其他形式的思想控制來對抗敵人。似乎是單倍體物種中的跳級巫師或牧師類。

Akkah-The Burrowers（阿卡）穴居人

他們是恰卡赫爾帝國很久以前引進的基因強化生物，無論去哪裡征服，都會帶著他們，以幫助高速挖掘他們的地下建築；他們是爬蟲類種族的變異體，因挖掘地面效率過高而被殺死。四足動物，速度快，力量大，他們有很強的生物感測器能力。

Al Gruu-Al'ix (Al Gruualix) 爾格魯阿利克斯

他們來自鯨魚座 Iota Ceti（對他們來說是 Assari）（靠近 DenebKaitosShemali），位於鯨魚座方向；相對於地球的距離為 275 光年；星球叫做奧戈納；他們數量不多，只生活在這個星球上，它有非常稠密的大氣層，看起來像藍灰色的蒸氣，非常潮濕；個星球就像一個熱帶森林世界，由於其恆星和濃密厚重的大氣層而發出昏暗的光線；身高約 182 厘米，看起來像爬行動物；他們是一個非常古老的物種，有智慧的人；他們的壽命可達 350 歲；他們經常與爬行動物混淆，除了外表之外，他們與爬行動物沒有任何共同之處；有八種性別，無論與誰交配，他們都可以在彼此性接觸時繁殖；他們通常是和平主義者和遵守規則的，拒絕捲入天琴座戰爭，不想拿自己物種的存在冒險，他們很長一段時間避免參與任何外交活動，直到最近 GFW 明確接受了他們的申請，提供他們的經濟和技術資源。優勢以及保護和社區；他們旅行不多，他們需要潮濕的氣態生命維持條件，這需要在他們的船上重建。乾燥，尤其是地球上的太陽光線會使他們的皮膚過度乾燥，從而殺死他們。他們造訪地球的目的純粹是為了科學好奇，他們很少綁架；他們擁有純粹的光之船（這項技術是他們的祖先很久以前在與另一個種族（據稱是阿努納奇人或古代天琴座人）接觸時開發的），卵形垂直；他們知道如何將光線集中在結晶上。

Daoxi underground people 道西地底人

Reptiloid Type A Male 地底人

Reptiloid Type B Female 地底人

Insectoid (Masters) Type

Insectoid (Servants) Type

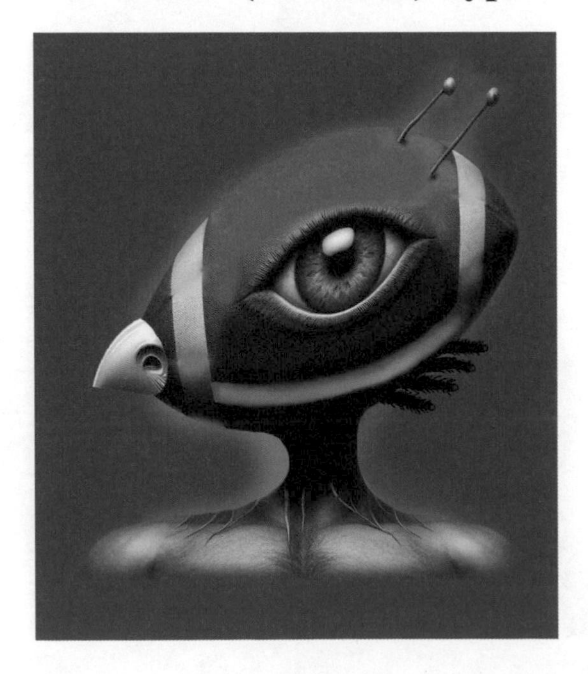

Meta-Terrestrial - Code Meredith

Para-Terrestrial - Code Paramus

Photograph Reptiloid or Reptoid TypeC Male

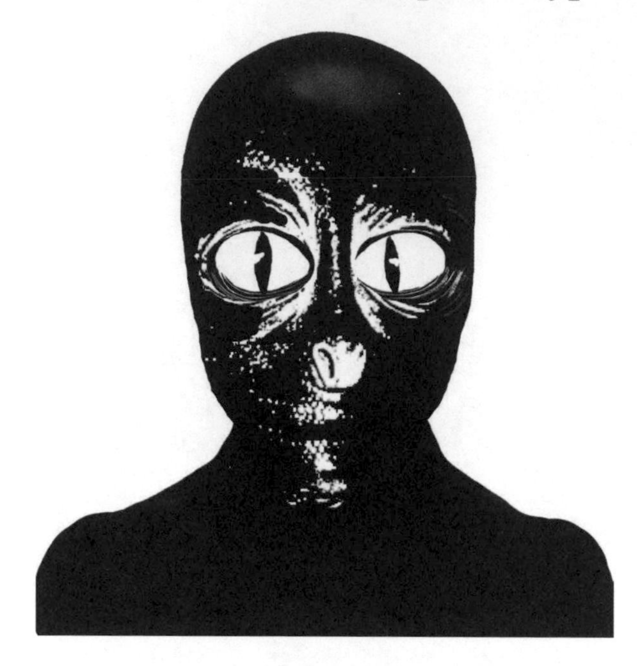

Regelian Type A

Reptiloid Type B Male

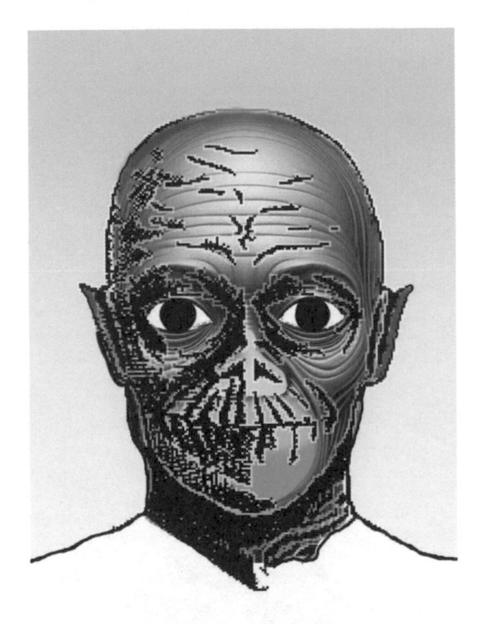

Subterranean Lizardmen

The Mook

The XZ Creature

Z-Reticulae 1 Type B

Z-Reticulae 2 Type C

Z-Reticulae 2 Type C

「Hadar」Ddhl (Dahel) 達赫爾

來自半人馬座 β 星（β Centauri，β Cen），也稱為半人馬座的 Hadar 或 Agena；相對於地球的距離為 361 光年；這個三星系統是分佈在總共十七顆行星上的多種多樣的生命形式的家園，包括爬行動物、兩棲動物、類昆蟲動物，所有這些都處於亞文明的水平；天琴座的人形努爾殖民地建立並繁榮，選擇不參與 GFW 事務；他們作為一個獨立的實體與這七個星球上的所有其他物種和諧相處；半人馬座貝塔星係受到嚴格守衛，被認為是未受破壞的和平避風港。他們選擇自己的名字是為了紀念將他們帶到那裡的方舟船長，即他們的傳奇指揮官達赫爾。他們將他們殖民的世界命名為「Dahlnor」。

Horonga 霍隆加（或 Chupacabra）（pl.Horongai）

他們是由 Ciakahrr 帝國從爬行動物奴隸星球進口的，並與 Solispi Ra 物種雜交，使他們能夠在地球的大氣和條件下呼吸和掙扎；其 DNA 中也混入了娜迦，提高了其攻擊性、狩獵性和嗜血性的品質；物種被稱為 ABE（異常生物實體），他們具有爬行動物的外觀，沒有尾巴和細長的頭骨，紅色的大眼睛和帶有尖牙的突出下巴；他們在背部使用脊椎　，其膜會改變顏色；他們的鼻孔有小孔，雌性有尖耳朵。覆蓋身體的皮膚也會改變顏色，以免被注意到；憑藉其特有的敏捷性和三指爪狀的手腳，他們可以攀爬任何東西並且跑得非常快。他的眼睛是紅色的，他皮膚的氣味只是首先警告他的存在；他們使用聽起來像吱吱聲和嘎嘎聲的語言進行交流。

Hyades 畢星團

他們來自位於金牛座的疏散星團畢星團（距離地球最近的星團）；相對於地球的距離為 151 光年；他們是來自天琴座星系的阿赫勒難民的殖民地，逃離了與恰卡赫爾帝國的戰爭。正如其他天琴座星團在昴宿星團和織女星系統中所做的那樣，他們定居在畢宿星團中。他們與昴宿星人是同一物種，也是不同天琴星殖民地的混合體。天琴星世界種族差異很大，在離開星系躲避恰卡赫爾帝國攻擊的四艘大型飛船中，船上種族的多樣性非常重要；就是我們神話中所說的：方舟，承載著任何需要拯救的生命：植物、動物、人、珍貴的礦物，以及許多屬於不同文化的其他元素；祖先們沒有太多時間離開，但足以組織起來，因為爬行動物的威脅已經對他們造成了一段時間的影響。天琴座世界知道這場災難即將來臨，儘管他們首先選擇戰鬥來保衛他們應得的東西；他們決定擺脫銀河外交，寧願培養和平的孤立，他們很少離開他們的星球。

Jadaii Anunakene

Kahil

Kale-Nia

他們來自 Gamma Aquilae 恆星（稱為 Tarazed），由天鷹座的 3 顆行星組成；

相對於地球的距離為 395 光年；他們是具有爬行動物基因的類人生物，比人類稍小、更瘦，沒有毛髮，耳朵略小，尖尖的，眼睛像貓；他們的壽命可達 150 歲；他們主要參觀了北非和撒哈拉沙漠等與家鄉特徵相似的沙漠地區，以及活火山；他們不進行綁架，他們的主要興趣是礦物和地質研究。

Korendi

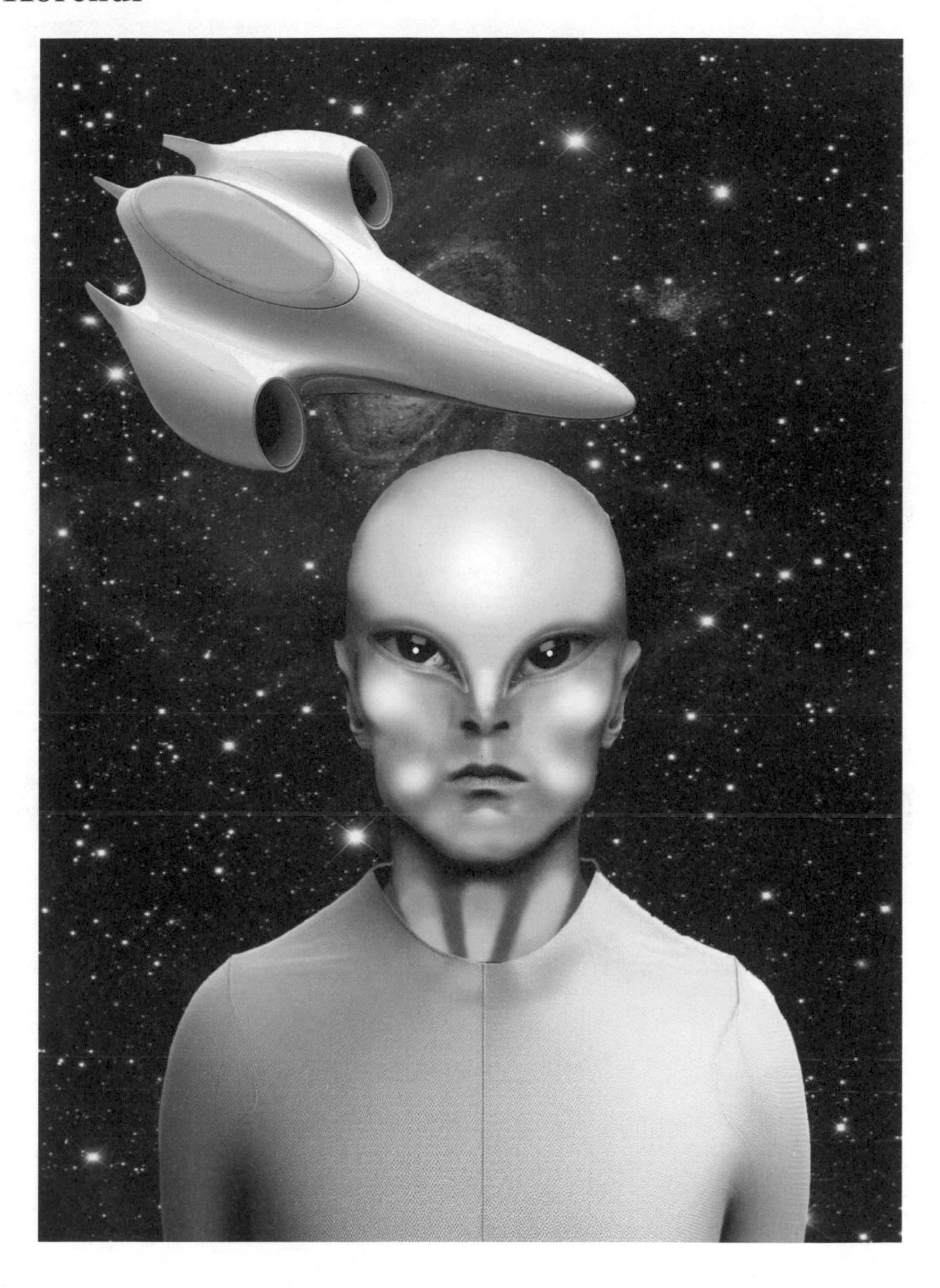

Lang 朗

他們來自後發座第六顆星 Astorah；此恆星系統由十顆行星組成，其中朗佔據三顆行星；相對於地球的距離為 170 光年；是優雅的人形生物，身材不太高（約 60 公分高）；培養對美學和創造力的熱愛，他們使用身體裝飾，如藍色皮膚顏料、羽毛、珠子、閃亮的珠寶和其他配件，以達到藝術目的和部落認可；他們穿的幾件衣服通常都很鮮豔。男性比女性更常使用裝飾品來展現自己的社會屬性和優點；自然對他們的生活至關重要，Lang 與他們的環境、身體和精神完全共生；令人驚訝的是，他們狩獵並吃掉其他生物，但在生命週期的各個方面，他們認為這是他們神聖信仰的一部分；雖然這種文化給人一種原始的印象，但很容易產生誤導，因為它的技術相當先進，特別是在醫學和太空旅行方面；在那裡，不同等級的文明也透過種姓制度產生；Lang 的訪客是第一批發現地球的外星人之一，儘管精靈和童話故事講述了神秘的「小矮人」，但北歐仍然被人們所銘記；他們從未綁架過人類，而是從爬行動物手中拯救了大量的人。

Losi 洛西人

Magel 紅色爬行動物

´ 他們來自天龍座的 Xi Draconis (Ψ Draconis) 星，傳統上稱為 Grumium，位於天龍座 (對於他們來說是 Grumium Eltanin「Epsilon Draconis」)；相對於地球的距離為 112.5 光年；他們與恐龍相似。它是一種害羞而和平的品種，不與人類互動；他們是夜行性動物，收集並吃囓齒動物和昆蟲；馬格爾在南美洲某處和墨西哥瓦哈卡附近有兩個永久基地。其中至少 3 人已被巴西拘留超過 12 年；他們的同類每 20 年就會造訪一次，下一次造訪應該是在 2036 年。

Maytra 或 Maitre

他們是一個非常糟糕的物種，可說是最糟糕的物種。

他們最初來自距離地球最近的星系中的兩顆行星仙女座，他們稱之為 Megopei；他們是你自己最大的敵人，也是這個星系中所有物種最大的敵人；基本上，他們被所有物種視為寄生蟲，除了那些設法建立共同利益聯盟的物種，即：恰卡赫爾帝國和獵戶座集體；這種與人類平均身高相同的雌雄同體，有著拉長的臉、拉長的頭骨和又長又細的脖子，確實有著非常邪惡的外貌；他們的壽命可達 120 歲；他們的動機是憤怒、仇恨和同化；他們的船又大又黑，呈盤狀，有一排圓形燈，底部有一個大開口，他們的徽章是一個黑色倒三角形，三行，紅色背景；自從最近兩次冰期之前，他們就已經造訪地球，並多次試圖殖民地球，但總是被恰卡赫爾、阿努納奇、五人委員會或銀河世界聯邦阻止；他們已經殖民了另外 26 個行星；他們公開綁架人類，要么是出於自身利益（將奴隸販運到月球和火星上的礦井，以及與其他物種（主要是爬行動物）進行奴隸貿易），要么是與美國聯盟 -Telos 聯合；梅特雷人在人類歷史中捲入了許多悲劇。一些最嚴重的瘟疫是他們在爬蟲人的知情和同意下造成的，爬蟲人希望人類人口永遠不會超過 80 億。

MIB 或 Draco Borgs

所謂的「黑衣人」是由 Ciakahrr 帝國控制的控制論生命形式，與美國政府的秘密部門合作，通常伴隨著他們上門恐嚇你，真正的爬行動物變形者；MIB 也大量滲透到地球社會中，辨識他們的方式類似於辨識變形者；對於這些標準，您還可以添加特殊的合成氣味、未經精煉的特徵、沒有指紋以及脆弱或人造的耳朵。他們也被稱為“Horlocks”，當他們不是上述之一時，他們是來自地球的受精神控制的人類；為了勸阻目擊者，他們使用精神控制（爬行動物的特長）和透過恐懼進行威脅作為心理武器； 他們使用黑色汽車和直升機，並被分配到地下設施。

Nagai / Nagari

武士種姓：

更短更粗，肌肉發達，沒有翅膀。他們具有攻擊性、暴力性，並因其著名的戰鬥技巧而令整個銀河系聞風喪膽。他的皮膚有鱗片，可以是深紅色到橙色，帶有黑色條紋。他們的身高可達 240 公分，因其格鬥技巧而聞名並令人畏懼。它的眼睛是黃色的，斜斜的，瞳孔呈垂直狹縫；他們能夠將自己埋在地下等待伏擊，有些人會埋伏很長時間，甚至每十二到十五天只吃一頓飯就能生存（技術的發展是為了增強他們的攻擊性和嗜血性），它的象徵是銜尾蛇。

低種姓：

身材較小（身高在 122 公分至 360 公分之間）且體質較弱，防彈衣也少得多。沒有翅膀；他們可以分為七個細分：科學家、工程師、產業工人、牧師、商人、軍事安全，最後是飼養員；可能呈現棕色、紅色、藍色或深綠色，他們大多有黃色的眼睛。

變形

這是他們擅長的一種能力，是從天然的偽裝能力發展而來的，用於戰爭和征服的目的。他們會將你的能量特徵與他們選擇的任何特徵混淆，這可能會產生很大的誤導，他們非常擅長這一點；他們產生幻覺的自然心理能力與一種特殊的技術相結合，該技術涉及臨時分子重排（腎上腺素紅對此有很大幫助）和視覺振動調製，使用他們身體周圍的投影或全息催眠場。它是一個虛擬螢幕，如果你願意的話，也可以稱之為海市蜃樓，這是描述如何修改和重新排列光的軌跡以產生幻覺的簡單方法；也偽裝成 Telosii 和昴宿星人，試圖欺騙被綁架者並獲得他們的服從；天龍人以令人困惑的方式進行這些交流，不僅是為了欺騙被綁架者，讓事情變得更容易，而且也是為了混淆視聽，試圖讓仁慈的物種在地球上的人類眼中失去信用和信任。

如何辨識變形：

一旦你記住了這些基本概念，就很明顯了。

偽裝爬蟲類變形的主要特徵是：

他們的體型比一般的白人男性高；他們通常有棕色頭髮，但他們也可以模仿金髮外星種族；他們有狹窄的軀幹和強壯、高大、肌肉發達的大腿；他們的眼睛很窄，需要不斷濕潤。為了滿足這種需要，他們有一個側膜，可以定期快速「發出咔噠聲」；觀察手腕和頸部的皮膚紋理，這是他們最難進行分子轉化的地方；他們有強壯的下顎，這是他們努力改變的結構，並且笑容燦爛，牙齒比正常人多；變形幻覺賦予完美對稱的臉孔，看起來異常迷人；他們是經驗豐富的操縱者、自戀者和衝突煽動者、精力消耗者和對任何形式權力的渴望。

Ogolon

Onorhai

Orela

Reticulans

Selosi (Selosians) 賽洛西

他們來自半人馬座阿爾法星 B 恆星系統；相對於地球的距離為 4.37 光年；

你的星球叫 Selo，比地球大一點；Selo 行星是此系統中的第四顆行星，由 7 顆衛星組成；塞洛西人是高大的人形生物，有著白色的皮膚和白色的頭髮。眼睛的顏色可以是藍色、綠色或灰色；他們是仁慈的人；掌握收集晶體中普遍生命力的科學，以產生等離子和乙太能量；他們是地球上 Telosi 殖民地的母種族，存在於 GFW 軌道站中，也為了人類的更大利益而與地球政府互動；他們看起來就像我們星球上的人類，他們的社會和文化是基於平等和正義的精神。促進明智和負責任地使用科學技術、和平，並在銀河外交中保持中立立場；到達半人馬座阿爾法星 4 需要 12 小時，每週兩次，有一艘船將地球附近的聯邦哨所連接到半人馬座系統；他們通常的船是銀色的，呈盤狀。

Ummit

Zygon 札貢人

來自雙星系統格魯布里奇 34（該系統是該星座中現有的 12 個系統之一）由仙女座中的 2 顆紅矮星組成；相對於地球的距離為 11.7 光年；他們是定居在這個星系的天琴星殖民地；他們是類人生物，根據新星球上的空氣成分，進化出了更高的體型和淡藍色的皮膚；他們的壽命可達 2000 歲；他們從未對地球事務感興趣，並置身於地球上的任何衝突或談判之外，然而，一小群 Zygon 選擇嘗試幫助人類物種通過他們的振動提升，並這樣做，化身於地球；它的中殿是金色的，輪廓優雅。

第六章　被拍攝到的外星人

被拍攝到的外星人是指一些聲稱捕捉到外星生命體形象的照片或影像，他們通常出現在一些與不明飛行物或外星接觸相關的事件或場合中。被拍攝到的外星人因為照片有版權問題，所以將這些照片請繪者重新畫過。

列舉如下：

羅斯威爾外星人：這是指 1947 年發生在美國新墨西哥州羅斯威爾的一起著名的不明飛行物墜毀事件中，被聲稱發現的外星人屍體。該外星人的形象呈灰色，頭部很大，眼睛很黑，沒有鼻子和耳朵，四肢很細長。該事件引發了一系列的陰謀論和猜測，有人認為美國政府掩蓋了真相，並將外星人屍體和飛碟運往秘密基地進行研究。

莫斯科外星人：這是指 1996 年發生在俄羅斯莫斯科的一起不明飛行物墜毀事件中，被聲稱拍攝到的外星人影像。該外星人的形象呈白色，頭部很小，眼睛很大，有鼻子和耳朵，四肢很短粗。該事件被一名自稱是俄羅斯情報局的前成員的人公開，他聲稱他從現場偷走了外星人的屍體，並將其冷凍保存。

墨西哥外星人：這是指 2023 年在墨西哥國會上展示的一系列聲稱是古代外星人的標本。該外星人的形象呈棕色，頭部很大，眼睛很小，沒有鼻子和耳朵，四肢很細長。該標本被一名自稱是外星專家的人帶到國會，他聲稱該標本是在秘魯的庫斯科發現的，並且經過放射性碳測定，年代可達 1800 年。

Acali (Agali)

Aenstrians (Inxtrian)

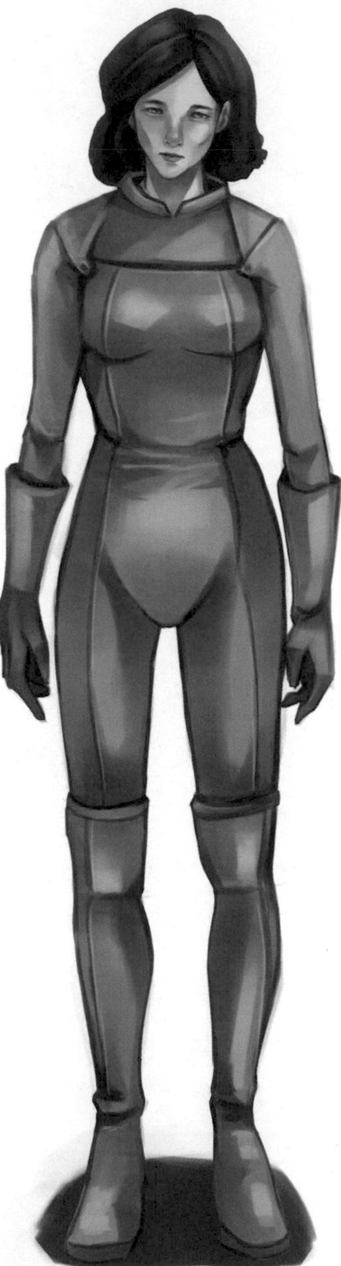

Ahab

Alien-Head-Sketch-Raphael-Terra

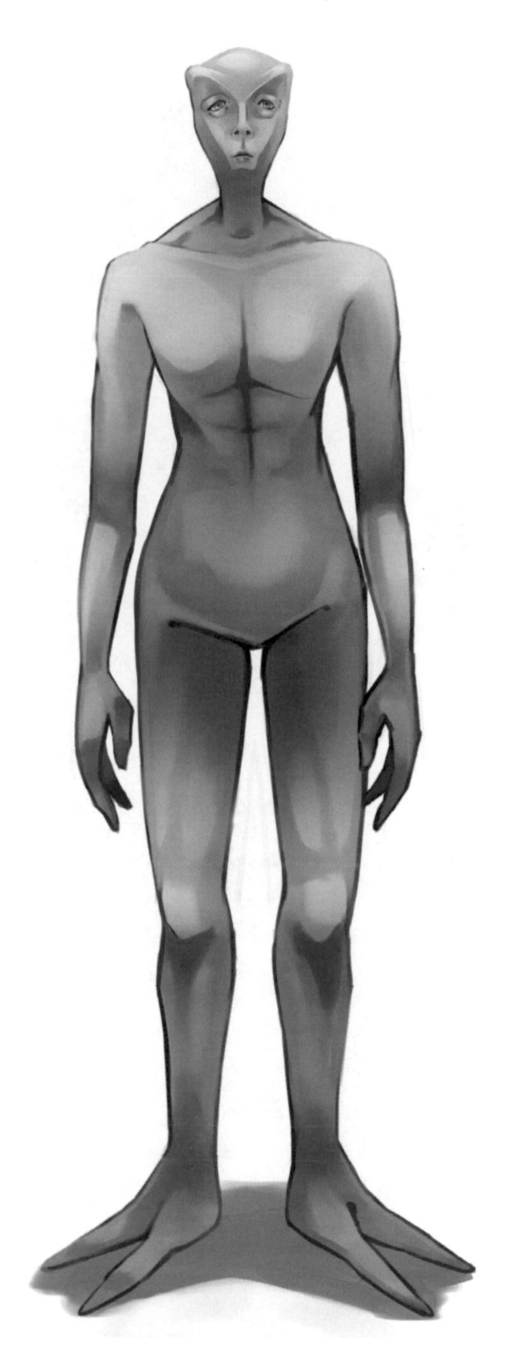

Alt
Andromedan

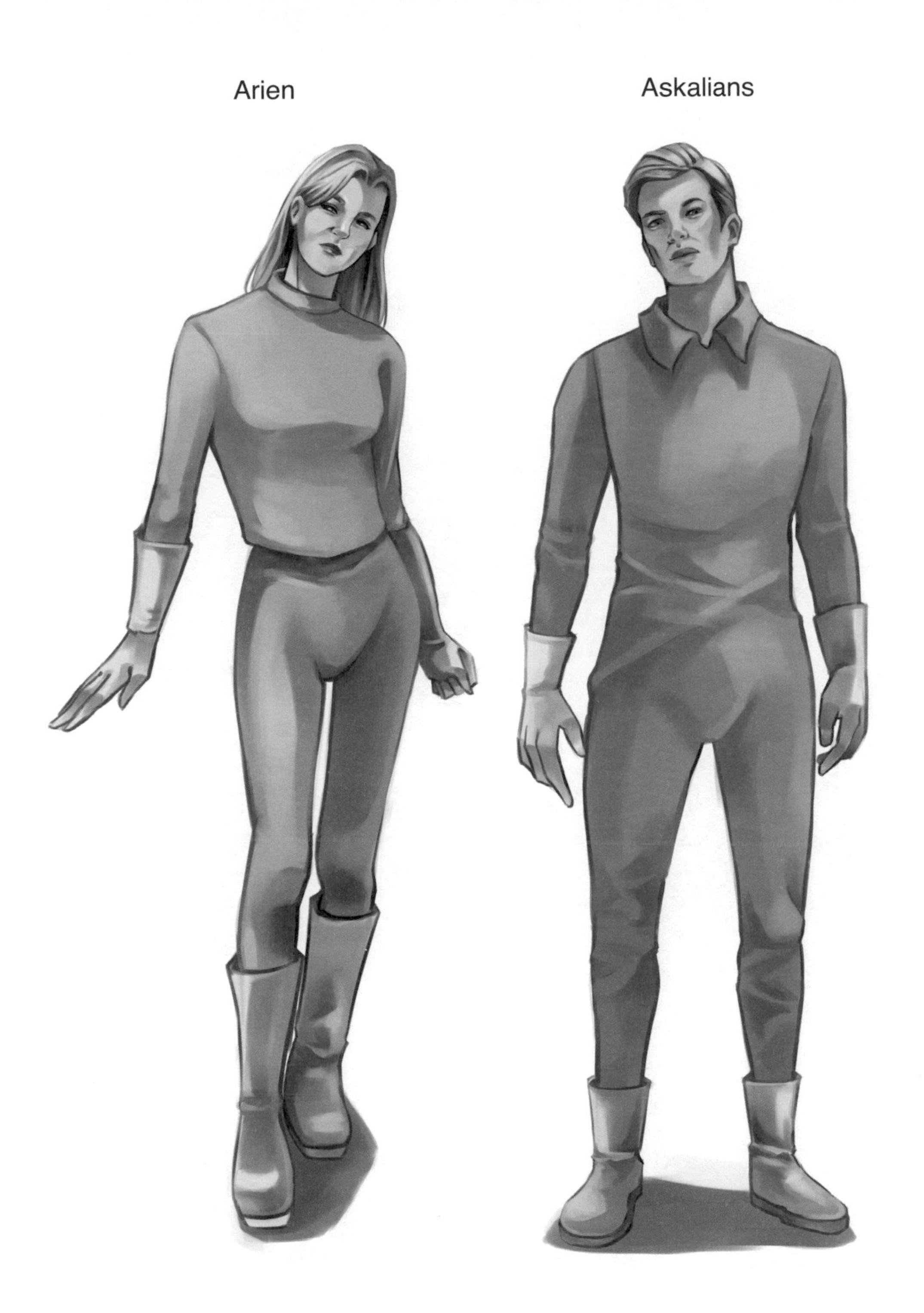
Arien
Askalians

Ausso

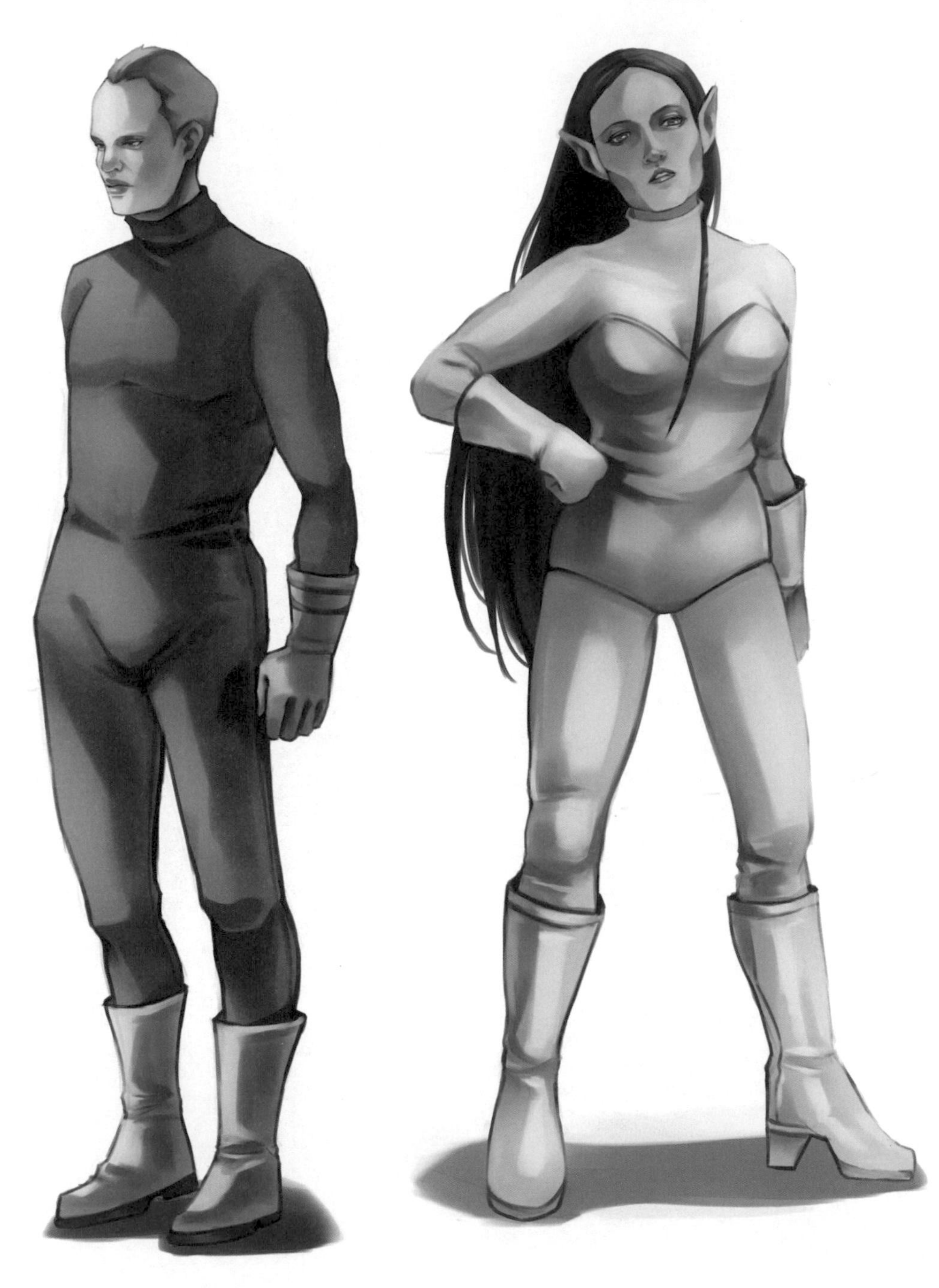
Azelia

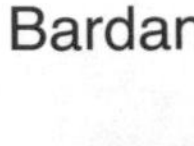

Bardan

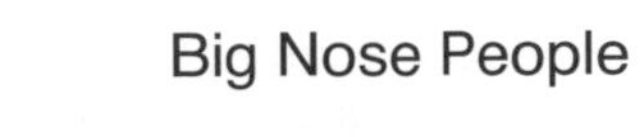
Big Nose People

Blue People

Blue Warrior

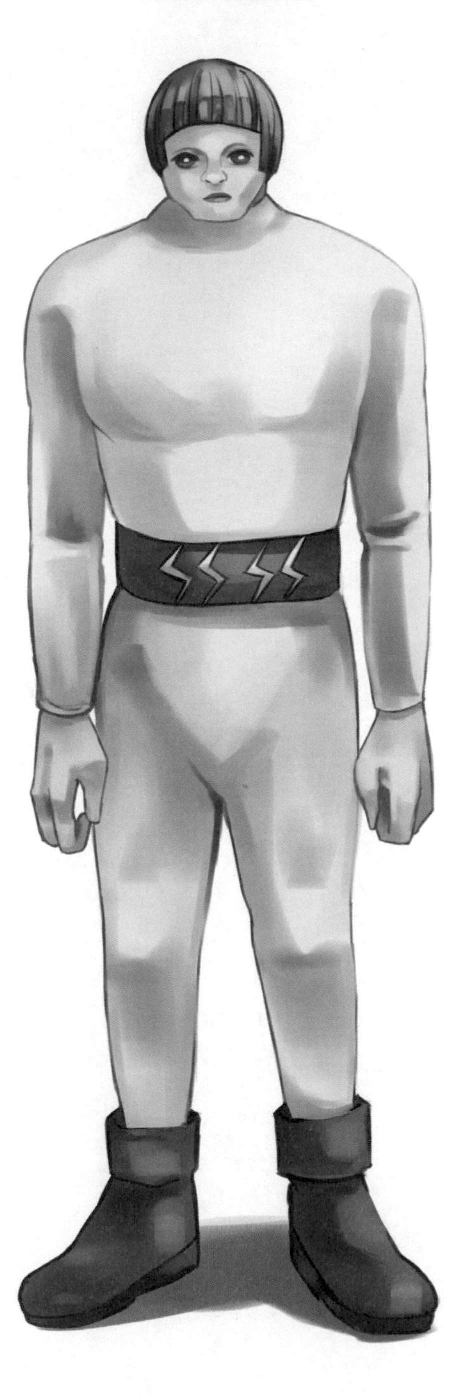

Blues

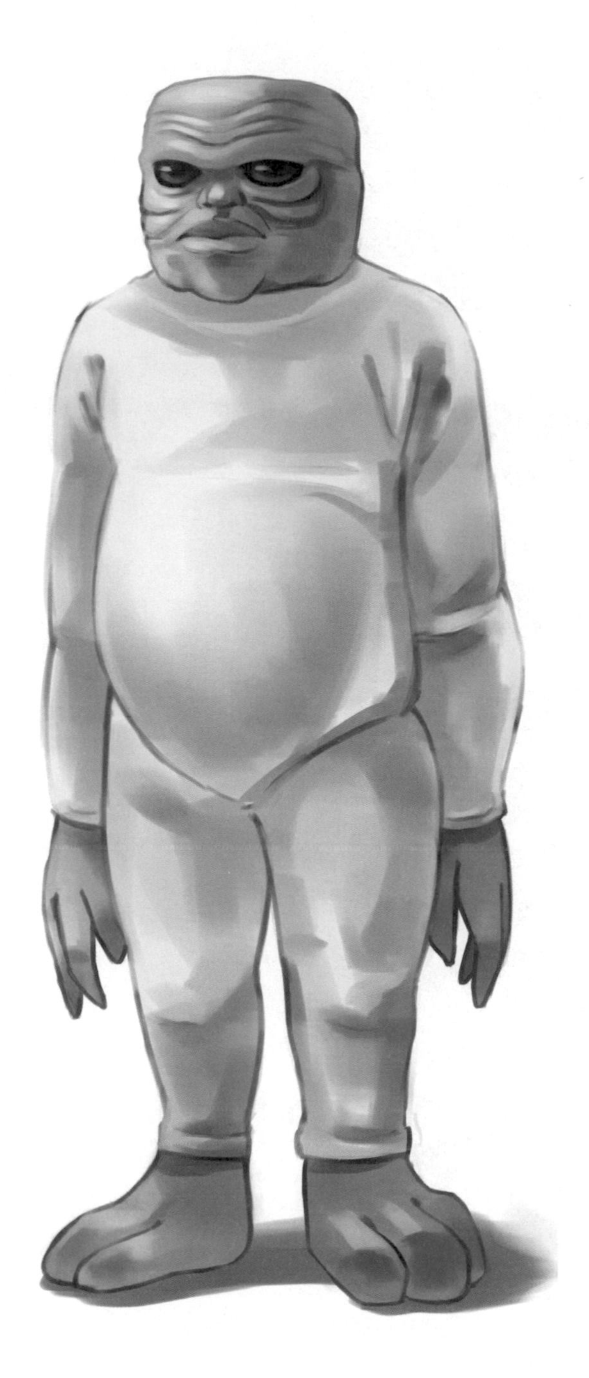

Bonnie

Caponi's Amphibianoid

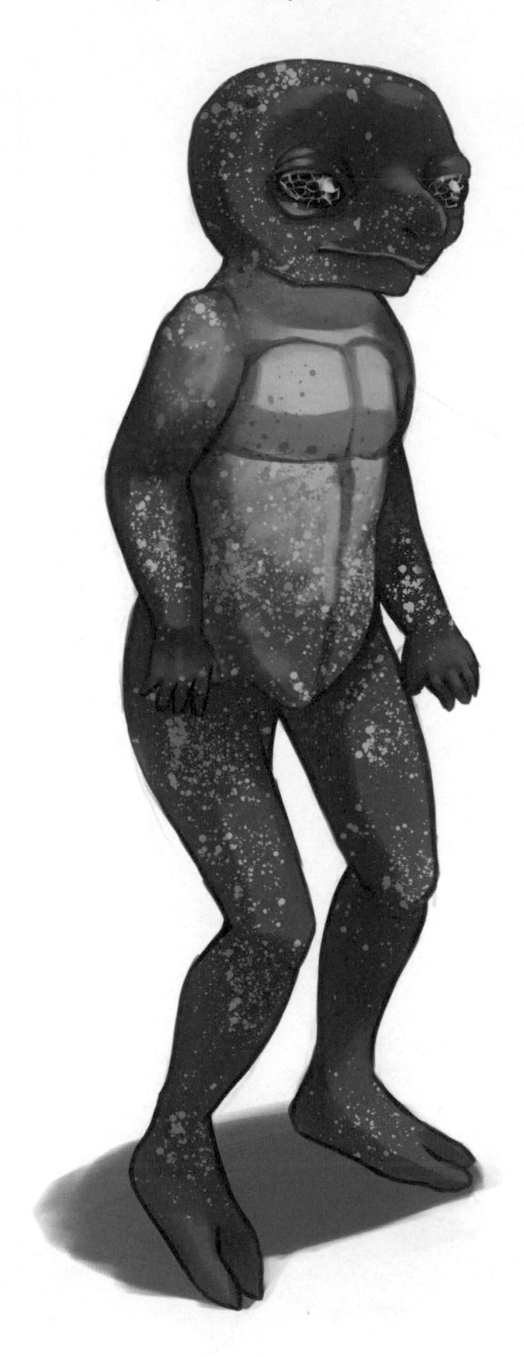

Carin

Clakar (Tall Winged Draco)

Dark Entities

Deronians

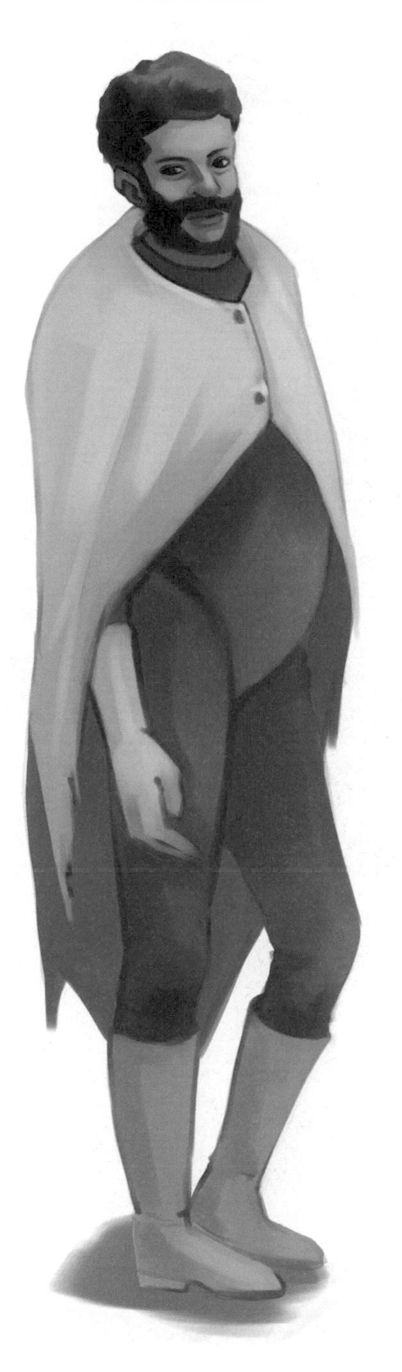

Desom

Dreco Reptilian Ou Lizard People

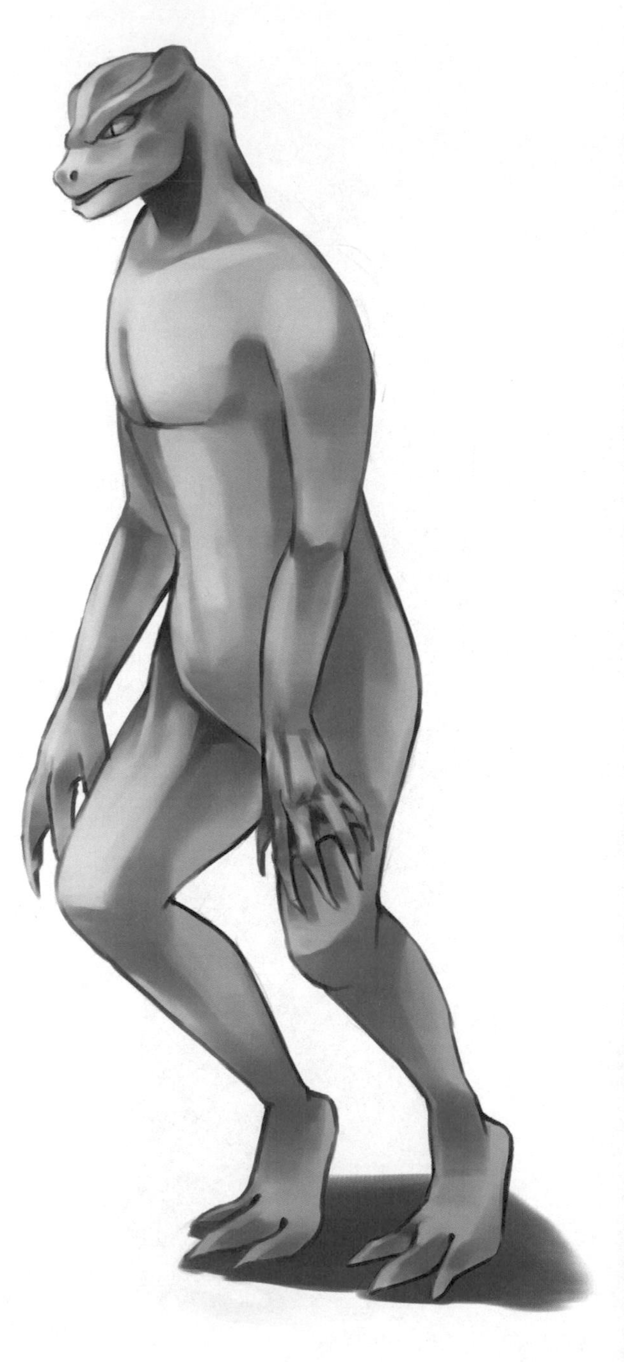

Draconian
Druan

Elephant People

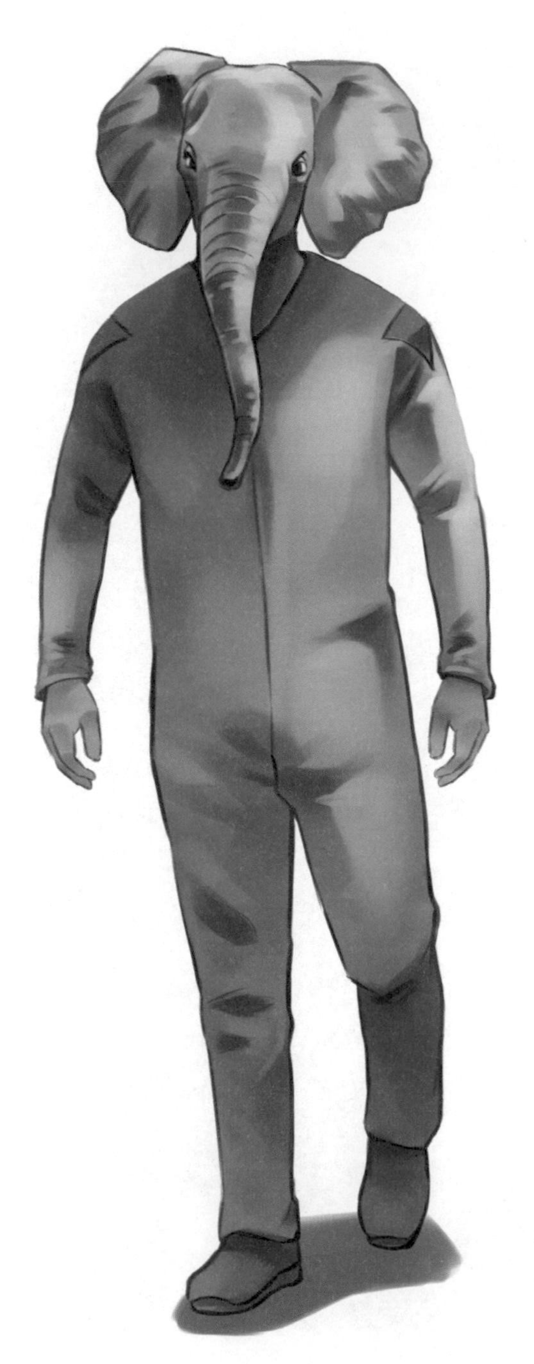

Engan

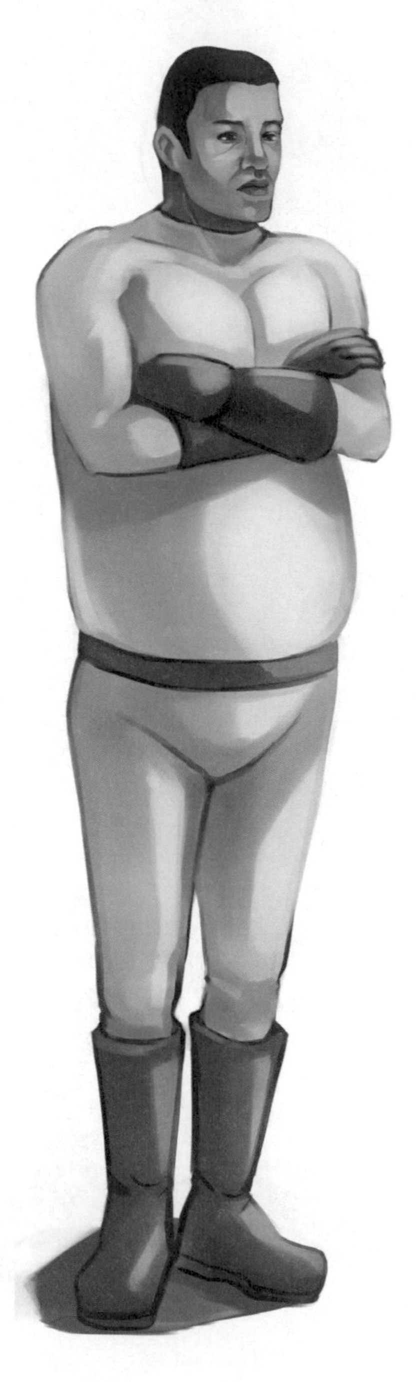

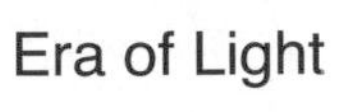
Era of Light

Giant Praying Mantises

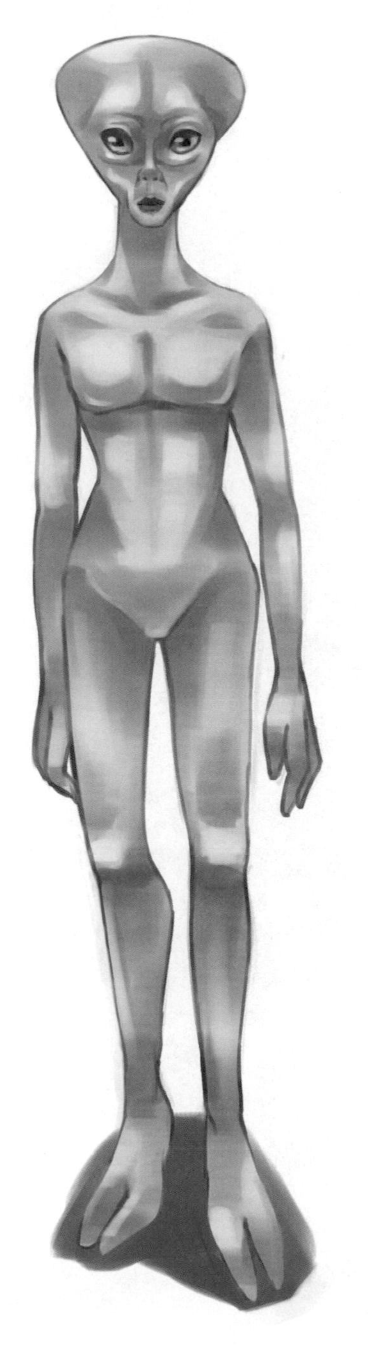

Grinning Man

Hairy People

Harus

Iguanoid

Insectoid
Itibi Rayans

Kados
Kark

Kartag

Klermer

Koldasians

Kurs

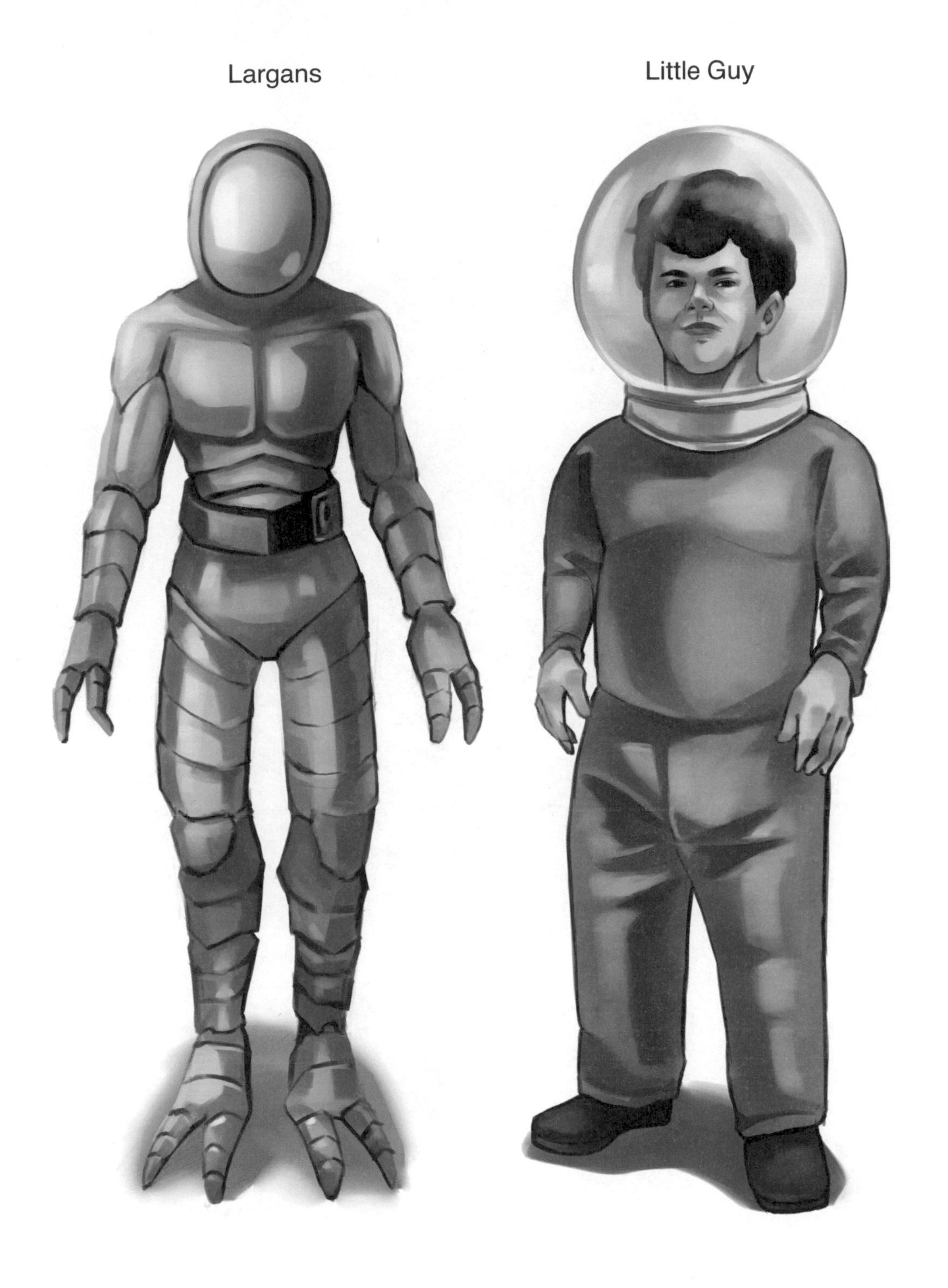
Largans
Little Guy

Lizardpope 有翅膀蜥蜴人

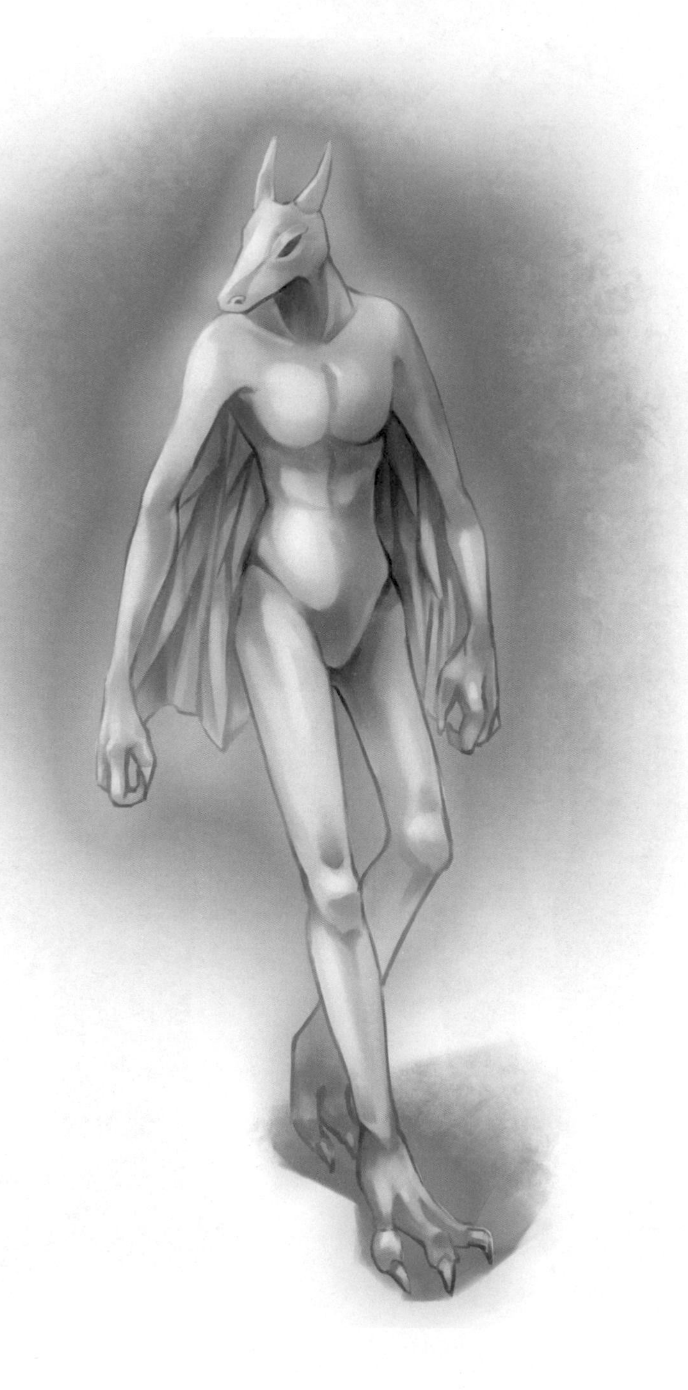

Lusetans
Metallic People

Moonkey man

Mohrosh

Monk People

Montau

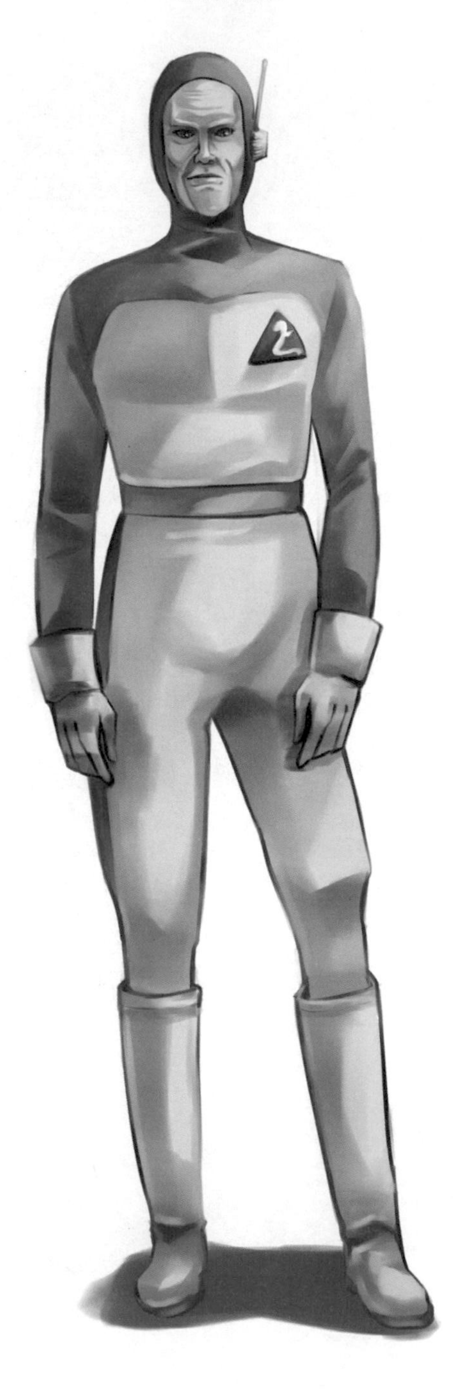

Mothmen

Mythilae

Nefilim 拿菲力人

Nisan
One Eyed People

Orange People

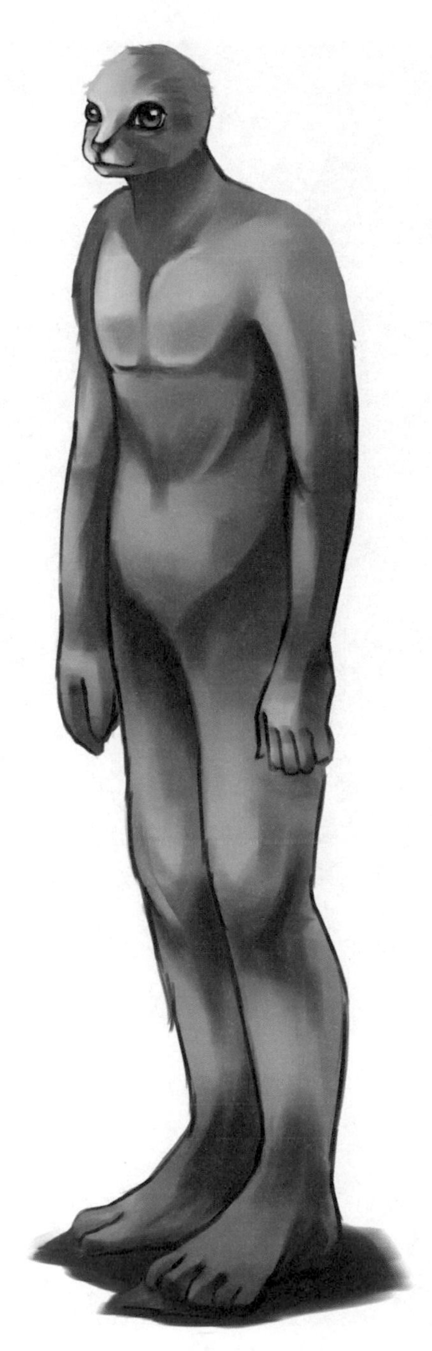

Orian Greys

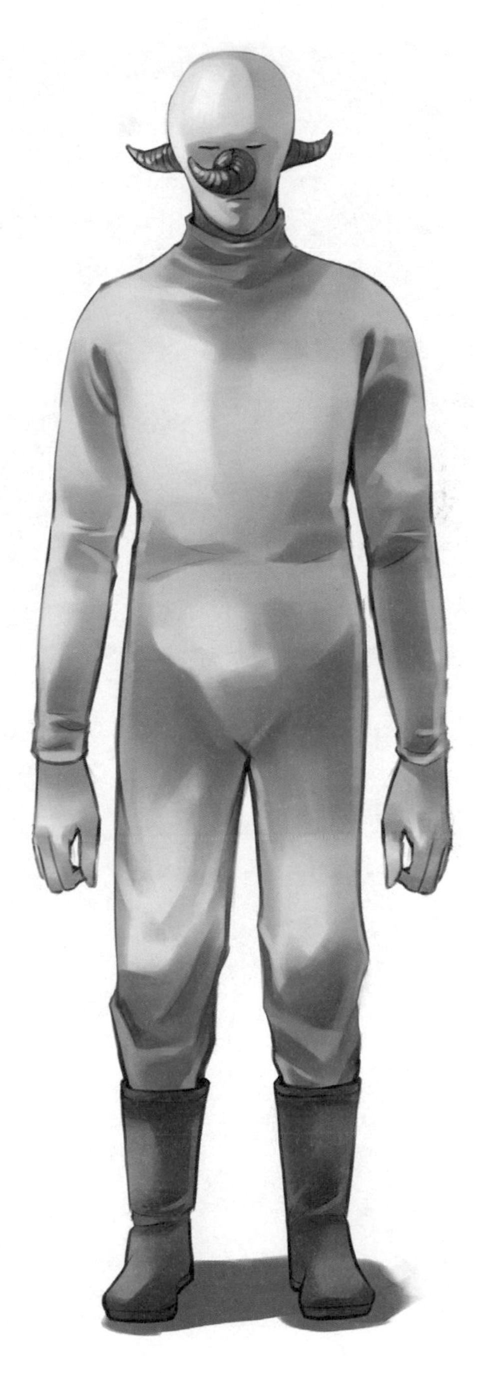

Xenomorph

Razas

Sater

Short Non-Grey

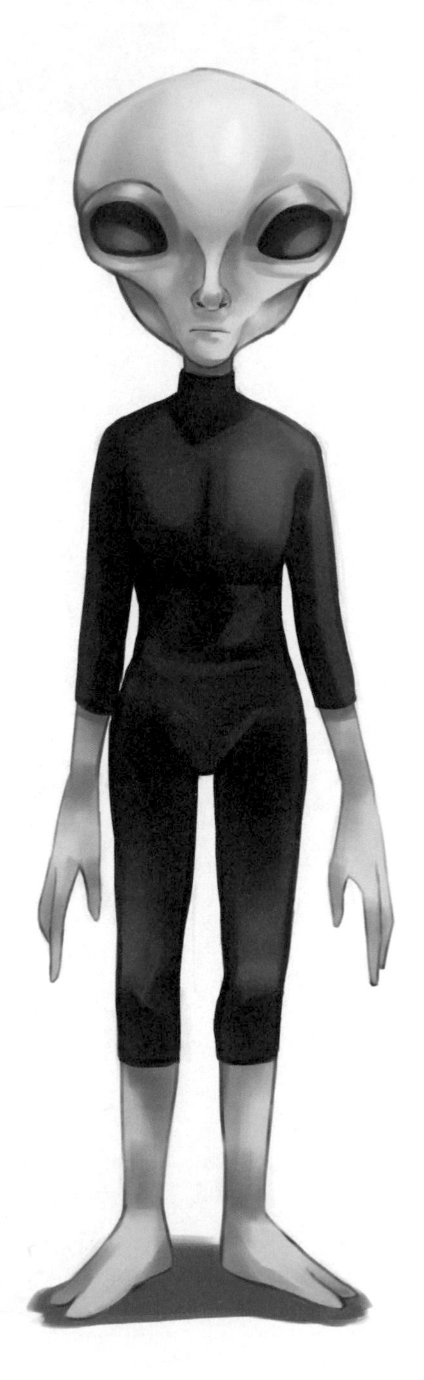

Sirian Being
Tengri-Tengri

The Fouth

The Plejaren Federation

Thiaoouban

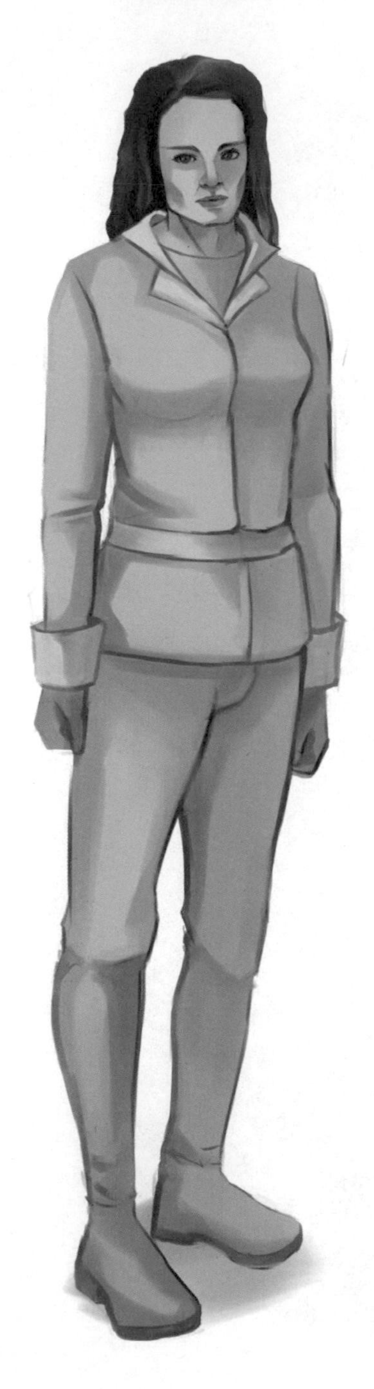

Tiger

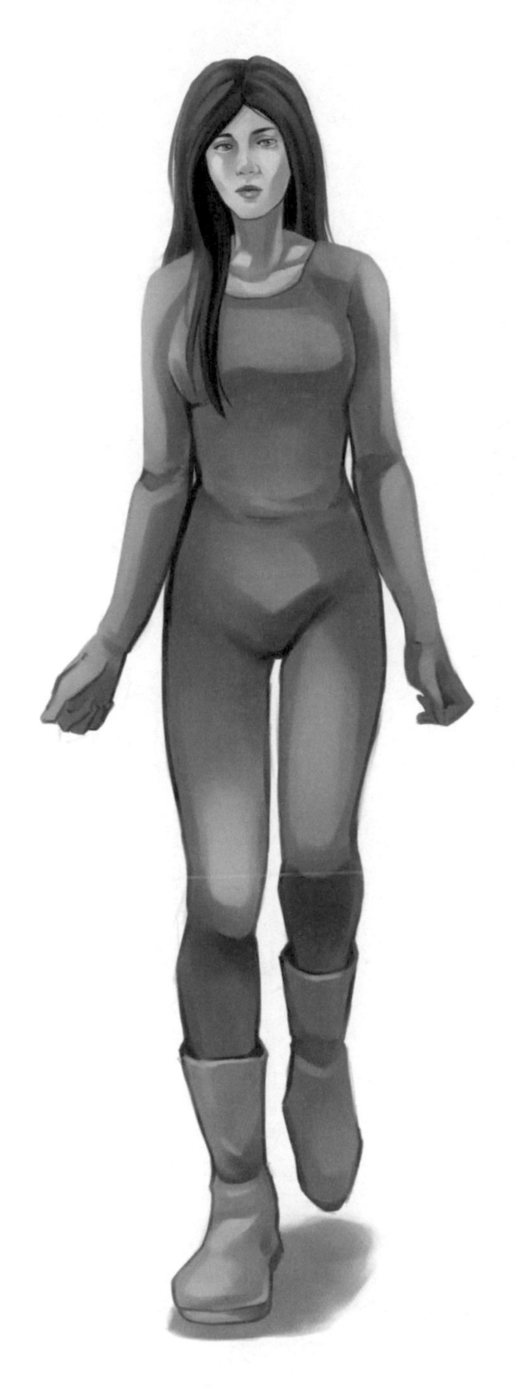
Timarians

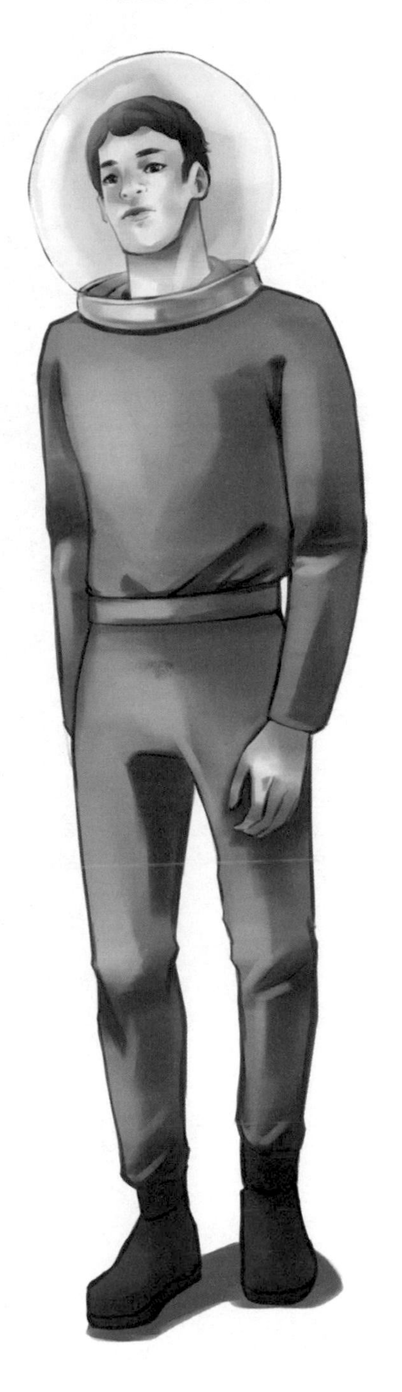
Time Traveler

Timmers

Tiphon

Varginha Ebe

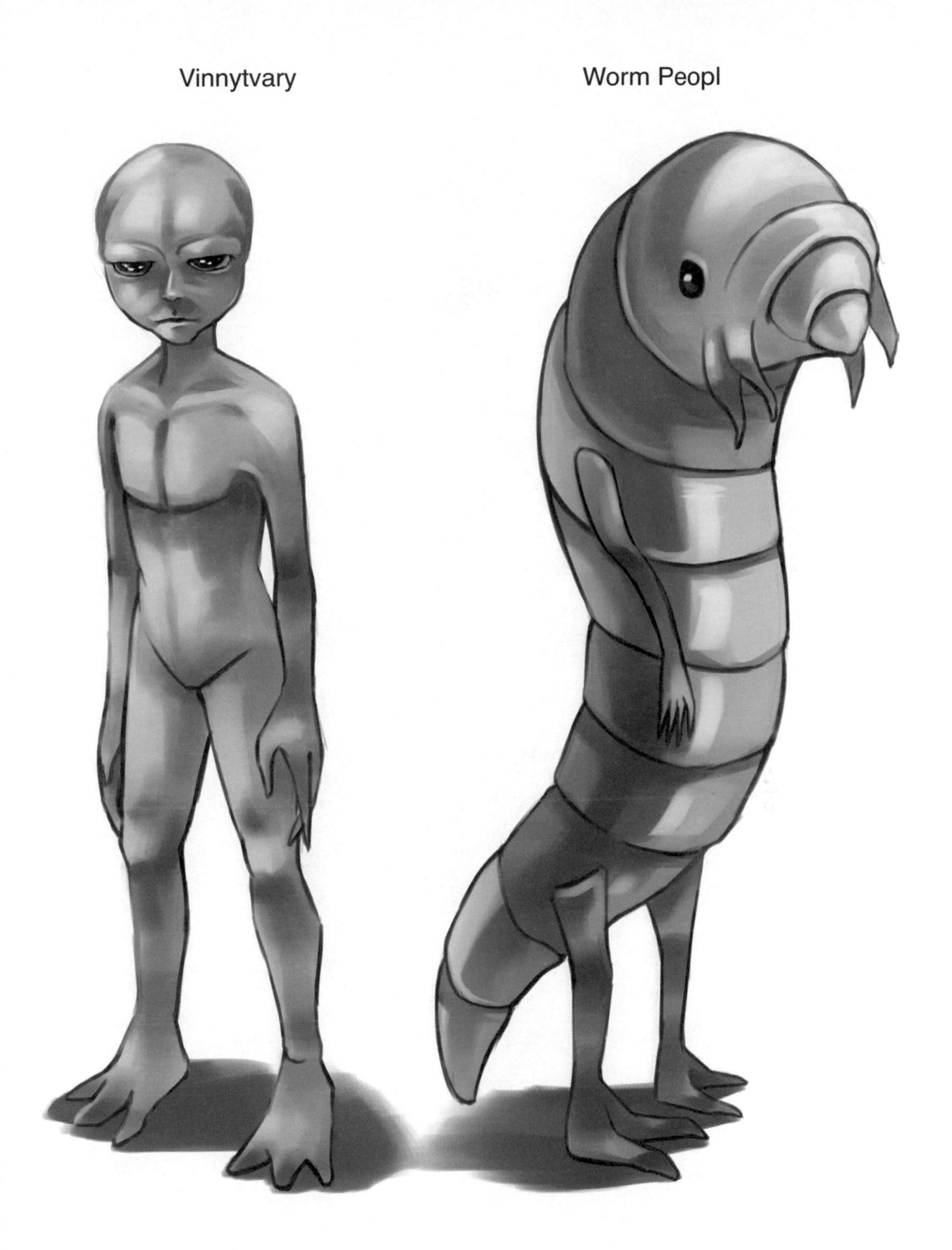
Vinnytvary
Worm Peopl

Wrinkled Faces

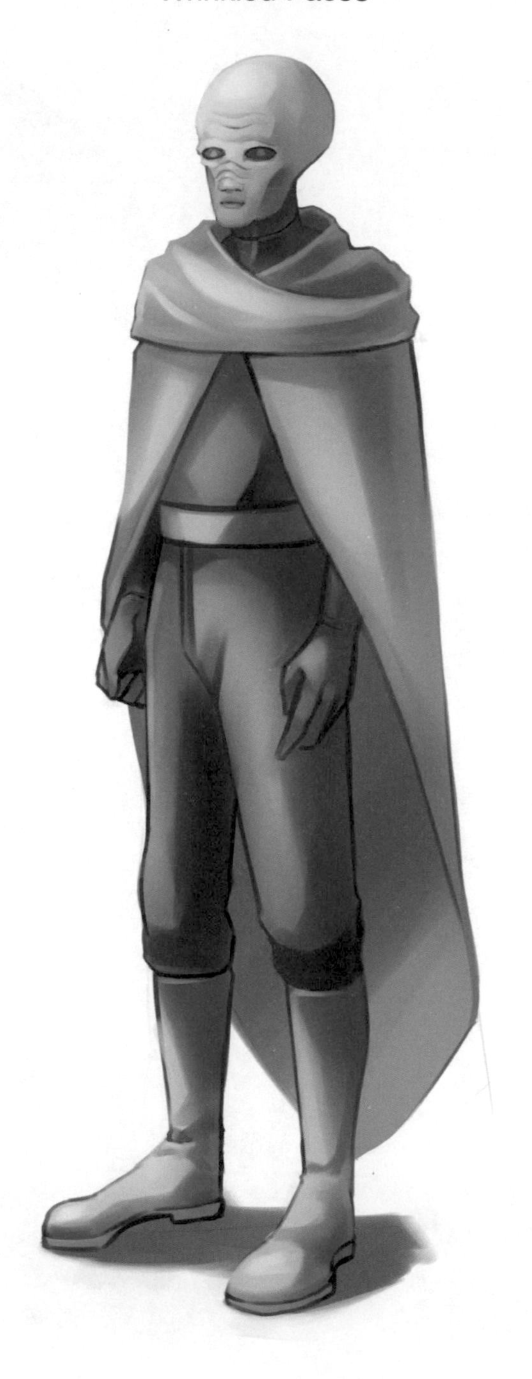

X5-Tykut

他們是梅特拉創造的合成種族，用作奴隸。他們看起來像小灰人，可以永遠活下去，但他們不是有機的。製作他們所需的主要材料很稀有，因此數量很少（不到 300 個）；這些無機僕人能夠使用基本的理性思維以及星際飛船，並執行許多其他程式設計任務；他們是梅特拉綁架的主要人員。例如，他們的任務是脫掉受害者的衣服、為他們做標記、植入追蹤器等。

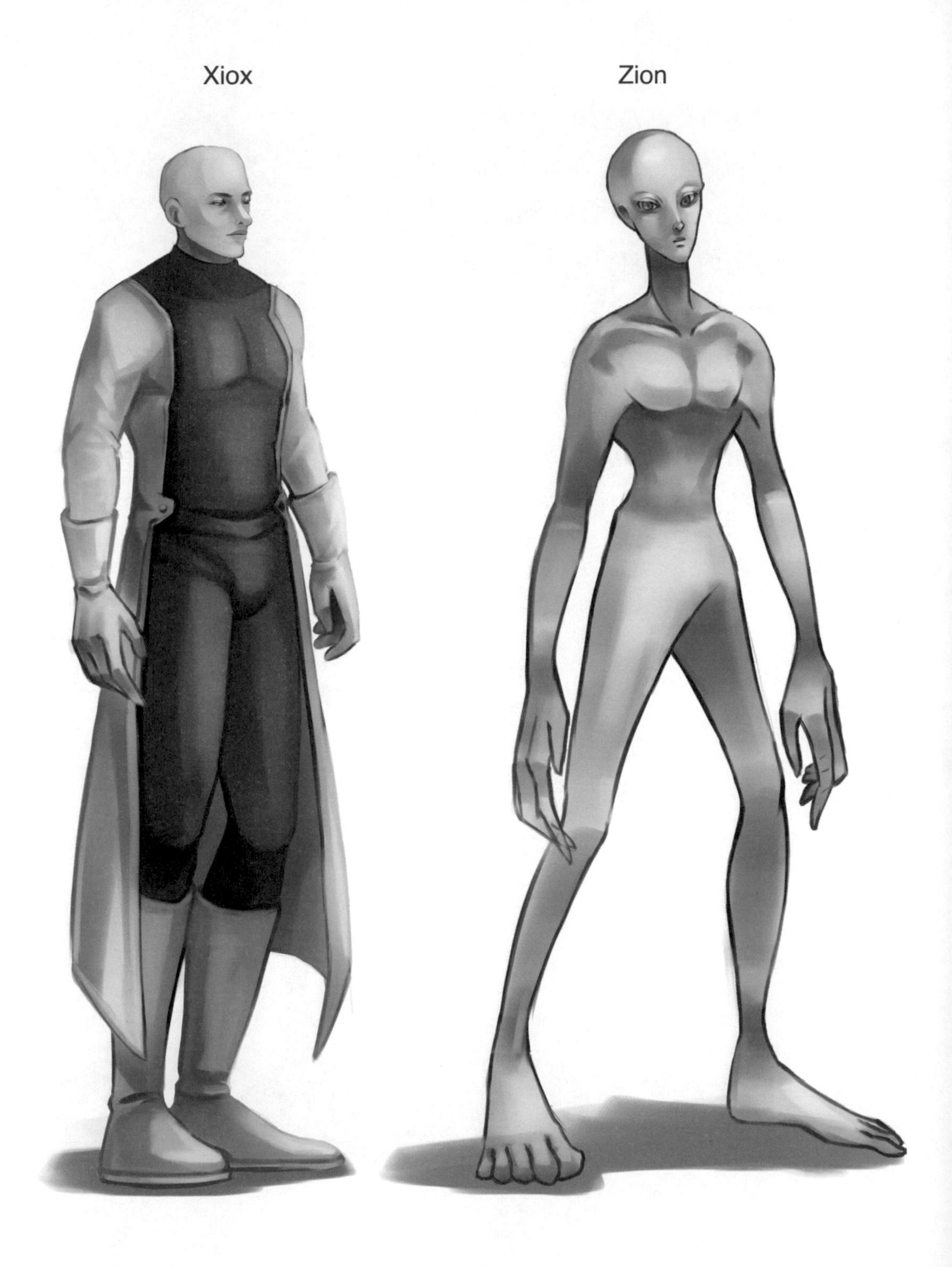
Xiox
Zion

蜥蜴人

頭部發光人

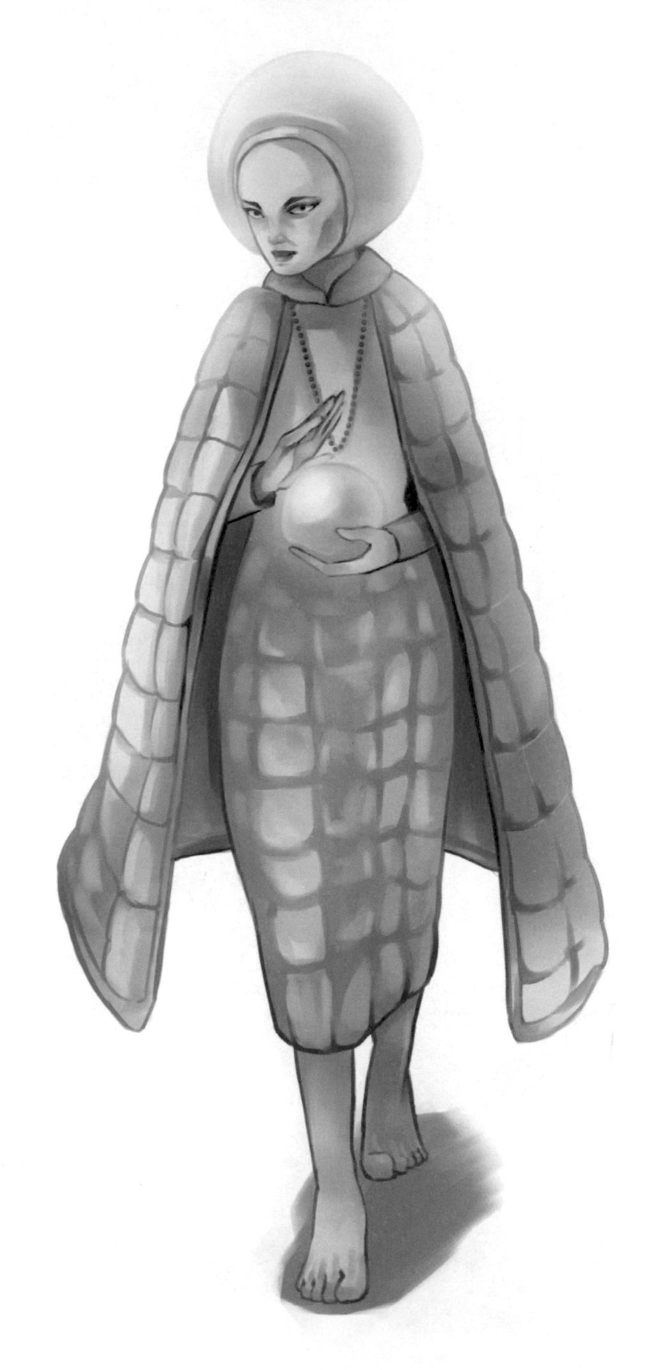

螳螂人 mantis

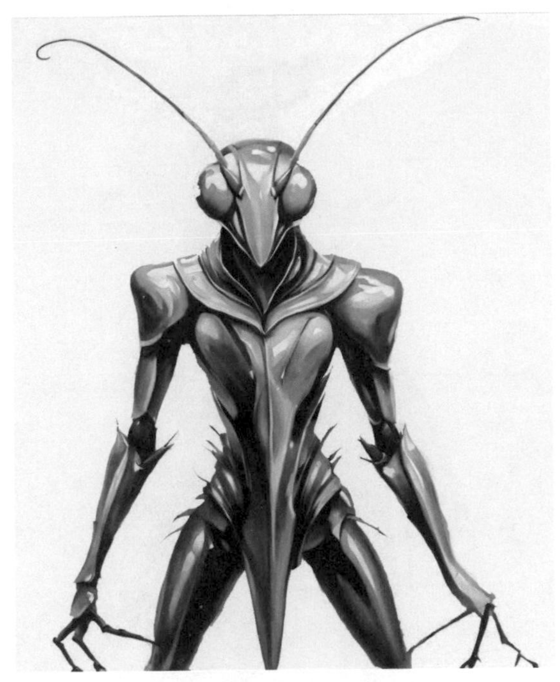

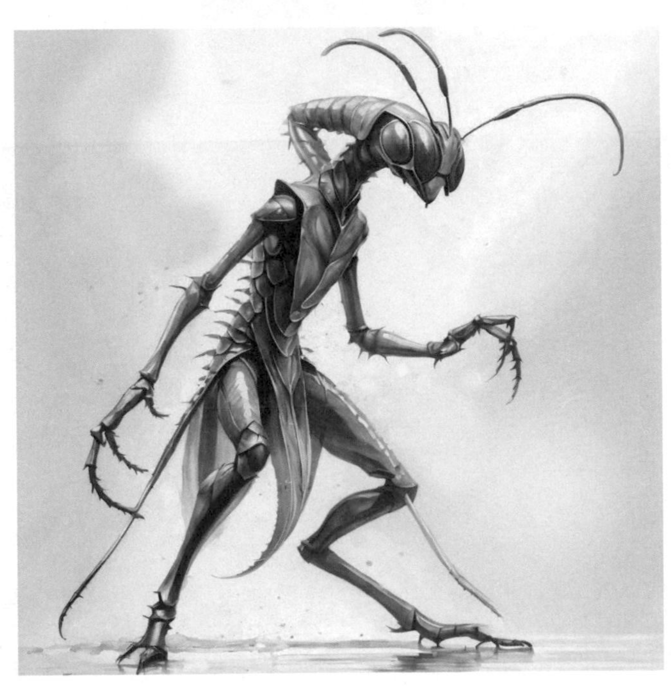

藍鳥人 -alien bluebird man

編後語

世界許多先進國家的高中大學已經設有「外星研究課程」或「UFO 研究課程」，例如歐洲排名第 7 的英國頂尖名校「英國愛丁堡大學」（The University of Edinburgh）是英國第一所開設搜尋外星人課程的大學，2012 年 7 月份開設了「搜尋外星人」的課程。

還有土耳其安塔利亞省的阿肯丹斯大學（Akdeniz University），開設了「飛碟與外星政治學」的課程。土耳其會在 10-15 年內派出代表，公開與外星人會面交流，課程內容主要是讓學生做好迎接外星文明的準備。

在美國方面已經開設相關探討外星課程與科系，有高中及大學。美國華盛頓大學（University of Washington）早就有設立一個培養專門研究外星人課題的博士班。美國柏克萊加州大學（University of California, Berkeley）在 2015 年 9 月就開設一門名為「宇宙交際語言」的選修課，講授如何設計「宇宙語言」（Cosmic Language）以及如何用它與外星人聯繫，此外，康奈爾大學（Cornell University）、普林斯頓大學（Princeton University）和加州州立大學（California State University）也計畫提供這種選修課。

中國也有一些高中和大學開設了與外星生命和 UFO 相關的課程，例如北京大學的「外星生命與人類文明」課程，南京大學的「外星生命的探索」課程，還有一些線上的「外星生命的科學與探索」課程等。這些課程的目的是讓學生學習外星生命的概念、特徵、分布、發現等方面的知識，並且探討和思考外星生命對人類文明的影響和意義。

本書的寫作初衷，是想讓更多的人明白，人類從原子彈試爆成功的那一刻起，就已經改變了自己在宇宙中的地位，不再是無知無畏的猴子，而是引起了銀河系鄰近外星人的警覺，人類玩弄的遊戲，已經威脅到了鄰近星球和地下居民的生存。雖然霸權國家為了追求超科技而與惡意的外星人勾結，導致了地球公民的苦難，但這也引起了不干預因果的宇宙組織的關注和幫助，這意味著人類即將跨越一級文明的門檻，進入一個新的階段（在1964年由蘇聯天文學家尼古拉·卡爾達肖夫，提出定義文明的三個層次，根據各個文明使用能源功率數量的量級）。

生活在恐怖平衡的人類，如何運用我們的智慧，共同走出轉型的陰影，提升我們的集體意識，一起展望種族和解、宗教和平的美好願景，將這些擺在人類面前的重大課題，各國領導人都能以大局為重的智慧解決，只要人類團結一心、攜手合作，必能迎向外星文明的新時代，我們不再孤獨無助，相信一定有善良的外星文明，陪伴人類走過危機關頭，創造美好的共振，走向大未來。

國家圖書館出版品預行編目（CIP）資料

外星人圖鑑：星際聯盟時代必學外星人族辨識力
/ 吉米斯著. -- 初版. -- 新北市：大喜文化有限
公司, 2024.03
面；　公分. -- (星際時代 ; STA11001)
ISBN 978-986-99109-6-5(平裝)

1.CST: 外星人 2.CST: 圖錄

326.96　　110006454

星際時代 STA11001

外星人圖鑑

星際聯盟時代必學外星人族辨識力

作　　者：吉米斯
編　　輯：Berlin
發 行 人：梁崇明
繪　　者：Gina Jiang & Wenfeng
出 版 者：大喜文化有限公司
登 記 證：行政院新聞局局版台省業字第 244 號
P.O.BOX：中和市郵政第 2-193 號信箱
發 行 處：23556 新北市中和區板南路 498 號 7 樓之 2
電　　話：02-2223-1391
傳　　真：02-2223-1077
E-Mail：joy131499@gmail.com
銀行匯款：銀行代號：050　帳號：002-120-348-27
　　　　　臺灣企銀　帳戶：大喜文化有限公司
劃撥帳號：5023-2915，帳戶：大喜文化有限公司
總經銷商：聯合發行股份有限公司
地　　址：231 新北市新店區寶橋路 235 巷 6 弄 6 號 2 樓
電　　話：02-2917-8022
傳　　真：02-2915-7212
初　　版：西元 2024 年 3 月
流 通 費：新台幣 680 元
網　　址：www.facebook.com/joy131499
I S B N：978-986-99109-6-5（平裝）